# 日本环境公害问题的历史学考察

李超 / 著

陕西新华出版

陕西人民出版社

**图书在版编目 CIP 数据**

日本环境公害问题的历史学考察 / 李超著 . -- 西安：
陕西人民出版社, 2024. -- ISBN 978-7-224-15378-1

Ⅰ . X5

中国国家版本馆 CIP 数据核字第 2024PR5033 号

责任编辑: 李　娜
封面设计: 白明娟

**日本环境公害问题的历史学考察**
RIBEN HUANJING GONGHAI WENTI DE LISHIXUE KAOCHA

| | |
|---|---|
| 作　　者 | 李超 |
| 出版发行 | 陕西新华出版传媒集团　陕西人民出版社 |
| | （西安北大街 147 号　邮编: 710003） |
| 印　　刷 | 武汉市首壹印务有限公司 |
| 开　　本 | 140 毫米×210 毫米　1/32 |
| 印　　张 | 13.125 |
| 字　　数 | 260 千字 |
| 版　　次 | 2025 年 1 月第 1 版 |
| 印　　次 | 2025 年 1 月第 1 次印刷 |
| 书　　号 | ISBN 978-7-224-15378-1 |
| 定　　价 | 68.00 元 |

# 目 录

# 序　言

　　日本环境公害历史久远，早在17世纪中叶就有金矿因为污染环境而被关闭的先例。明治维新以后，特别是第二次世界大战结束之后，日本环境公害呈现大规模暴发的形势，先后出现的熊本水俣病和新潟水俣病更是震惊世界。出于救治病人的迫切需要，医学界、法学界和工学界率先对二战之后的水俣病等环境公害问题进行研究，历史学界随后跟进研究。总体而言，学界在研究日本环境公害问题上呈现两大特征，在研究时段上，侧重围绕二战之后日本环境公害发生的原因、居民反抗和诉讼斗争、受害者赔偿、公害治理等问题展开研究，对二战之前的公害问题研究相对薄弱；在研究视角上，医学、法学、工学和经济学等视角较多，历史学视角相对较少。因此，有必要从历史学视角全面研究二战前后日本的环境公害问题，从而让读者能够在尽可能短的篇幅内了解环境公害的史实、起因、治理及其经验等基本问题。《日本环境公害问题的历史学考察》一书恰恰满足了上述要求。该书兼顾专业性和通俗性，将明治维新到日本成为世界第二大经济体期间出现的栃木县足尾矿毒、富山县痛痛病、熊本县和新潟县水俣病、四日市哮喘病、爱知县米糠油事件等重大环境公害问题作为研究对象，在梳理基本历史史实的基础上，从国内和国外两个层次分析环境公害出现的原因，进而分析日本采取的治理举措和成效，最后提炼出日本治理环境公害的四大经验。在考察过程中，该书指出，日本公害的产生与人口大量涌入城市、国民生活的高级化有关系，更与企业唯利是图、政府无为和民间力量孱弱等国内因素以及国际环保氛围淡薄有关系；同时也指出，环境公害问题并非资本主义制度的专利，和社会制度不存在必然联系；该书着重强调受害居民在环境公害治理问题上的角色，认为受害民众是公害治理的核心力量。相信该书的出版，在推动国内日本环境史研究迈上新台阶的同时，有助于国内各级党政机关的决策者以及普通读者从宏观上把握日本百年环境公害的全貌，从而更加自觉地落实党的十九大报告中提出的"必须树立和践行绿水青山就是金山银山的理念"，为建设美丽中国贡献一份力量。

　　是为序。

梅雪芹

2024 年 8 月于清华园

# 引　言

　　作为一种生物，人类自从在地球上出现以来，为了满足其
最基本的生存需求，便以采集、狩猎等最原始的方式对生态环
境产生一定影响。大约100万年前，人类开始使用自然火种并逐
渐学会了人工取火，这标志着人类自此进入文明时代。[①]伴随着
火的使用，越来越多的树木被当作木柴用于满足人类的饮食和
取暖等生活所需，因此，人类对生态环境的破坏性影响日益明
显。大约1万年前，原始农业、原始畜牧业相继产生[②]，标志着
人类步入农业文明时代。在原始的刀耕火种的耕作方式下，原
有的土地由于被重复利用而逐渐贫瘠化，人类便通过砍伐森林
等方式造出更多的耕地。因此，经过漫长的时间，曾经被森林
覆盖的欧洲大陆逐渐变成广阔的平原，森林覆盖率较高的亚洲
和非洲大陆出现了大面积的沙漠。相比森林而言，草地蓄水功
能明显不强，而沙漠则几乎没有蓄水功能。因此，森林面积的
减少，除了会影响大气质量，时常发生的洪涝极易造成水土流
失、土壤盐碱化等环境问题。除了这种原始农业活动，为了获

---

　　① 　Industrial Pollution Control Association of Japan. *Industrial Pollution Control:General Review and Practice in Japan Volume 1 Air and Water.*Tokyo:Industrial Pollution Control Association of Japan, 1981:4.

　　② 　谢崇安.中国原始畜牧业的起源和发展[J].农业考古，1985（1）.

得肉制品、奶制品和毛皮，人类开始养殖动物，这成为原始畜牧业的雏形。在畜牧业发展过程中，为了获得动物生长所必需的水、草，牧民们除了经常性地迁移，也会经常性地砍伐森林，开垦更多的土地来种植动物生长所需的谷物等饲料。在土壤肥力得不到及时补充的前提下，土地贫瘠化的速度会不断加快。因此，在农业文明时代，人类就已经以各种各样的方式在改变着生态系统，甚至是无意识地破坏生态环境，而且这种破坏性程度在逐渐加强、影响也日趋长久。

然而，相比起人类在农业文明时代对生态环境的破坏性影响，踏入工业文明时代之后人类对生态环境的破坏堪称"绝唱"。

历史的巨轮行驶到18世纪七八十年代，一场史无前例、影响深远的工业革命率先在英国展开。一般意义上，伴随着现代科学技术产生的采煤业，引发了工业革命，比如蒸汽船的发明和使用、织布机和纺纱机等各种机器的问世。工业革命促使农业文明向工业文明转变，也拉开了世界向工业社会转变的帷幕。从此以后，工业革命便在不同国家、不同地区以不可阻挡的趋势展开。一个崭新的时代——工业文明时代已经来临。众所周知，工业革命促进了社会生产力的迅速发展，正如《共产党宣言》中所讲到的，"资产阶级在它的不到一百年的阶级统治中所创造的生产力，比过去一切世代创造的全部生产力还要多，还要大。自然力的征服，机器的采用，化学在工业和农业中的应用，轮船的行驶，铁路的通行，电报的使用，整个整个大陆的开垦，河川的通航，仿佛用法术从地下呼唤出来的大量人口，——过去哪一个世纪能够料想到有这样的生产力潜伏在社会劳动里呢？"①在崭新的工业文明时代，人们有了更多的发现和发明，拥有了更多改造自然、改变地球面貌的力量。18世纪，人们便可以利用机械开采煤和各种硬岩矿资源，开始在制铁业等行业使用焦炭——碳化的煤，极大地提高了铁产量。这种用焦炭取代木柴的做法在一定程度上保护了森林资源。19世纪中叶，"肥料工业之父"德国化学家尤斯图斯·冯·李比希（1803—1873）发现了氮肥对于植物营养的重要性。20世纪初，另外一位德国化学家弗里茨·哈伯（1868—1934）成功地将氮气和氢气合成氨气。他也因此项发明获得了1918年诺贝尔化学奖。这两项成果均推动了农业发展，使得人们可以在同一片土地上持续从事种植业，从而在很大程度上避免了通过砍伐森林制造耕地现象的再次发生，也有助于森林资源的保护。因此，工业革命在世界各地的迅速开展，给人们的生产和生活带来便利，在很大程度上提高了人们的生活水平。然而，一个不容忽视的事实是，工业文明时代也是生态环境被严重破坏的时代，除了气温升高、海平面上升、生物多样性锐减，普通人能够感知的大气污染、水污染、土壤污染、噪声污染、光污染、农产品污染等各种污染现象更是时常发生。如闻名世界的1930年12月比利时马斯河谷烟雾事件、1943年美国洛杉矶光化学烟雾事件、1948年10月美国宾夕法尼亚州多诺拉镇的烟雾事件、1952年12月英国伦敦烟雾事件、1955年日本富山县痛痛病事件、1956年日本熊本县水俣市的水俣病事件、1957年英国温德斯格尔核泄漏事件、1957—1958年苏联克什特姆城核泄漏事件、

---

①　［德］马克思.共产党宣言//马克思恩格斯选集：第一卷[M].人民出版社，1972：256.

1961 年日本四日市的哮喘病事件、1968 年日本九州岛和四国岛等地的米糠油事件、1976 年意大利塞维索化学污染事件、1978 年法国阿摩柯卡的斯油轮泄漏事件、1979 年美国三哩岛核电站泄漏事件、1984 年墨西哥气体爆炸事件、1984 年印度博帕尔农药泄漏事件、1985 年英国威尔士饮用水污染事件、1986 年苏联切尔诺贝利核电站泄漏事件、1986 年瑞士莱茵河污染事件、1988 年美国莫农格希拉河污染事件、1989 年美国埃克森·瓦尔迪兹油轮漏油事件……除了各种核泄漏、原油泄漏事件，上述不同类型的污染主要与遍布世界各地的矿井以及金属冶炼厂的开工运营密切相关，从而酿造了现代意义上的环境污染。人们在开采煤矿及金矿、银矿、铜矿、锌矿、铅矿等金属矿藏的过程中，尤其在冶炼金属的过程中，各种冶炼厂向大气中排放的二氧化硫、二氧化碳导致了空气污染，向河流中排入的含重金属的污水引起了农业和渔业危机，向土地上堆放了大量含有毒物质的矿石废渣污染了土壤。相比起农业文明时代人类对生态环境的破坏，工业文明时代人类对生态环境的破坏明显且严重。基于这样的事实，2000 年，诺贝尔化学奖得主、荷兰大气化学家保罗·克鲁岑率先提出一个引起世界各国学者广泛关注的概念——人新世。他认为，目前地球已经进入新的地质时代。和以前的时代不同，在这个新时代中，人类处于主导地位，从大气到地壳，都有人类的印记。另外，由于人类无节制地开发利用资源，导致地球在这个新的地质时代面临环境严重恶化、能源极度匮乏、物种濒临灭绝等各种危险。

总之，农业文明时代，人们的生活生产行为对生态环境产生了一定程度的破坏。步入工业文明时代以来，人们的活动则对生态环境产生了更大程度的破坏。但是，由于当时人们更多地关注了工业革命给人们生活带来的便利，更多地看到了工业革命的正面影响，生活在那个时代的人们还以工厂排放的滚滚浓烟为荣，将其视为国家繁荣富强的标志[①]，而有意无意地忽视了工业革命对生态环境的破坏。

作为一个在19世纪步入工业文明时代的亚洲国家，日本也同时经历着工业革命的喜与悲。与英国、法国等众多资本主义国家类似，伴随着采矿业以及制铁业等金属冶炼工业的诞生，日本国家迅速强大，不仅避免沦为西方资本主义列强殖民地或者半殖民的命运，而且跻身列强行列，可以同老牌资本主义强国在国际舞台上一较高下。在国家强大的过程中，日本以木柴作为工业和家庭燃料，由此极大地加快了砍伐森林的步伐。这成为工业文明时代日本森林面积锐减的重要原因之一。20世纪以来，随着采掘技术的不断提高，日本先后用煤、石油取代木柴作为工业燃料。这样的转变虽然在一定程度上保护了森林资源，但煤和石油在燃烧时产生的浓烟和刺鼻气味，对生态环境和人们的身体健康产生更大的不利影响。同时，矿山开采及冶炼期间产生的硫、氮、氯、碳等各种有毒有害物质，同样破坏生态环境，危害人们健康。因此，从日本步入工业文明时代到20世纪60年代末期发展成为世界第二经济大国，日本的生态环境遭到严重破坏，出现了众多公害病，百年之痛由此产生。

---

① Industrial Pollution Control Association of Japan. *Industrial Pollution Control:General Review and Practice in Japan Volume 1 Air and Water*.Tokyo:Industrial Pollution Control Association of Japan, 1981:1.

# 第一章

## 文明的代价：日本百年之痛

　　德川幕府末期，日本实施了两个多世纪的闭关锁国政策被欧美的坚船利炮打破。面对咄咄逼人的西方列强，新成立的明治政府实施了一系列破旧立新政策，引领日本迈入工业文明时代。东京炮兵工厂、横须贺海军工厂、富冈缫丝厂、新町纺织厂、千住呢绒厂等各种企业如雨后春笋般遍地开花。1881—1893年，日本工厂数目由1100家增加到3340家。[①]1894—1904年，日本的造纸厂由21家增加到40家，铁路长度从3402公里延长到7539公里。[②]以纺织业为重点的轻工业发展迅速，煤矿和铜矿也逐渐进入开采高峰期。虽然后来受到经济大危机和第二次世界大战的影响，但日本经济很快复苏。1951年，日本经济恢复到战前水平（即1934—1936年的平均水平）。1966年、1967年和1968年，日本国民生产总值相继超过法国、英国和联邦德国，成为仅次于美国的世界经济大国。然而，在迈入工业文明时代以来取得的这些经济成就背

---

[①]　刘祚昌.世界史·近代史（下）[M].人民出版社，1984：290.

[②]　刘宗绪.世界近代史[M].高等教育出版社，1986：466-467.

后，却是国内生态环境的严重受损。以第二次世界大战为界，二战之前出现了以栃木县足尾铜山为代表的矿毒事件，二战之后则出现了以熊本县水俣市水俣病、三重县四日市哮喘病、富山县痛痛病、新潟县水俣病、爱知县米糠油事件为代表的、影响更为深远的重大环境公害事件。正如日本著名经济学家都留重人所讲，"在过去20年里日本的极其高速的增长是在牺牲各种不能买卖的舒适环境的基础上获得的，同时它也使一般群众蒙受了花钱也不能解脱的牺牲"[①]。日本百年时间出现的环境公害事件，无一例外地威胁到当地民众的生活和生产，甚至致人死亡，堪称名副其实的百年之痛。

## 第一节　百年环境问题

### 一、水污染

#### （一）概述

水污染又称水环境污染，主要是指人类在生产生活过程中对水体的物理、化学、生物等方面的特性引起的改变，造成水质恶化，出现危害人体健康或者破坏生态环境等的现象，进而使得人类无法充分有效地利用水资源。造成水质恶化的原因很多，可以分为自然因素和人为因素。前者主要有地震、火山爆发、洪涝灾害、扬尘等；后者则主要是人类生产生活过程中的

---

① 　[日]都留重人.日本经济奇迹的终结[M].商务印书馆，1979：79.

各种排污行为，其中尤以工业排污为最。从环境保护的角度看，水污染主要是指人为因素造成的水质恶化。从产业看，水污染的主要源头在第二产业，即以采掘业、制造业为代表的重工业以及以农、林、牧、渔业产品为原料进行加工的轻工业，如各种采矿厂、石化厂、纺织厂、造纸厂、塑料厂、食品加工厂等。其次是农业、渔业为代表的第一产业。

（二）日本的水污染

从明治政府成立到二战之后日本成为世界第二大经济体期间，尤其是在第二次世界大战结束后30余年时间里，日本工业排放的废水量剧增。其中，1955年到1975年的20年间，平均每天排放废水达4000多万吨，其中仅东京一地的污水就高达190多万吨。整个日本一年流入河湾的工业污水为190亿吨，城市下水道污水50多亿吨。1971年8月，组建不久的环境厅发表的全国水质污染状况调查报告中，认为水体污染情况正在全国蔓延。4.9%的港湾水质不及格，河流不及格的，A类型（严格标准）为21.7%，C类型（较宽标准）为7.4%；海湾不及格的，A类型为41.8%，B类型（较严标准）为13.2%；湖泊不及格的，AA类型（最严标准）为53%，B类型为30.6%。1972年，日本公布了全国主要河流的调查结果，显示日本47条主要河流中有23条河流不仅严重污染，而且连续5年恶化。[①]

显然，日本在建设工业文明的过程中出现了严重的水污染，而这主要和日本第二产业的快速发展有直接关系，即全国各地兴起的采矿热潮和各种氮肥厂、纺织厂、食品厂、石化厂、钢

①　张宝珍.日本经济高速增长时期的环境污染问题[J].世界经济，1985（9）.

铁厂等工厂的投产运营。早在19世纪70年代，栃木县足尾铜矿在开采及冶炼过程中引发的水污染便成为人们最早关注的环境污染事件。在这起事件中，大量含铜废水被直接排放到附近的渡良濑川，沿岸居民长期使用这些被污染的河水灌溉稻田，不仅导致水稻产量下降，而且使得水稻质量也逐渐变得难以保证。因为农田长期被用污染的河水浇灌后，土壤中含有过量铜离子，对水稻质量有一定影响。这种现象随着古河市兵卫家族大面积开采足尾铜山而变得越发明显。如果说渡良濑川沿岸的情况还未恶化到直接威胁居民生命的程度，那么富山县神通川的情况就极其不乐观了。20世纪30年代，位于神通川上游的神冈矿山在开采和冶炼锌、铅矿产时，将含镉废水直接排入神通川，沿岸居民使用这些被污染的河水灌溉稻田，直接导致水稻被镉污染而成为毒水稻（镉含量约为1ppm①），居民长期食用这些毒水稻后罹患痛痛病，部分患者最终在疼痛中悲惨离世。这种情形在20世纪五六十年代的神通川中游地区变得非常严重。许多妇女不堪忍受疼痛而自杀身亡。至于在世界公害史上占有重要地位的日本水俣病，无论是熊本县水俣市的水俣病还是后来在新潟县出现的水俣病，均是因为当地居民长期大量食用被工厂排放的含有甲基汞的废水所污染的鱼虾所致。两次水俣病同样属于典型的水污染事件。

除了上述这些影响力较大的水污染事件，不同时期不同地区日本也都发生了程度不同的水污染事件。

---

① ppm即parts per million，用溶质质量占全部溶液质量的百万分比来表示的浓度，也称百万分比浓度。经常用于浓度非常小的场合。

1. 关东地区

以首都东京为例，它和横滨组成的京滨工业区与中京工业区、阪神工业区和北九州工业区并列为日本四大工业区。京滨工业区内遍布着钢铁、机械制造、石油化工、纺织、印刷等不同行业，丰田汽车、东芝电器等享誉世界的公司均坐落在该区。该区也是日本太平洋沿岸城市群的核心组成部分之一。作为一个拥有众多知名品牌的工业区，曾多次出现水污染的环境恶化事件。《东京府水产试验场报告书》中就披露了多起水污染案例。1922—1925年，藤仓电线股份有限公司硫酸处理厂排放的废水污染了附近河流及其水产品；1924年，隅田川河口在实施改良工程时因操作不当致使该河被污染；1929年，东京瓦斯大森工厂发生焦油、硫酸污染河水事件；1931年，江户川被当地的石油工厂所排废水污染；1936年，多摩川被工业废水污染。第二次世界大战结束之后，水污染问题依然时有发生。1958年，位于东京的本州造纸江户川工厂发生水污染事件，该工厂将大量废水直接排入江户川，给当地渔业造成严重损害。在此情况下，浦安市的渔民闯入江户川工厂，引发了工厂和渔民间的大规模骚乱。以这场骚乱为契机，日本制定了保护公共用水水质、限制工厂排水的两部法律——《水质保全法》《工厂排水控制标准法》，史称"水质二法"，并同时开展江户川下游水域即葛西、浦安等地近海的修复工程。20世纪70年代，东京的多摩川和隅田川再次出现污染情况，水面漂浮着大量泡沫。其中，隅田川的河水不仅脏得像墨汁，同时还散发着阵阵恶臭，行人只能掩鼻疾行或者绕道而行。东京湾因建设工业地带，海岸被用于填海造地，失去了曾经的海滩。

2. 关西地区

（1）淀川水系

水污染的情况同样也出现在关西地区。位于岐阜县境内的荒田川就曾在1918年出现大面积污染，附近的纺织厂、造纸厂和食品加工厂不断向荒田川注入废水，致使下游地区的农业和渔业遭受不同程度的损害，鲶鱼、鳗鱼、鲋鱼等各种鱼类几近绝迹。[1]此外，著名的淀川水系也曾被严重污染。该水系包括位于滋贺县境内的琵琶湖和南北两条较大的支流木津川和桂川，向西南流经整个大阪平原后注入大阪湾，流经地区包括滋贺县、京都府、兵库县、三重县、奈良县和大阪府等二府四县。自古以来，淀川水系为关西地区的近畿地方提供了航运、灌溉、农业和工业用水等方面的诸多便利，为阪神工业区的繁荣起了非常大的作用。在第二次世界大战之前，淀川水系的水质总体而言是非常优秀的，特别是在19世纪末，淀川水的化学需氧量COD[2]为1.5~2.0ppm，一般细菌数为1000~2000个。然而，第二次世界大战结束后，随着阪神工业区的建成和运营，淀川水的质量出现明显恶化。相比19世纪末的水体状况，1970年的水质情况明显恶化，一般细菌数增加了100倍以上，有机物总量增加了4~5倍。作为淀川水系的一条重要支流，桂川占流入淀川污浊物总负荷量的1/2。该支流的水质从1955年起便明显恶化，在其后的15年时间里，COD增加了7倍，浑浊度增加了约4倍，色度增加了约9倍。作为淀川水系另外一支重要组成部分的琵琶湖，也没有逃脱水质恶化的命运。从1957年开始，该湖水质便

---

[1]　［日］神冈浪子.近代日本の公害.新人物往来社，1971：27.

[2]　COD即Chemical Oxygen Demand，化学需氧量。以化学方法测量水样中需要被氧化的还原性物质的量，是一个重要的而且能较快测定的有机物污染参数。

急剧恶化，在随后不到8年的时间里，浑浊度增加了2倍，色度增加了3倍。1969年，以该湖作为自来水水源的京都府和滋贺县大津市居民发现家中饮用水有臭味，后来调查是由于某种浮游生物所致。[1]表1-1是以BOD[2]为重点监测对象（琵琶湖以COD为监测对象），对20世纪60年代末期到70年代初期淀川水系的琵琶湖、桂川和木津川等不同区域水质演变的监测情况。对照不同区域的水质环境标准，不难发现，淀川水系水质恶化的趋势非常明显。

表1-1 淀川水系不同区域水质演变趋势（单位：ppm）

| 河川名 | 1967 | 1968 | 1969 | 1970 | 1971 | 1972 | 1973 | 环境基准 |
|---|---|---|---|---|---|---|---|---|
| 琵琶湖（北湖） | 0.6 (1.4) | 0.7 (1.8) | 0.6 (1.6) | 0.5 (0.9) | 0.9 (—) | 1.1 (1.5) | 0.9 (1.5) | 湖沼COD1 ppm以下 |
| 琵琶湖（南湖） | 1.2 (3.1) | 1.3 (5.4) | 1.5 (6.9) | 1.5 (5.1) | 1.7 (—) | 1.3 (4.2) | 1.3 (2.7) | 湖沼COD1 ppm以下 |
| 桂川 | 14.8 (35.0) | 16.0 (33.2) | 23.4 (58.8) | 12.5 (34.2) | 13.3 (24.6) | 10.8 (29.4) | 12.7 (28.5) | 河川BOD8 ppm以下 |
| 木津川 | 0.7 (1.4) | 0.9 (1.3) | 1.0 (1.3) | 0.9 (1.8) | 1.3 (2.8) | 1.2 (3.6) | 1.7 (4.1) | 河川BOD2 ppm以下 |

说明：括号内数字为最大值。

资料出处：中国科学技术情报研究所.出国参观考察报告：日本环境保护情况[M].科学技术文献出版社，1976：25.

（2）濑户内海

20世纪六七十年代，日本濑户内海也出现了严重污染。濑户内海位于本州岛、四国岛和九州岛之间，周边有神户、大阪、

---

① 中国科学技术情报研究所.出国参观考察报告：日本环境保护情况[M].科学技术文献出版社，1976：24.

② BOD即Biochemical Oxygen Demand，生物化学需氧量。在一定条件下微生物分解存在于水中的可生化降解有机物所进行的生物化学反应过程中所消耗的溶解氧的数量。

广岛等众多优良港口，是重要的海运通道。此外，濑户内海水
质优良，还是日本国最大的渔场，其鱼产量一度占到国内沿海
渔业总产量的25%，水产养殖业的产量则一度占到国内总产量
的50%。1973年颁布的《濑户内海环境保护特别措施法》中曾
将濑户内海描述成世界上秀丽无比的风景胜地和日本国民重要
的渔业资源宝库。然而，第二次世界大战结束后，该区域建设
了大量以化学工业为中心的联合企业，随之产生了工厂随意大
量排放废水的问题，导致濑户内海的水质开始恶化。这种现象
在20世纪六七十年代表现得非常明显。据不完全统计，1953
年，濑户内海的海水透明度为9.27米，1972年降至6.33米。[①]含
氨浓度由1.5 /ppm升至3.6/ppm，含磷酸浓度由0.33/ppm升至
0.54/ppm。[②]濑户内海水质恶化的另外一个直接表现是该海域出
现赤潮的次数越来越密集，1950年为4次，1955年为5次，1965
年增至44次，1970年达到79次，1971年骤升为136次，1974年
为298次，接近300次。[③]随着《水污染防止法》的颁布实施，
濑户内海的水质恶化情况并未出现明显好转。赤潮次数依然呈
现增加趋势，富营养化现象依然严重。此外，1972年以后的三
四年时间里，虽然濑户内海COD1ppm以下的面积有所缩减，但
COD1.1ppm以上的面积出现增加。1974年，濑户内海非常不合
适鱼贝类生存的COD3.1ppm以上的海域面积高达14.1%。同年
12月，在周边的冈山县水岛地区，发生了严重的原油泄漏事件，
流出原油8000千升左右，直接导致濑户内海海域1/3的面积出现

---

① ［日］環境庁編：環境白书.大藏省印刷局发行，昭和50年：203.

② ［日］都留重人.日本经济奇迹的终结[M].商务印书馆，1979：81.

③ 1950年、1970年和1974年的数据来自［日］都留重人.日本经济奇迹的终结[M].商
务印书馆，1979：81；其余数据来自［日］星野芳郎.濑户内海污染.岩波书店，1972：46.

污染。由于这段时间濑户内海的海水质量极其堪忧，以日本京都大学为首的 18 所大学对濑户内海污染进行调查后认为："今天的濑户内海是一个死水坑。虽然表面与海并无不同，但对生物来说，却是阴冷的坟墓。"[①]

（3）北九州市

20 世纪六七十年代，水污染的情况同样发生在九州岛。如福冈县北九州市的洞海湾水质污染问题便非常严重。洞海湾位于北九州市的西北部，是一个宽约数百米、长约 10 千米的狭长海湾。1966 年，洞海湾内的溶解氧量为 0 毫克/升，而化学需氧量 COD 则高达 36 毫克/升。[②]福冈县政府发布的有关洞海湾水质调查报告认为，该海湾因为污染严重，已经丧失了大海的基本功能，成为连大肠杆菌都无法存活的"死海"。1967 年的生物研究则发现，洞海湾内 100 多种鱼和生物均已死亡。同年，北九州市因为水污染严重被列入联合国环境危机的 500 座城市之一。由此可见，该地水污染的严重程度。

当然，不同工业部门引发的水污染具有不同的性质。铜矿等金属矿业排放的污水大部分属于酸性，并含有一些金属离子。煤矿等在开采、冶炼过程中排放的废水则更多含有悬浮颗粒物。硫磺矿排放的废水中含有较多的硫酸和铁离子，氢离子浓度指数即 PH 值较低。石油天然气工厂等会排放含有矿物油等有机物和盐分的废水。

除了工业生产会造成水污染，农业等行业也会排放废水，制造污染。人们习惯上认为农业是受废水影响的牺牲品，其实

① 康树华.日本的《公害对策基本法》[J].法学研究，1982（2）.

② 夏爱民.北九州——循环型经济的雏形[J].世界环境，2005（3）.

在农业生产中广泛使用的氮磷钾肥以及杀虫剂、除草剂等，同样是水污染的重要源头。另外，牛羊等养殖业、渔业以及人们日常生活中洗衣、做饭等制造的生活废水也会带来不同程度的水污染。空气中的悬浮颗粒物在风力作用下也会对河水产生一定的危害。废弃的矿山如果处理不当，也会对水质产生影响。此外，20世纪60年代，随着日本能源结构从煤炭向石油的转型，油轮等船舶的数量剧增，石油泄漏导致的水污染也成为不容忽视的问题。

（三）水污染的危害

水作为生命之源，被污染的后果是很严重的。第一，人们长期食用在污水环境中生长的鱼贝类等海产品及水稻，水体中的有毒有害物质会以食物链的形式进入人体，从而对人们的健康产生危害。第二，水是农业的命脉，人们用污染的河水灌溉农田，会导致农作物减产或者绝收，也会破坏土壤肥力。第三，人们直接饮用被污染的河水，会诱发痢疾、血吸虫病等各种疾病。第四，对渔业明显有害。有机污染物流入河流后，会消耗溶解氧，后者对鱼类的生长很重要。据研究，溶解氧的浓度在6ppm以上时有助于鱼类生长，如果浓度低于3ppm，则非常不适合鱼类生存。另外，一些油、酚等有毒污染物一旦进入河流，会使其中的鱼虾带有臭味而降低品质，或者出现鱼虾畸形的情形，使得受污染的鱼虾不能食用而销路受阻。第五，水是工业的血液，水污染对工业同样有害。就水污染的情况而言，人们一般把工业作为水污染的罪魁祸首，但事实上，工业部门也经常受水污染之苦，因为这会增加工业水处理费用，从而降低经济效益，二者形成两败俱伤的关系。特别是那些沿海兴办的工厂，如果附近海域的水被污染，这些工厂将面临无干净水可用的尴尬。除此之外，水污染还会影响人们对娱乐、休闲等生活品质的需求。

## 二、 大气污染[①]

### (一) 概述

大气，是一种由多种气体组成的混合物，主要包括氮气、氧气、氩气、氦气、二氧化碳、水蒸气和一些杂质等。作为一种极其重要的环境要素，大气是包括人类在内的一切生物生存的基本条件、必要条件，其重要性不言而喻。大气质量状况，直接影响人们身体健康和社会经济发展。如果人们在生产生活过程中过量排放有毒有害物质进入大气，使其物理、化学、生物等方面的特性发生改变，从而造成生态环境污染，这种现象即为大气污染。事实上，大气污染的本质是大气中的二氧化碳、水蒸气等可变成分和杂质等不定成分短期内大量增加，使得大气无法通过物理的扩散、稀释以及化学和生物反应使得大气中的不定成分浓度降低，即超过大气的自净能力，从而出现大气污染。

和水污染类似，火山爆发、森林大火、腐烂有机物的自然发酵以及$PM_{10}$、$PM_{2.5}$等各种大小不同的悬浮颗粒物等自然因素

---

① 以固定污染源造成的大气污染为重点研究对象，以移动污染源造成的大气污染为次要研究对象。

都可以造成大气污染，人类不当的生产生活活动等人为因素更可以造成大气污染。就后者而言，主要指为了满足人类自身的各种需要，人们建成并运营的采煤厂、发电厂、冶炼厂、化工厂、食品加工厂等各种工厂，生产生活中的各种燃油泄漏，人们焚烧秸秆和木料，使用取暖设施，使用汽车、火车、轮船、飞机等各种交通工具以及使用各种工程机械和农业机械导致的大气污染。另外，一些有特殊功能的材料，如耐火、保温材料石棉，在使用过程中会产生大量微小颗粒物，也会造成大气污染。

在众多人为因素造成的大气污染中，通过固定污染源工厂排放的废气则是其中最主要的一部分。人们建立的各种冶炼厂在提炼铅、锌、铬等各种矿产过程中会产生铅、锌、铬等重金属污染，建立的炼油厂、制氨厂、制药厂、饲料加工厂、纸浆厂、化肥厂、陶瓷厂、制铝厂、皮革厂、染织厂等工厂在运转过程中会不同程度地产生硫氧化物、氮氧化物、碳氧化合物、碳氢化合物、硫化氢、二氧化硒、二氧化氮、四氟化硅、甲醛、溴、氮苯、氟化氢等化学物质。其中，硫氧化物是大气污染和环境酸化的重要污染物，它主要包括一氧化硫、二氧化硫、三氧化硫、三氧化二硫四种氧化物和七氧化二硫、四氧化硫两种过氧化物。氮氧化物则主要指一氧化二氮、一氧化氮、二氧化氮、三氧化二氮、四氧化二氮、五氧化二氮等化合物，而一氧化氮和二氧化氮又最为常见。氮氧化物都具有不同程度的毒性。碳氧化合物主要指一氧化碳和二氧化碳。一氧化碳无色、无臭、有毒，是煤、石油等含碳物质不完全燃烧的产物，也是目前已知排放量最大的大气污染物；二氧化碳则是无色、无毒气体，对人无害，虽然一般不列为环境污染物，但如果大气中二氧化碳浓度持续不断增加，会引起气候变暖等异常气象。碳氢化合物是光化学烟雾的元凶。氟化氢是一种常态下无色、有刺激性气味的有毒气体，具有非常强的吸湿性，接触空气即产生白色烟雾，易溶于水，可与水无限互溶形成氢氟酸。工厂排放的这些化学物质都会对大气产生不同程度的污染。

不仅如此，固定污染源工厂和移动污染源汽车排放的一些化学物质在光照等作用下会形成新的污染源，酿成光化学烟雾事件。在通常情况下，空气中的二氧化氮和碳氢化合物并不会对人体产生伤害，但在光化作用下，二者的相互作用会形成臭氧、过氧乙酰硝酸酯等氧化剂以及甲醛等还原性物质。这些物质具有较强的刺激性，尤其是在氧化剂（主要是臭氧）浓度达到 0.1ppm 的水平时，人的眼睛就会有不同程度的刺痛感；如果该浓度达到 0.25~0.70ppm 的水平时，可以使得慢性呼吸系统病患者的病情加速恶化，由此可见光化学烟雾会对当地居民造成伤害。此外，光化学烟雾能够降低能见度，增加交通风险，还可对动植物产生一定程度的伤害。著名的洛杉矶光化学烟雾事件便是如此。1943 年，美国洛杉矶市的汽车在燃烧了大量石油后，排放的碳氢化合物以及氮氧化合物在太阳光线照射下发生化学反应，形成浅蓝色烟雾，史称光化学烟雾事件。1955 年和1970 年，光化学烟雾事件又先后出现在该市。

（二） 日本的大气污染

从日本国情况看，19 世纪六七十年代日本进入工业文明时代，一直到20世纪60年代末日本国民生产总值位居世界第二，其间日本曾多次出现程度不同的大气污染。毋庸置疑，除了移动污染源汽车排放了大量尾气，固定污染源工厂则是日本大气污染的核心源头。

1.19世纪70年代到20世纪初

1875年，在殖产兴业政策引领下，组建不久的明治政府在东京都江东区建立深川工作分局，开始生产水泥。后迫于财政压力，1883年，该工厂由浅野总一郎收购，成为浅野水泥深川工厂（后于1998年发展成太平洋水泥）。该水泥厂在生产过程中排出的水泥粉尘曾引起当地居民不满，这在1885年表现得较为明显。1917年，水泥厂通过引进和安装电子集尘器才平息了附近居民的不满。除了首都东京，其余地方也出现了大气污染，特别是19世纪末期，伴随着各大矿山的开采，污染情况尤其明显。1893年开始，住友家族在开发爱媛县别子铜山过程中，大量砍伐山林，加之二氧化硫排放量剧增，造成严重空气污染，农作物受污染的情况日益增多，1897年发展成为烟害事件。大约从1902年起，秋田县的小坂铜山在经营过程中同样造成了大气污染，引起林业和农业损害。1905—1909年罹患呼吸系统疾病的患者数量约是10年前的3倍。据北秋田郡政府统计，1905—1906年平均死亡人数约是1893—1894年的17倍。此外，1917年烟尘污染造成铜山附近森林的受害面积达61.9平方公里。[①]1907年起，位于茨城县的日立矿山在开采冶炼过程中同样不注意排烟、除尘等问题，造成了空气污染。作为阪神工业区的重要组成部分，

---

①　[日]南川秀树.日本环境问题：改善与经验[M].社会科学文献出版社，2017：10.

20世纪前半叶的大阪成为真正的"烟都"。[①]大约从1883年起，大阪市的烟尘问题便非常突出。后随着1903年大阪制碱股份有限公司的成立，烟尘问题日趋严重。1904年演变成大阪制碱事件。这是一起公害事件。当时，大阪制碱股份有限公司下属的一家负责生产硫酸的肥料工厂排放了大量含有二氧化硫的煤烟，给当地农作物造成污染，导致当地农民及农田地主共同向大阪地方法院提起诉讼。另据大阪市立卫生试验所调查统计，1912—1913年，大阪旧城区一年降落的煤尘量大约是每平方英里452吨，1924—1925年上升为约493吨。其降落的煤尘量远超当时的伦敦。[②]以可吸入颗粒物浓度的指标为依据，1922—1923年，大阪市内12个观察点监测到的可吸入颗粒物浓度最大为1.54毫克/米$^3$，平均为1.05毫克/米$^3$。[③]这样的浓度远远高于目前各国认可的室内可吸入颗粒物日平均最高容许浓度0.15毫克/米$^3$。

2.20世纪初到20世纪中叶

第一次世界大战前后到第二次世界大战期间，日本着力发展机械、钢铁、化学等重化工业以及纺织业等轻工业。由于战争需要，日本全国上下对工业产量给予了高度关注，漠视环境保护，大气污染现象频繁发生。1917年，浅野总一郎在神奈川县的川崎等地设立新的水泥厂，四处飞扬的水泥粉尘将附近稻田染成红色，污染了农作物和海产品，也损害了当地居民的健康。1929年，东京市内的可吸入颗粒物浓度为1毫克/米$^3$，远高

---

① ［日］神冈浪子.近代日本の公害.新人物往来社，1971：16.

② 傅喆，寺西俊一.日本大气污染问题的演变及其教训——对固定污染发生源治理的历史省察[J].学术研究，2010(6).

③ ［日］井上堅太郎.日本環境史概説.大学教育出版社，2006：4.

于世界各国普遍认可的日平均最高容许浓度0.15毫克/米$^3$。在这样的情况下，1934年，日本东京举行了烟尘防治日活动，但由于战争问题该活动收效甚微。

1936年8月，阪神工业区尼崎市的朝日化学肥料公司突发瓦斯泄漏，附近居民吸入被污染的空气后出现中毒，数十名体弱者不得不连续多日卧床不起。1938年，尼崎市议会在《关于防止煤尘致上级官厅意见书》中披露了一个触目惊心的事实，当地以尼崎发电所为首的发电行业每年向大气中排放7万多吨煤尘，结果导致婴幼儿死亡、肺结核患者的人数每年都显著增加。

3.20世纪中叶到20世纪六七十年代

第二次世界大战结束之后到60年代初，煤依然是日本国内的主要工业燃料和生活燃料，工厂在燃煤时持续向大气排入了大量烟尘。1946年，神奈川县的川崎和横滨等地有严重哮喘症的患者明显增加，被称为"川崎哮喘""横滨哮喘"。其中，地处东京湾的川崎工业区，每天大约向大气中排放23吨颗粒物。[①]在这样的高排放强度下，当地经常被硫氧化物和烟尘所构成的黑色烟雾包围，能见度非常低，通常只有40米左右，致使人们白天驾车时也必须打开车灯。1952—1953年的冬天，东京都心部和副都心部的高层建筑区的暖气锅炉排放了大量黑烟，使得当地的白昼因无法看清太阳而如同黑夜。地处阪神工业区的尼崎市从1957年开始调查本地大气污染情况，发现"每平方公里土地上，每月降下的煤尘最高达43吨、最低10吨，工厂地区年平均数据显示，每月降下大约27.9吨煤尘，即便远离海岸线8公里之外的田园地区也达到每月14吨，全市平均高达21.5

---

① Jun Ui. *Industrial Pollution in Japan*. United Nations University Press, 1992:68.

吨，这一数值远远高出了同期的伦敦大气污染数值"①。大阪的空气质量情况同样糟糕。1960年大阪的雾霾天数更是达到了难以置信的156天②，几乎天天都是雾霾天。1961年，大阪降尘量达到17吨/平方公里·月的最高值，其中工业地区更是高达34吨/平方公里·月，非工业区也高达10吨/平方公里·月。③地处本州岛西陲的山口县，大气污染形势也很严峻。据测算，1950—1951年，山口县宇部市的月均煤尘降落量达到每平方公里55.86吨。当地的报纸曾以"宇部煤尘世界第一"的字样进行了相关报道。④燃煤释放的浓烟污染了大气，含硫氧化物的刺鼻气味更是让当地居民罹患各种呼吸系统疾病，苦不堪言。

　　北九州岛的情况同样不容乐观，甚至更为严重。1901年，国营八幡钢铁厂在该地投产运营，之后化学、水泥、陶瓷、电力等工厂相继建立，北九州工业区成为和京滨、中京和阪神工业区并列的日本四大工业区之一，享有"钢铁工业支柱、军事工业基础"之美誉。第二次世界大战结束之后的10多年时间里，该工业区的大气污染问题震惊了整个日本，甚至震惊了世界。煤炭燃烧产生的降尘严重恶化了人们的生活环境。北九州地区被称为"煤烟天空"，城山地区不得不因此而关闭了一所小学。截至1961年，位于工业区核心位置的北九州市，大气中含有的颗粒物更是日均一度高达27吨，该市因此成为全日本污染最严重的"七色烟城"。对此，曾任北九州环境科学研究所所长的中

---

　　①　陈祥.尼崎大气污染事件与日本大发展时代的问题探析[J].史学理论研究，2018（4）.

　　②　[日]宫本宪一.日本公害的历史教训[J].财经问题研究，2015（8）.

　　③　徐家骝.日本环境污染的对策和治理[M].中国环境科学出版社，1990：20.

　　④　傅喆，寺西俊一.日本大气污染问题的演变及其教训———对固定污染发生源治理的历史省察[J].学术研究，2010（6）.

芫哲先生这样描绘：该市钢铁厂的红烟、黑烟，水泥石、发电厂的灰烟等笼罩在天空。另外还有水的污染、建设工地的污染，使北九州成为灰色的天空，洞海湾成了沉寂的"死海"，许多小学被迫迁移。无独有偶，时任日本众议院议员、自民党环境基本问题调查会会长，同时也是日本环境保护方面的领军人物自见庄三郎则如此描述北九州：天是黑蒙蒙的，空气浑浊，令人窒息。因此那时许多人得了哮喘病、骨疼病，也有许多人得了癌症……①

　　20世纪60年代以来，特别是伴随着1963年福冈县三池煤矿大爆炸事件的发生，日本全国逐渐实现能源结构从煤炭到石油的转型，并在个别行业推广使用原子能和天然气。表1-2揭示了20世纪30年代到80年代初日本能源结构变化情况。从表中可以看出，1955年，煤炭在日本能源结构供应中占比高达50.2%，石油占比为20.2%，煤炭能满足日本约50%的能源之需，同时期的石油只能满足约20%的能源所需。到了1965年，煤炭和石油在满足能源所需方面的占比分别为27.5%、58.4%。1971年，煤炭的比重降至17.5%，石油的比重升至73.5%。到了1975年，煤炭和石油的占比分别变为16.5%、73.2%。

表1-2　20世纪30年代到80年代初日本能源结构变化一览表（%）

| 年份 | 水力 | 煤炭 | 石油(液化石油气) | 原子能 | 天然气 | 其他 | 合计($10^{13}$千卡) |
|---|---|---|---|---|---|---|---|
| 1935 | 13.3 | 73.0 | 12.4 | — | 0.1 | 1.2 | 34.88 |
| 1940 | 11.8 | 78.5 | 8.3 | — | 0.1 | 1.3 | 50.45 |
| 1945 | 26.3 | 70.2 | 1.2 | — | 0.2 | 2.1 | 19.31 |

---

　　① 夏爱民.北九州——循环型经济的雏形[J].世界环境，2005（3）.

续表

| 年份 | 水力 | 煤炭 | 石油(液化石油气) | 原子能 | 天然气 | 其他 | 合计(10¹³千卡) |
|---|---|---|---|---|---|---|---|
| 1950 | 23.0 | 58.5 | 7.1 | — | 0.2 | 11.2 | 40.19 |
| 1955 | 21.2 | 50.2 | 20.2 | — | 0.4 | 8.0 | 56.02 |
| 1960 | 15.3 | 42.1 | 37.7 | — | 1.0 | 3.9 | 93.75 |
| 1965 | 11.3 | 27.5 | 58.4 | — | 1.2 | 1.6 | 165.61 |
| 1970 | 6.3 | 20.7 | 70.8 | 0.4 | 1.3 | 0.5 | 310.47 |
| 1975 | 5.7 | 16.5 | 73.2 | 1.7 | 2.6 | 0.3 | 365.72 |
| 1979 | 5.1 | 14.1 | 71.1 | 4.2 | 5.3 | — | 408.74 |
| 1982 | 5.4 | 18.5 | 61.9 | 6.9 | 7.0 | 0.3 | — |

说明：自1969年起天然气中包括液化天然气。1982年一栏中的天然气数据系指液化天然气。

资料出处：徐家骝．日本环境污染的对策和治理[ M ].中国环境科学出版社，1990：33.

为了满足国内对石油的旺盛需求，日本加大了原油进口。1950年进口原油1541098千升，为百万级别；1956年升至11437928千升，为千万级别；1967年升至120814949千升，为亿级别。原油进口的具体情况参见表1-3"20世纪50—70年代日本原油输入量变化情况"。

表1-3　20世纪50—70年代日本原油输入量变化情况

| 年份 | 原油输入（千升） | 输入增加率 | 年份 | 原油输入（千升） | 输入增加率 |
|---|---|---|---|---|---|
| 1950 | 1541098 | — | 1962 | 44581233 | 18.42% |
| 1951 | 2844092 | 84.55% | 1963 | 59246473 | 32.90% |
| 1952 | 4432296 | 55.84% | 1964 | 72141715 | 21.77% |
| 1953 | 5747527 | 29.67% | 1965 | 83280400 | 15.44% |

续表

| 年份 | 原油输入（千升） | 输入增加率 | 年份 | 原油输入（千升） | 输入增加率 |
|------|------|------|------|------|------|
| 1954 | 7440417 | 29.45% | 1966 | 98728387 | 18.55% |
| 1955 | 8553241 | 14.96% | 1967 | 120814949 | 22.37% |
| 1956 | 11437928 | 33.73% | 1968 | 140538608 | 16.33% |
| 1957 | 14832880 | 29.68% | 1969 | 166875495 | 18.74% |
| 1958 | 16311340 | 9.97% | 1970 | 195824831 | 17.35% |
| 1959 | 21620812 | 32.55% | 1971 | 221042588 | 12.88% |
| 1960 | 31115996 | 43.92% | 1972 | 238333831 | 7.82% |
| 1961 | 37646916 | 20.99% | 1973 | 286669912 | 20.28% |

资料出处：根据通商产业大臣官房调查统计部编《昭和48年石油统计年报》制作而成。

伴随着能源结构从煤到石油的快速转型，日本经济也实现了腾飞。整个60年代的GNP平均增速高达10%，同时期的欧洲国家平均增速为5%。然而，由于这段时间日本工厂所用石油大多进口自科威特、伊朗、伊拉克、沙特阿拉伯等中东国家，价格低廉，但含硫量近3%，属于含硫量高的重油。例如，1963年进口的中东石油中，含硫量2%~3%的比例占总进口量的55%，1%~2%的占27%，1%以下的仅有14%。1965年进口石油的平均含硫量为2.04%。在这种情况下，国内工业所用燃油大多为劣质重油，1967年所用重油平均含硫量高达2.5%，1968年略有下降，为2.32%。[①]日本主要从中东国家进口含硫量高的重油的情况到第一次石油危机发生时仍未得到根本扭转。详情见表1-4。

————————
① 徐家骝.日本环境污染的对策和治理[M].中国环境科学出版社，1990：26.

表1-4　1973年日本原油进口的主要来源

| | 100万千公升 | % |
|---|---|---|
| 合计 | 286.7 | 100.0 |
| 中东 | 223.9 | 78.1 |
| 伊朗 | 95.7 | 33.4 |
| 沙特阿拉伯 | 53.7 | 18.7 |
| 阿布扎比 | 26.0 | 9.1 |
| 科威特 | 23.3 | 8.1 |
| 中立地区 | 16.6 | 5.8 |
| 阿曼 | 6.2 | 2.2 |
| 其他 | 2.4 | 0.8 |
| 印度尼西亚 | 42.5 | 14.8 |
| 布隆迪 | 9.3 | 3.3 |
| 阿尔及利亚 | 5.6 | 1.9 |
| 苏联 | 1.4 | 0.5 |
| 中国 | 1.1 | 0.4 |
| 其他 | 2.8 | 1.0 |

资料出处：内野达郎.战后日本经济史[M].新华出版社，1982：270.

　　能源结构从煤到石油的转型，给日本环境带来了明显变化，烟尘的排放量相比以前有了减少，但硫氧化物、氮氧化物等的排放量明显增加，如果以1955年的硫氧化物排放量为100计算，1970年的硫氧化物排放量达到600左右。据初步测算，1960年到1970年，二氧化硫排放量从1653万吨增加到5700万吨，增加了2.5倍，年均增加率为13.4%；二氧化氮排放量从689万吨增加到1961万吨，增加了1.8倍，年均增加率为11.0%。[①]据1972

①　刘昌黎.现代日本经济概论[M].东北财经大学出版社，2002：122.

年的统计结果，各种发电厂、石化厂、钢铁厂等向大气中排放
了大量废气、烟雾，仅汽车一项便向大气中排放了约1000万吨
一氧化碳。由此造成日本每平方公里大气中含有毒气体达159.1
吨，远超过同时期美国的32.6吨和英国的30.8吨。[1]表1-5是东
京、名古屋、大阪和神户沿海不同年份污染物质排放情况。该
表表明，氧化硫和氧化氮的排放量在20世纪70年代初比50年代
中期都有了明显增加。

表1-5　部分地区的污染物质及排放情况（单位：吨/每平方公里）

| | 氧化硫 | | 氧化氮 | |
|---|---|---|---|---|
| | 1955年 | 1971年 | 1955年 | 1971年 |
| 东京沿海 | 18.3 | 165.2 | 2.3 | 68.3 |
| 名古屋沿海 | 8.4 | 71.7 | 1.0 | 27.4 |
| 大阪和神户沿海 | 27.8 | 188.2 | 3.0 | 61.1 |

资料出处：［日］莊司光.宫本宪一.日本の公害.岩波新书，1975：50.

　　随着硫氧化物、氮氧化物排放量的激增，污染也从燃煤时
的降尘发展现在燃油时混合硫氧化物的大气污染，白色烟雾
取代了此前的黑色烟雾。大气中含有较多硫酸气体。据测算，
一座以重油为燃料、百万瓦特规模的发电厂，每年耗费石油130
万吨，约排放52000吨硫酸气体。坐落在京滨、中京、阪神和北
九州四大工业区的炼油厂、石化工厂更是持续向大气中排放硫
酸气体，由此导致大气中充斥着大量二氧化硫，人们极易罹患
呼吸系统疾病。仍以北九州市为例，1965年，洞海湾附近平均
降尘量达到80吨/月（最高值为108吨/月），创日本最高纪录。
1969年，北九州市因为拉响烟雾警报而成为日本第一座发布烟

---

① 张宝珍.日本经济高速增长时期的环境污染问题[J].世界经济，1985（9）.

雾警报的城市。北九州市同时成为日降尘量位居日本首位的
"七色烟城"。

1970年，日本对全国110个城市进行的大气污染调查发现，
有40个城市超过法定环境标准，约占调查总数的四成。据统计，
这些城市在一年的时间里便向大气中排入一氧化碳500万吨、二
氧化硫310万吨、飘尘21万吨。同年，日本对钢铁、化学、电
力、硅酸盐、造纸等重化工业调查统计，结果发现日本各行业
排出的二氧化硫为579.9万吨，是1960年165.3万吨的2.5倍，年
均增长率为13.4%。同期排出的二氧化氮由68.9万吨增加到
196.1万吨，年均增长率为110%。

在此背景下，从20世纪50年代末开始，三重县四日市便持
续出现哮喘病病例，该情况一直持续了20余年。仅在1961年，
便有25%的慢性支气管炎、30%的支气管哮喘、40%的哮喘性
支气管炎和将近5%的肺气肿等其他呼吸道疾病。此外，1970年
7月中旬，东京首次发生光化学烟雾事件，当时烟雾浓度达到平
时的10倍，甲醛浓度每小时为每升0.3毫克及以上，硫酸烟雾达
到每立方米20微克，均超过原有标准。[①]表1-6表示的是1971
年到1983年东京都发生光化学烟雾警报次数情况。该表表明，
从1971年到1977年，东京都发生不同级别的光化学烟雾的次数
以及申报受害人数均出现了明显下降，但从1978年起该情况有
所恶化。如果仅从警报次数本身看，1971年到1983年，东京都
因为出现光化学烟雾而给予不同级别警报的情况频繁发生，位
于东京都的杉并高中还出现了光化学烟雾的受害者。1974年，
东京都降下酸雨，给当地农业和工业带来不同程度损失。这些

①　张宝珍.日本经济高速增长时期的环境污染问题[J].世界经济，1985（9）.

严重的大气污染在20世纪六七十年代成为一种非常普遍的社会问题。

表1-6　20世纪70—80年代日本东京都发生光化学烟雾警报次数一览

| 年份 | 预报 | 注意报 | 警报 | 申报人数 | 年份 | 预报 | 注意报 | 警报 | 申报人数 |
|------|------|--------|------|----------|------|------|--------|------|----------|
| 1971 | 23 | 33 | 0 | 28223 | 1978 | 20 | 22 | 0 | 325 |
| 1972 | 37 | 33 | 0 | 8437 | 1979 | 10 | 12 | 0 | 64 |
| 1973 | 57 | 45 | 0 | 4035 | 1980 | 8 | 13 | 0 | 24 |
| 1974 | 25 | 26 | 1 | 2711 | 1981 | 5 | 14 | 0 | 36 |
| 1975 | 41 | 41 | 1 | 5210 | 1982 | 5 | 17 | 0 | 102 |
| 1976 | 15 | 17 | 0 | 477 | 1983 | 12 | 24 | 0 | 35 |
| 1977 | 18 | 21 | 0 | 30 | | | | | |

说明：氧化剂（主要是臭氧）浓度超过小时平均值0.08ppm为预报级别，超过小时平均值0.12ppm为注意报级别，超过小时平均值0.24ppm为警报级别。

资料出处：徐家骝.日本环境污染的对策和治理[ M ].中国环境科学出版社，1990：66.

## （三）　大气污染的危害

大气对维系各种生命和正常的人类生产生活的重要性不言而喻。大气中所含有的适量重金属是地球生命赖以存在的基础。换言之，重金属含量并非越高越好，也不是越低越好，含量为零也不好。但是，步入工业文明时代以来，人们大量使用煤和石油作为燃料。燃烧煤或者石油时会产生硫氧化物和氮氧化物等气体。这些气体大量排入大气中，当大气中氮氧化物和硫氧化物等重金属含量超过一定标准时，污染就会产生。首先，大气污染对人体健康的危害明显且巨大，这是不言自明的。人体吸入过量污染物后就会对自身呼吸系统产生伤害，引起支气管炎、支气管哮喘、肺气肿、肺癌等各种疾病，也会刺激眼鼻等黏膜组织使其患病。1952年12月5日至9日，伦敦上空充斥了大量的灰尘和二氧化硫，导致近4000人死亡，其中大部分是年龄超过45岁的人。许多人死于慢性支气管炎、支气管肺炎和心脏病等各种疾病。其次，大气污染对动植物同样有危害，一方面会造成动物不同程度的畸变、癌变，破坏它们的遗传基因，另一方面会造成植物生长缓慢、发育迟缓、品质和产量下降等。再次，大气中二氧化硫和二氧化氮含量过高时会形成酸雨。20世纪60年代以来，酸雨已经逐步遍及全球，欧洲、美国和加拿大东部、东亚是世界上酸雨较严重的地区。酸雨被称为"绿色黑死病"或者"空中死神"。众所周知，酸雨造成的土地酸化不利于各种植物正常生长，同时酸雨也会对包括植物在内的各种生物、金属制品、皮革制品、橡胶制品、纺织品等各种制成品甚至建筑物带来伤害，并造成一定程度的经济损失。例如，自上世纪60年代以来，酸雨已造成欧洲约1/3的树木枯死，其中捷克和英国各有71%和64%的森林受到酸雨危害。此外，酸雨还造成瑞典多个湖泊、沼泽的鱼虾灭绝，北美地区4000多个湖泊的鱼类灭绝。最后，大气污染对自然生态的破坏性影响同样鲜明。例如，可造成局部地区的空气浑浊，能见度降低，从而引发更多的交通事故；大气中二氧化硫等气体含量的增加造成的全球变暖现象也日益明显，由此导致海平面上升，给低地国家会造成毁灭性伤害；人类向大气中过量排放的氟氯烃等物质正在造成臭氧层日益稀薄，而臭氧层是保护人类等各种生命免受太阳紫外线辐射威胁必不可少的。自1985年南极上空出现臭氧层空洞以来，地球上空臭氧层被破坏的情况并未明显好转反而日趋严重，到1994年，南极上空的臭氧层破坏面积已经达到2400万平方公里。随着臭氧层被不断破坏，到达地面的紫外线也随之增加，罹患各种皮肤病和白内障患者的人数明显增加，人类的免疫力也在下降。因此，大气污染造成的后果细思极恐。田中角荣在1972年竞选首相时提出的"日本列岛综合改造计划"中这样评价大气污染，"再过几年东京的樱花也许看不到了""呼吸道疾病已是不可避免，不久还将导致死亡率上升的恶果"。①

## 三、固体废弃物污染

### (一) 概述

何谓"固体废弃物"？不同国家的解释不完全一致。

我国更多地使用"固体废物"的提法，在1995年10月30日第八届全国人大常委会第十六次会议上通过、2020年4月29日最新修订的《中华人民共和国固体废物污染环境防治法》中这样界定固体废物：生产、生活和其他活动中产生的丧失原有利用价值或者虽未丧失利用价值但被抛弃或者放弃的固态、半固态和置于容器中的气态的物品、物质以及法律、行政法规规定纳入固体废物管理的物品、物质。经无害化加工处理，并且符合强制性国家产品质量标准，不会危害公众健康和生态安全，或者根据固体废物鉴别标准和鉴别程序认定为不属于固体废物的除外。该法将固体废物分为工业固体废物、生活垃圾、建筑

---

① "四日市哮喘"事件[J].世界环境，2011 (4).

垃圾、农业固体废物和危险废物五种。其中，生活垃圾是指在日常生活中或者为日常生活提供服务的活动中产生的固体废物，以及法律、行政法规规定视为生活垃圾的固体废物。主要包括厨房余物、废纸、废塑料、废织物、废金属、废玻璃、陶瓷碎片、砖瓦渣土、粪便及废家什用具、废旧电器、庭园废物等。

在美国，1976年颁布的《资源保护和恢复法》如此界定固体废弃物。它指从污水处理厂、供水厂和大气污染处理设施生产的垃圾、废物和污泥，也指从工业、商业、采矿业、农业和生活中产生的丢弃物，包括固体、液体、半固体以及在容器中的气态物质。"废弃"是指排放、沉淀、注射、倾倒、溢出、泄漏，或将任何固体废物或有害固体废物释放，导致固体废物或有害固体废物或其成分进入到环境中或大气、水体和地下水中的行为。[①]

在日本，1970年12月25日颁布的《关于废弃物处理及清扫的法律》将废弃物根据形态分为固体和液体两类。认为废弃物是指垃圾、粗大颗粒、燃烧之残物、脏物、屎尿、废油、废酸、废碱和动物尸体等各种各样脏东西或人们不要的物品。放射性物质或者被其污染的各种物品，该法不将其界定为废弃物，而是属于必须被消灭掉的危险物品。同时，该法根据来源将上述废弃物分为产业废弃物和一般废弃物两大类。前者包括废油、废酸、废碱等19种物质，后者是指除产业废弃物之外的法定废弃物，如居民日常生活中产生的餐余垃圾、生活污水、因各种原因而淘汰的衣服鞋帽、衣柜、沙发等。在该法基础上，日本国会于1990年3月对其中部分内容进行了修改完善，将含有爆炸性、毒性、感染性等的废弃物明确规定为"特殊管理废弃物"，对其进行特殊处理。

---

① 朱源.美国环境政策与管理[M].科学技术文献出版社，2014：88.

人们在生产、销售及使用过程中产生的失效、变质、不合格、淘汰、伪劣的人用、畜用以及植物用药物和药品，各种家用变压器、电池、温度计、血压计、荧光灯管等，拆解后收集的尚未引爆的安全气囊等爆炸性废物，各种木材防腐剂废物、有机溶剂废物、燃料涂料废物、感光材料废物[显影液、定影液、正负胶片、相纸、感光原料及药品生产过程中产生的不合格产品和过期产品、电影厂在使用和经营活动中产生的废显（定）影液、胶片及废相纸]，石棉建材生产过程中产生的石棉尘、废纤维、废石棉绒、含有石棉的废弃电子电器设备、绝缘材料、建筑材料等，在工业生产、生活和其他活动中产生的废电子电器产品、电子电气设备，经拆散、破碎、砸碎后分类收集的铅酸电池、镉镍电池、氧化汞电池、汞开关、阴极射线管和多氯联苯电容器等部件、废弃的印刷电路板、含有或直接沾染危险废物的废弃包装物、容器，各种化学和生物实验研究与教学中产生的废物等。上述废弃包装物和物品因含有各种含汞、铍、镉、铜、铅、锌、镍、钡、砷、硒、碲、锑、铊、酚、醚、多氯苯并呋喃、多氯苯并二噁英、多氯联苯、多氯三联苯、多溴联苯等危险物质而必须特殊处理。

虽然不同国家的称谓不尽相同，界定也不完全一致，但从本质看，实则大同小异。简而言之，固体废弃物是指那些人们在生产生活中因为各种原因而产生的固体形态的废弃物品。由于生产活动产生的废弃物和普通大众日常生活中产生的废弃物在构成、种类、处理、对环境的影响等方面均有不同，需要专门论述。故本处所谈固体废弃物仅指我国法律中的"生活垃圾"或者日本《关于废弃物处理及清扫的法律》中的"一般废弃物"，包括特别管理的一般废弃物，如洗衣机、电冰箱、空调、电视机、电脑、日光灯等危险废旧家电产品。人们在处理上述固体废弃物时因为各种主客观原因导致处置不当使其进入生态环境中，从而危害人体健康、造成环境恶化等的现象，即为固体废弃物污染。

（二） 日本的固体废弃物污染

在日本明治维新以来的百年发展史中，固体废弃物的产量呈明显递增趋势。特别是随着第二次世界大战的结束，越来越多的人涌向城市，在城市工作、定居。生活在城市的人们制造了非常多的生活垃圾。

1. 第二次世界大战之前

在德川幕府时代，当时的江户（今东京都）就居住了100多万人，每天都会制造一定数量的包括粪便在内的废弃物。在明治政府成立后，根据《东京都清扫事业百年史》记载，1900年人均垃圾产生量约为300克/天，1930年增加为450克/天。[①]但由于这时期城市人口相对较少，人们的环境保护意识比较薄弱，日本的生产力水平相对偏低，加之20世纪30年代资本主义世界经济大危机的冲击，日本国内固体废弃物的产量虽有增加，但由此引发的环境问题并未引起人们的重视。

2. 第二次世界大战之后

二战后，随着经济的快速发展，日本得以从战争的创伤中恢复元气。人们的衣食住行得到基本满足后，开始追求更高品质的生活。日本的城市化程度较高。1950年，城市人口占全国总人口的比例就达到37%，1960年更是超过半数，达到64%，1966

---

① 许东海.日本近现代环境保护发展史[M].中国农业出版社，2013：3.

年提高到78%。伴随着一座座高楼大厦的拔地而起和城市道路里程的不断增加，加上日本企业大量生产和大量销售的刺激，和战前日本人的勤俭节约形成鲜明对照，战后日本城市居民的生活方式发生了明显的变化，在外就餐变得非常流行，导致大量食品被废弃，出现许多难以处理的垃圾。除了生活方式发生变化，战后日本国民在消费结构方面也发生了巨大变化，越来越多的国民不断实现生活耐用消费品的升级换代，大量消费和大量废弃也自然而然地成了人们新的生活方式。20世纪50年代初期，日本国民向往的家庭"三大件"是收音机、自行车、缝纫机；到了50年代中后期，洗衣机、电冰箱、黑白电视机成为新的"三大件"；大约10年之后，20世纪60年代中后期，"三大件"更新为彩色电视机、空调和汽车。简而言之，二战结束之后，日本国民对电气化商品的需求不断增加。洗衣机、电冰箱、电视机、空调和汽车等各种高附加值、高科技含量的电器产品作为生活富裕和高品质的象征而成为日本国民购买的首选。表1-7显示的是不同时期日本国民拥有"三大件"的情况。无论是彩色电视机、洗衣机、电冰箱还是私人汽车，日本国民都保持了越来越高的消费欲望，拥有率逐年攀升。日本国民对这些高品质电气化商品的需求均呈现井喷式增长。但日本国民对黑白电视机的消费欲望呈现下降趋势，这是因为出现了可以替代黑白电视机的彩色电视机，所以人们对黑白电视机的需求在降低。

表1-7　1960—1975年日本国民主要消费品分配率变化情况（单位：%）

| 年份<br>商品名称 | 1960 | 1965 | 1970 | 1975 |
|---|---|---|---|---|
| 黑白电视机 | 54.5 | 95.0 | 90.1 | 49.7 |
| 彩色电视机 | — | — | 30.4 | 90.9 |

续表

| 商品名称＼年份 | 1960 | 1965 | 1970 | 1975 |
|---|---|---|---|---|
| 洗衣机 | 45.4 | 78.1 | 92.1 | 97.3 |
| 电冰箱 | 15.7 | 68.7 | 92.5 | 97.3 |
| 私人汽车 | — | 10.5 | 22.6 | 37.4 |

资料出处：Jun Ui. *Industrial Pollution in Japan.* United Nations University Press，1992:66.

从城市和农村拥有家庭耐用消费品的情况看，1958年，拥有洗衣机、电视机和电冰箱的城市家庭分别占30%、15%和5%。1970年，约90%的家庭都拥有了这些家电。从表1-8可见，20世纪八九十年代，无论是城市还是农村，家庭耐用消费品的普及率总体较高。电冰箱、洗衣机和彩色电视机接近全部普及，小汽车的普及率在80%左右，空调和计算机的普及率相对较低。

表1-8　日本家庭耐用消费品普及情况（%）

| | 城市 | | 农村 | |
|---|---|---|---|---|
| | 1980 | 1990 | 1980 | 1990 |
| 电冰箱 | 99.1 | 98.2 | 99.2 | 98.1 |
| 洗衣机 | 98.7 | 99.6 | 99.3 | 99.2 |
| 空调 | 42.9 | 66.4 | 17.4 | 40.3 |
| 彩电 | 98.3 | 99.4 | 97.6 | 100.0 |
| 计算机 | 11.7 | 11.2 | 11.8 | 5.4 |
| 小汽车 | 54.2 | 76.0 | 74.5 | 88.6 |

资料出处：矢野恒太記念会.日本國勢図会.国勢社，1999/2000：452.

面对国内强劲的需求，日本政府和企业则给予了积极回应，千方百计满足国民旺盛的需求。表1-9是1955—1975年日本主

要商品的产能情况。以汽车为主的商品的产能均呈现飞速增长
趋势，这从一个侧面说明日本国民旺盛的消费能力。

表1-9　1955—1975年日本主要商品产能一览表

| 商品名称 | 生产方式 | 单位 | 1955 | 1960 | 1965 | 1970 | 1975 |
|---|---|---|---|---|---|---|---|
| 汽车 | 国产 | 千辆 | 13 | 165 | 696 | 3179 | 4568 |
| 钢铁 | 国产 | 千吨 | 9408 | 22138 | 41161 | 93322 | 107399 |
| 聚氯乙烯（PVC） | 国产 | 千吨 | 32 | 258 | 483 | 1151 | 1625 |
| 石油 | 进口 | 千升 | 9271 | 31116 | 83280 | 195725 | 268588 |

资料出处：Jun Ui. *Industrial Pollution in Japan*. United Nations University Press，
1992:67.

人们在感叹日本国民梦寐以求的"三大件"更新速度之快
的同时，也不得不面对淘汰掉的"三大件"该如何处理的问题，
是直接作为垃圾扔掉还是作为可以循环再利用的物品进行回收。
因此，20世纪50年代以来，一方面，在国民收入逐渐增加的情
况下，日本百姓有足够的能力和条件购买电视机、冰箱、洗衣
机、汽车、空调等各种耐用高档消费品，拥有和美国国民类似
的生活水准。但另一方面，在高消费、高生产的生产生活方式
背后，是人们的高浪费。大量废弃各种生活物资也成为一种生
活常态，由此产生大量固体废弃物。这可以从如下事实中得到
佐证。

20世纪60年代，城市固体废弃物排放量急剧增加。据测
算，整个60年代，每个日本人每天排放生活垃圾约为700—800
克，全日本每天垃圾产生量达到9万吨（含产业废弃物）。[①]其

---

① 刘振华，郭一令.日本固体废弃物处理与再资源化的现状及课题[J].青岛建筑工程
学院学报，2003（4）.

中，1965年，人均排放生活垃圾约为700克/天，1970年约为900克/天。随着彩色电视机、汽车等逐渐普及，黑白电视机和自行车等曾经的"三大件"也成为被淘汰的旧产品。同时，城市垃圾的成分也随之发生变化，如1963年，东京都中塑料垃圾的混入率占2%，重达44.5万吨，1969年分别增长到9.7%和172.3万吨。①步入70年代，据科学技术厅资源调查会1975年的统计报告，当年日本全国一般废弃物排放量约为3400万吨/年。②到了20世纪80年代，一般废弃物的排放量有增无减。许多家庭为了追求生活的便利性和舒适性，制造了大量的塑料垃圾、生活用纸垃圾等。据1988年日本厚生劳动省对北海道、富山、长崎等45个县市约1.22亿人口的全年统计结果显示，垃圾收集量3972.3万吨，每人每天生活垃圾排放量为1082克③，比60年代增加约200~300克。到了90年代，日本一般废弃物年均排放量在5000万吨左右，人均排放量1100克/天。④总体而言，20世纪八九十年代日本全国排放的一般废弃物约为年均4500万吨。⑤

表1-10体现的是1960年到1984年期间日本城市生活垃圾排放量的情况。根据该表可以看出，城市生活垃圾的日均排放量呈现递增态势，从1965年的每天排放44552吨增长到1984年的每天排放100066吨，而人均日排放量也总体呈现增长趋势，从1960年的514吨增长到1984年的833吨。

① 许东海.日本近现代环境保护发展史[M].中国农业出版社，2013：31.
② 徐家骝.日本环境污染的对策和治理[M].中国环境科学出版社，1990：122.
③ 刘振华，郭一令.日本固体废弃物处理与再资源化的现状及课题[J].青岛建筑工程学院学报，2003（4）.
④ 简文星.浅谈日本固体废弃物的管理及处置技术[J].环境科学动态，2002（4）.
⑤ 王妮燕.日本废弃物的法定含义和处理[J].环保科技，1994（2）.

表1-10　日本城市垃圾排放量年度变化一览表

| 年份 | t/d | g/人·d | 年份 | t/d | g/人·d |
|------|------|--------|------|------|--------|
| 1960 | — | 514 | 1975 | 87167 | 781 |
| 1965 | 44552 | 695 | 1976 | 87406 | 776 |
| 1966 | 48346 | 710 | 1977 | 90225 | 792 |
| 1967 | 53825 | 755 | 1978 | 93110 | 809 |
| 1968 | 62005 | 815 | 1979 | 95746 | 824 |
| 1969 | 70115 | 870 | 1980 | 94354 | 809 |
| 1970 | 76998 | 910 | 1981 | 97418 | 828 |
| 1971 | 83328 | 841 | 1982 | 99831 | 842 |
| 1972 | 91757 | 908 | 1983 | 98417 | 826 |
| 1973 | 95052 | 891 | 1984 | 100066 | 833 |
| 1974 | 84205 | 765 | | | |

资料出处：徐家骝. 日本环境污染的对策和治理[ M ]. 中国环境科学出版社，
1990：123.

（三）固体废弃物污染的危害

　　面对数量如此庞大而且呈现上升趋势的一般废弃物，普遍的做
法是焚烧、填埋和循环再利用。无论哪一种方式，在具体操作过程
中如果做不到足够的科学合理，就极有可能对周边生态环境造成直
接或间接伤害。虽然一般废弃物在一定程度上可以作为资源而被重
复利用，但在更大程度上是作为一种污染源而存在着。第一，一般
废弃物会侵占大量土地，浪费土地资源。据测算，每堆积 $1×10^4$ t废
物，占地约需666.7平方公里。第二，一般废弃物除了占用大量土
地，也会对土壤造成污染，尤其是含有汞、镍等重金属的一般废弃
物，其中的有毒有害成分会在风吹雨淋、地表径流侵蚀等方式作用

下渗入土壤，从而改变土质成分和土壤结构，降低土壤肥力，使其丧失利用价值。不仅影响农作物的生长及产量，严重者会通过生物链的形式将有毒物质迁移到农产品中，最终对各种动物以及人类自身带来不可估量的伤害。第三，污染水源。人们将一般废弃物直接倒入河川之中，或者废弃物中含有的有毒有害化学物质缓慢地渗透进地下水源，抑或在狂风暴雨的自然环境中被冲入江河湖泊，这些都可以造成水污染。第四，污染大气。一般废弃物中含有的微小颗粒、尘土等物质，会在大风的作用下四散逃逸；某些瓜果蔬菜等有机废弃物在适宜的温度和湿度等环境中被微生物分解，释放出有毒有害气体，这种情况在炎热的夏季尤为明显；在焚烧一般废弃物时也会释放一定量的有害气体。这些情形都会污染大气。第五，危害人体健康。经过土壤、大气、水等媒介，一般废弃物中的有毒有害物质得以四散传播，对周边居民的身体健康带来伤害。特别是那些需要特殊处理的一般废弃物，如易燃、易爆、强烈腐蚀性或剧烈毒性的家用电器类产品，如果处理不当，能够引起人的长期中毒、致癌、致畸等，伤害更是巨大。

## 第二节　五大公害事件

明治维新之前，日本是个典型的农业社会，农业人口占总人口的80%。[①]在这个时期，人们改造大自然的能力远没有工业文明时代强大，但也出现了一定程度的环境问题，像前文所述

---

① 　[日] 南川秀树.日本环境问题：改善与经验[ M ].社会科学文献出版社，2017：1.

的水污染、大气污染和固体废弃物污染等。这些环境问题的出现主要与当时日本人开采金、银、铜矿等行为有关。如1690年，日本人发现别子铜山。住友家族在开发该铜山以及冶炼金属矿的过程中，排放的含有二氧化硫的烟尘给附近山林和农作物带来了伤害，住友家族作为补偿将这些山林和农田予以购买。这属于农业文明时代较为典型的大气污染。

如果说，农业文明时期日本的环境污染尚属于局部问题，影响范围小，破坏程度弱，没能引起人们足够的重视，那么，随着明治政府成立后进行的大刀阔斧的改革，日本由此步入工业文明时代，此后的多届政府将经济优先置于国家政策的中心地位，特别是第二次世界大战后，日本经济实现了让人难以置信的高速发展，但生态环境问题却以最尖锐的方式呈现在日本国民面前。大气污染、水污染、光化学污染、噪声污染等各种环境问题呈现出全国蔓延态势，影响范围已经突破地区限制，破坏程度也远超人们想象，不得不引起整个社会的重视。这便是以足尾铜矿毒公害、富山县痛痛病、熊本县和新潟县水俣病、四日市哮喘病和爱知县米糠油事件为代表的多起环境公害事件。

## 一、"公害"的内涵

何谓"公害"？这是一个仁者见仁、智者见智的问题。事实上，无论是从自然科学还是从社会科学的角度而言，对"公害"一词进行界定都是一件非常困难的事情。尽管如此，随着第二次世界大战的结束，特别是20世纪60年代中期以来，人们对保护环境的必要性和重要性已经形成共识。在此情形下，各国家以及国际组织都对该词进行了阐释。

## （一） 欧美国家的代表性观点

欧美国家对"公害"提出过如下观点。曾有英国学者指出，所有给普通大众的生活带来冲击的事情都可以界定为公害，并且认为政府在应对公害问题时，将重点放在给受到威胁的一方提供保护，而不在于追究公害的产生根源。在法国，有学者认为公害指的是由于人们的城市生活和工业活动而对公众生活带来的冲击。在美国，人们对公害的管控有较长的历史，但对公害的理解并不一样。比如将那些危害到人们利益的事情分为公害、私害和混合性伤害等。[①]

## （二） 国际组织的代表性观点

国际组织虽未对"公害"进行明确界定，但对"环境污染"有过明确解释。例如，1965年，联合国经济及社会理事会曾对环境污染进行了如下界定：由于人类的行为而改变了环境的成分和状态，导致环境不适合人类生存等，便可以称环境污染。空气污染、水污染、噪声污染、土壤污染、杀虫剂和除草剂引发的污染都属于环境污染。[②]

## （三） 日本国的代表性观点

据考证，在日本，"公害"一词最早出现在1896年通过的《河流法》。该法认为公害是指代触犯、违背或者不利于公众利益的事

---

[①] Industrial Pollution Control Association of Japan. *Industrial Pollution Control: General Review and Practice in Japan Volume1 Air and Water*. Tokyo: Industrial Pollution Control of Japan, 1981:8–9.

[②] Industrial Pollution Control Association of Japan. *Industrial Pollution Control: General Review and Practice in Japan Volume1 Air and Water*. Tokyo: Industrial Pollution Control of Japan, 1981:10.

情。①但南川秀树、染野宪治等日本学者认为"公害"一词在日本最早并非出现在《河流法》中，而是出现于1896年制定的大阪府第21号令——《制造厂取缔规则》之中。该规则认为，原则上不允许在没有确认无公害的情况下建设工厂。这是日本国内首次明确使用"公害"一词。②在那时，人们对威胁公共利益的事件都称为公害，比如，各种洪涝灾害便属于典型的公害。这和工业文明时代人们理解的公害明显不同。现在的大气污染、水污染、化学污染等各种污染属于"公害"，但在那时却不属于"公害"。严格来讲，今天的"公害"更多地强调因为人为因素出现了威胁公众利益的事件，以前的"公害"则更多地强调因为自然因素出现了威胁公众利益的事件，像洪水、干旱、地震、火山、飓风等。

那么，今天意义上的"公害"一词何时在日本国出现呢？截至20世纪60年代初，在日本出版的国语辞典里并没有收入"公害"一词。③20世纪60年代中期以后，日本公众才对"公害"一词有所知晓，但很快该词就在全国上下普遍使用，几乎尽人皆知。所谓公害，最初主要指大气污染、水污染、噪声、强振动、恶臭等公共卫生问题④，20世纪60年代，日本面临着严峻的环境污染问题，政府不得不采取应对措施。为了更好地完成整治环境的任务，日本厚生省推动国会于1967年制定《公害对策基本法》，明确了工作方向和工作任务。该法认为，公害是指"伴随着工业及人类其他活动在相当范围内产生的大气污

---

① Industrial Pollution Control Association of Japan. *Industrial Pollution Control: General Review and Practice in Japan Volume1 Air and Water*. Tokyo:Industrial Pollution Control of Japan, 1981:7.

② ［日］南川秀树.日本环境问题：改善与经验[M].社会科学文献出版社，2017：86.

③ ［日］庄司光，宫本宪一.日本的公害.岩波新书，1975：1.

④ ［日］宫本宪一."公害"的同时代史.平凡社，1981：2.

染、水质污染、噪声、振动、地面沉降及恶臭所引起的与人体健康或者生活环境有关的危害"①。1970年召开的公害国会上将该法进行了修改，认为土壤污染也属于公害。②这些公害直接或者间接影响到了公众的身心健康和生活质量。当然，日本国内也有许多人对"公害"持有不同的看法，如有人就认为饮用水供应不足、固体废弃物处理效率低下等问题也应归为公害。③

虽然"公害"一词出现时间较晚，20世纪60年代中后期日本大众对现代意义上的"公害"一词才有广泛了解，但公害现象实则早已有之，公害问题的发生绝非始于20世纪60年代。早在17世纪中叶，日本就曾出现过因为金矿污染环境而被关闭的事实④，但该事件影响甚微。明治维新后，日本开始了轰轰烈烈的工业化运动，在大力开采煤矿、铜矿等矿产资源的过程中，便出现过环境公害，如足尾、别子、日立和小坂等铜矿相继发生的"矿毒"事件。

采矿业引发的第一次有记载的环境污染事件发生于1870年。那个时候日本存在的各个矿山、矿井从此前的小规模开采迅速转变为大规模开采。具体而言，日本环境公害的发生和铜矿开采有直接关系。据记载，为了控制开采和冶炼铜矿过程中对环境产生的不利影响，矿山管理层采用了一些通过安装高大的烟囱来稀释废气、利用石灰水来净化污水等措施，但效果不佳。从熔炉中排放的有毒废气几乎杀光了附近的树木，从铜矿厂排出的废水污染了附近的河

---

① 日本科学者会議編.環境問題資料集成·第6卷.旬報社，2003：170.

② 日本科学者会議編.環境問題資料集成·第6卷.旬報社，2003：179.

③ Industrial Pollution Control Association of Japan. *Industrial Pollution Control: General Review and Practice in Japan Volume1 Air and Water*. 1981:8.

④ ［日］小田康德.近代日本の公害問題——史的形成過程の研究.世界思想社，1983：10.

流，引起了长期的农业和渔业危机。这方面的典型事例非足尾铜矿莫属。从19世纪中后期开始，位于枥木县足尾地区的铜矿在开采和冶炼过程中未能做好防尘、防污等各方面工作，使得附近渡良濑川流域出现严重水质恶化。矿区的尾矿及其造成的侵蚀和有毒洪水，使得原本肥沃的土地变成了名副其实的月球表面。这是日本国内第一次严重的环境灾难。[1]足尾矿毒事件被称为近代日本公害的原点，[2]日本著名学者、联合国海洋污染专家委员会特别委员宇井纯便持有该观点。[3]由此，日本工业文明时代的第一次环境公害正式发生，在此后的百年时间里，日本的各种环境公害频频发生，最终使得日本成为世人皆知的"公害大国"。

## 二、 枥木县足尾矿毒事件

### （一）概述

足尾矿毒事件是指足尾铜矿在开采、冶炼等过程中排放的废气、废水、废渣对当地生态环境造成了严重污染，给附近居民的生产生活带来了严重影响，由此引发当地居民和矿山以及政府关系日趋紧张的事件。

### （二）由来

1. 铜矿开采

足尾铜矿位于日本最大岛屿本州岛枥木县上都贺郡足尾町

---

① Brett L. Walker. *Toxic Archipelago: A History of Industrial Disease in Japan*. University of Washington Press，2010:71.

② 日本科学者会議編.環境問題資料集成·第6卷.旬報社，2003：5.

③ ［日］宇井纯.日本の产业公害の历史[J].历史学研究增刊号，1998（10）.

（今日光市足尾地区），东京都以北75英里处，栃木县著名景点日光、中禅寺湖等的南侧，隶属于关东地方，处于流经关东平原众多河流的上游。该矿山高约1273米，从东北向西南方向分布着约1800层矿脉。足尾铜矿最早发现于17世纪初。大约在1610年，两个农民在足尾地区发现了裸露在表面的铜矿，后将此事报告给了附近的中禅寺。1611年，辅佐德川幕府第二代征夷大将军德川秀忠的酒井忠世命人将从该地提炼的铜送至江户。身在江户的德川家族发现此铜表面光滑清洁，色泽诱人，属于质量上乘的好铜，非常满意，于是将足尾铜矿列为德川家族的官方矿山。当时的江户城、日光市东照宫等建筑的铜瓦均使用了该矿山所生产的铜。

但在17世纪中叶以前，德川家族将精力主要用于银矿的开采和出口，对铜矿并不很重视，因为利用白银可以换取中国的丝绸、瓷器、古币、绘画、书法、书籍、药物、漆器等商品。这段时期，日本向中国出口了大量白银。17世纪中叶达到年均1044131银圆的水平。白银外流情况见表1-11"日本经长崎向中国清政府出口白银的数量估算"。白银持续大量外流引起了德川幕府的不安，因此，1668年，德川幕府第四代征夷大将军德川家纲下令禁止出口白银，转而向中国出口铜来购买中国的丝绸等商品。德川幕府政策的改变刺激了国内铜矿的开发，从此时起，足尾铜山便逐渐被人们所熟知。虽然整个17世纪前半叶德川家族对足尾铜矿的重视程度不高，但足尾铜山的产铜量一度高达年产铜1500吨。[①]这样的产量在整个德川时代的其他铜

---

① Nimura Kazuo. *The Ashio Riot of 1907: A Social History of Mining in Japan.* Duke University Press，1997:19.

矿中是极其罕见的。由此可见足尾铜矿的蕴藏量之丰富。

表1-11　17世纪日本经长崎向中国清政府出口白银的数量估算（单位：银圆）

| 年份 | 数量 | 年均 |
|---|---|---|
| 1601—1647 | 10067156 | 214195 |
| 1648—1672 | 26103270 | 1044131 |
| 1673—1684 | 9612788 | 801066 |

资料出处：林满红.银线：19世纪的世界与中国[ M ].江苏人民出版社，2011：52-53.

　　17世纪中后期，伴随着德川家族将采矿重心从银矿转向铜矿，其所控制的足尾铜矿也逐渐迎来开发高潮。1685年之后，铜便正式取代白银成为日本最主要的出口商品。从1684—1697年，日本共向当时的中国清政府和荷兰出口铜矿55300多吨。详情见表1-12。

表1-12　1684—1697年日本铜出口一览表（单位：吨）

| 年份 | 总出口量 | 中国 | 荷兰 |
|---|---|---|---|
| 1684 | 3389.43 | 1765.566 | 1623.864 |
| 1685 | 3718.506 | 2170.212 | 1548.294 |
| 1686 | 4339.236 | 2940.762 | 1398.474 |
| 1687 | 3517.932 | 2527.932 | 990 |
| 1688 | 3049.596 | 2224.596 | 825 |
| 1689 | 3506.295 | 2212.695 | 1293.6 |
| 1690 | 3443.136 | 2445.282 | 957 |
| 1691 | 2548.814 | 1940.030 | 594 |
| 1692 | 2686.365 | 1440.245 | 1188 |
| 1693 | 2978.129 | 2624.576 | 792 |
| 1694 | 3319.206 | 2170.014 | 1102.2 |

续表

| 年份 | 总出口量 | 中国 | 荷兰 |
|------|----------|------|------|
| 1695 | 4055.872 | 2669.032 | 1325.702 |
| 1696 | 5839.352 | 4572.299 | 1209.755 |
| 1697 | 5942.126 | 4227.975 | 1650 |
| 总计 | 55333.995 | 35931.216 | 16498.887 |

资料出处：Brett L. Walker. *Toxic Archipelago: A History of Industrial Disease in Japan.* University of Washington Press，2010:78.

然而，经过多年高强度的开采，足尾铜山很快进入产量锐减期。到18世纪早期，由于地下水的排灌和空气流通不畅等问题，足尾铜山的年产量降至150吨，降幅达到90%。[1]1800年更是临时性地关闭了此矿。似乎足尾铜山的辉煌就此一去不复返。但随着新成立的明治政府接管此矿，特别是伴随着1877年古河市兵卫购买足尾铜矿之后，足尾矿山的产铜量开始逐渐恢复并步入突飞猛进期，铜成为仅次于丝绸的重要出口物资，在振兴日本经济方面扮演了极其重要的角色。足尾铜山得以重现昔日辉煌。

古河市兵卫（1832—1903），原名木村巳之助，曾入职小野商社。这是一家主要经营金融业的商社，实力可以与三井财团一较高下。明治政府组建后，小野商社开始转向国际贸易和采矿业。在小野商社工作期间，古河市兵卫因为精明能干而被人熟知。1874年，小野商社破产，古河市兵卫随之失业。从这时起到购买足尾铜矿这段时间，古河市兵卫的生活很不如意。为了生计，他曾做过豆腐店员工，替人催讨债务等。1877年，得

---

[1] Nimura Kazuo. *The Ashio Riot of 1907: A Social History of Mining in Japan.* Duke University Press，1997:19.

悉明治政府低价出售足尾铜矿的消息后，穷困潦倒的古河市兵卫放手一搏，与相马家的志贺直道共同出资收购该矿。当时的足尾铜矿，是一座开采了250多年、蕴藏量几近枯竭的旧矿，年产量仅有40吨。世人极不看好该矿，认为古河市兵卫此举无疑于自寻死路。但当时的金融大鳄涩泽荣一非常器重古河市兵卫。在涩泽荣一的鼎力相助下，在古河市兵卫的精心管理下，足尾铜矿起死回生，并成为当时日本国内最重要的铜矿。古河市兵卫也因此被人称为"东亚采矿业之王"。

在购得足尾铜矿之初，古河市兵卫亲自爬巷道、钻废矿、利用炸药开挖巷道，并解决了矿山排水和空气流通等方面的问题。1881年和1884年，古河市兵卫发现了两处蕴含量极为丰富的新矿脉。这成为足尾铜矿发展运营的转折点。加之古河市兵卫从西欧引进了先进的采矿和精炼技术，因此，该矿山的产铜量突飞猛进。1884年便达到2286吨，占整个日本国内铜产量的26%，位居日本各铜矿产量之首。[①]不满足于所取得的成绩，古河市兵卫于1885年开始购置采掘和排水新设备，以机械方式取代了此前的手工开采。为方便沟通，古河市兵卫派人在矿山上架设电话线，这在当时日本国内尚属首例。1891年，古河市兵卫又派人在矿山和铜矿冶炼厂之间铺设铁轨，提高了铜矿的运输效率。此外，古河市兵卫还想方设法聘请外国技术专家指导铜矿的开采、冶炼等各项技术问题。从经营足尾铜矿中获得雄厚资本的古河市兵卫开始在日本国内大量购买矿山。截至1900年，他已经拥有18座金属矿和4座煤矿，如位于本州岛的院内银矿、长松铜矿和草仓田铜矿，掌握了全国近40%的铜产量。

---

① Jun Ui. *Industrial Pollution in Japan*. United Nations University Press，1992: 18–19.

1903年，古河市兵卫去世，矿产的经营权由农商务大臣陆奥宗光的次子、同时也是古河市兵卫的养子古河润吉（1870—1905）接任。在为期两年的经营期间，古河润吉逐渐将古河家族的个人式经营转为公司式经营，设立古河矿业，就任首任总裁，并任命其父陆奥宗光的心腹原敬为副总裁。1905年12月，古河润吉去世，当时尚在美国读书的古河市兵卫之子古河虎之助成为足尾矿山名义上的总裁，实际上的经营权掌握在原敬手中。1906年1月7日，西园寺公望组阁，原敬出任内政大臣，逐渐远离足尾矿山副总裁之职。矿山的实际经营权逐渐由古河市兵卫曾经的得力助手木村长齐掌握。虽然古河矿业出现了一系列人事变动，但足尾矿山的运营并未受太多影响，其产铜量也未削减。

在古河市兵卫等管理人员的精心经营下，足尾铜矿在19世纪末期迎来飞速发展期，年产铜量呈现稳步提升态势，成为当时整个日本国内最有影响力的铜矿。从1884年到1900年，足尾铜矿产铜量在整个日本的占比基本一直维持在25%以上，甲午中日战争之前的1891年的年产量为7547吨，占比高达39.7%，接近40%。1900年到1907年期间，足尾铜矿产铜量在整个日本的占比有所下降，为20%左右，但一直维持在年产6300吨以上，1906年更是高达6735吨。表1-13是古河市兵卫收购足尾铜矿以来到1907年的铜矿产铜量情况。

表1-13　1877—1907年足尾铜矿历年产铜量（单位：吨）

| 年份 | 足尾铜矿产铜量（a） | 日本全国产铜量（b） | 占比%（a/b） |
| --- | --- | --- | --- |
| 1877 | 46 | 3943 | 1.2 |
| 1878 | 48 | 4256 | 1.1 |

续表

| 年份 | 足尾铜矿产铜量（a） | 日本全国产铜量（b） | 占比%（a/b） |
|------|------|------|------|
| 1879 | 90 | 4630 | 1.9 |
| 1880 | 91 | 4669 | 1.9 |
| 1881 | 172 | 4669 | 3.7 |
| 1882 | 132 | 5616 | 2.4 |
| 1883 | 647 | 6775 | 9.5 |
| 1884 | 2286 | 8888 | 25.7 |
| 1885 | 4090 | 10541 | 38.8 |
| 1886 | 3595 | 9774 | 36.8 |
| 1887 | 2987 | 11064 | 27 |
| 1888 | 3783 | 13255 | 28.5 |
| 1889 | 4839 | 16254 | 29.8 |
| 1890 | 5789 | 18115 | 32 |
| 1891 | 7547 | 19003 | 39.7 |
| 1892 | 6468 | 20727 | 31.2 |
| 1893 | 5165 | 18015 | 28.7 |
| 1894 | 5877 | 19912 | 29.5 |
| 1895 | 4898 | 19114 | 25.6 |
| 1896 | 5861 | 20102 | 29.2 |
| 1897 | 5298 | 20389 | 26 |
| 1898 | 5443 | 21024 | 25.9 |
| 1899 | 5763 | 24276 | 23.7 |
| 1900 | 6077 | 24317 | 25 |
| 1901 | 6320 | 27392 | 23.1 |
| 1902 | 6695 | 29035 | 23.1 |
| 1903 | 6855 | 33187 | 20.7 |

续表

| 年份 | 足尾铜矿产铜量（a） | 日本全国产铜量（b） | 占比%（a/b） |
|------|------|------|------|
| 1904 | 6520 | 32123 | 20.3 |
| 1905 | 6577 | 35495 | 18.5 |
| 1906 | 6735 | 37432 | 18 |
| 1907 | 6349 | 38714 | 16.4 |

资料出处：Jun Ui. *Industrial Pollution in Japan*. United Nations University Press，1992:20.

随着20世纪30年代日中再次爆发战争，日本对铜矿的需求也随之增加。在对外战争的刺激下，古河矿业的实力越来越雄厚。二战结束之后，古河矿业虽然未被盟军严格管制，但伴随着矿藏的逐渐枯竭，以及国际市场上廉价资源的竞争，古河矿业也步入衰落期。50年代初，随着朝鲜战争的发生，盟军开始积极扶植日本。在此背景下，古河矿业引进新的采矿技术，并从芬兰引进高效的提炼技术，可以将矿石中的硫实现氧化，足尾矿山的产铜量再次提高。可是，作为一座开采历史超过360年的矿山，足尾铜山的矿脉几近开采殆尽。1973年2月，足尾矿山正式关停。1996年，只有一小部分古河公司的员工依旧在足尾工作，负责将进口矿石进行冶炼。至此，足尾铜山的辉煌是真正一去不复返了。

2. 足尾矿毒

虽然辉煌不再，但足尾铜矿在整个日本却是家喻户晓。这与它曾是日本乃至亚洲最大的铜矿有关，也与跟足尾铜矿有渊源关系的计算机巨头富士通和从富士通中分化出来的数控系统的领军者发那科有关，更与古河矿业在开采足尾矿山过程中酿

成的严重环境公害——足尾矿毒事件有密切关系。正因为如此，
足尾被称为"日本污染的诞生地"。[1]矿毒事件之所以发生，主
要是由于古河市兵卫引进了先进的采矿技术，并且动用了数千
工人进行开挖，1906年6月，当时的足尾矿山雇用了11105名全
职工人。[2]这样的开采规模在当时实属庞大，对环境的破坏力度
也属空前。在采矿和冶炼过程中，古河命人大量砍伐山林树木，
将其作为建筑木材和燃料，同时未能科学有效处理废气、废水、
废渣等问题，从而对矿山周围的生态环境造成了巨大且深远的
破坏。

首先，足尾矿山周围树木锐减。众所周知，森林被称为
"地球之肺"，能够吸收二氧化碳释放氧气，还可以防风固沙、
涵养水源、调节气候、延缓全球变暖趋势。不仅如此，红柳、
橡树、枫树、刺槐、法国梧桐等特殊树种还可以吸收二氧化硫、
氟化氢等各种有毒有害气体。在开采足尾铜山之前，当地生长
着茂密的森林，为了满足开采铜山所需，山上的树木被古河家
族作为燃料、坑木不断砍伐，导致树木数量锐减，这不仅减弱
了树木吸收有毒有害气体的能力，而且极易在暴雨天气时形成
涝灾。

其次，矿山排放的废气破坏了周边生态环境，给当地生物
带来伤害。足尾铜矿为硫化矿，一般含硫30%~40%，同时还含
有少量的铅、锌、镉、砷等元素。因此，在提炼铜矿时产生的
砷和二氧化硫等有毒有害气体，造成水稻在内的各种庄稼枯萎、

---

① Nimura Kazuo. *The Ashio Riot of 1907: A Social History of Mining in Japan*. Duke University
Press，1997:21.

② Nimura Kazuo. *The Ashio Riot of 1907: A Social History of Mining in Japan*. Duke University
Press，1997:30.

桑树等各种树木无法正常生长甚至枯死，同时也造成家禽在内的各种动物生病乃至死亡。这些问题严重影响到当地居民的生产和生活，甚至威胁到他们的生命安全。

再次，铜矿厂在冶炼过程中产生的废水和废渣，同样对周边生态环境带来破坏。1879年，由于古河集团使用机械进行铜精炼，使得大量含有铜化合物、硫酸等有毒有害物质的污水直接排入渡良濑川。这是一条源头在足尾地区的大河，系日本关东北部利根川水系一级河流，全长110公里，流经栃木县、群马县、埼玉县三县，在埼玉县和日本国内流域面积最大的河流——利根川汇合后流经关东平原，最后注入太平洋。正如"埃及是尼罗河的赠礼"一样，栃木县为首的三县是渡良濑川的赠礼。隔三岔五的洪水等于给上述三县的土地施了一次上好的肥料，使本来的鱼米之乡更加富庶。然而，伴随着足尾铜山持续向该河注入废水，附近的生态环境遭到巨大损坏，"赠礼"逐渐变成"葬礼"。因为矿山排放的废水中含有大量砷、硫等有毒物质，使得渡良濑川的河水逐渐变成青白色，最终造成该河中的鱼成群地翻了肚皮，渔业收成急剧减少，渔民的生活水平日益下降。沿岸居民用此水作为灌溉用水的稻田则会严重减产，并威胁到附近数千居民的健康，居民的生活变得非常艰难。这些情况在发生洪涝灾害时表现得尤其明显。1885年8月的一场洪灾，便使渡良濑川中的鱼遭受灭顶之灾。但灾难远没有结束。1890年和1891年，天降大雨，洪灾接踵而至，势头比1885年更加凶猛。滚滚洪水携带着矿山周围的废渣一同冲进渡良濑川，某些河段废渣一度高约1.5米。凶猛的洪灾直接导致渡良濑川河水外溢，使得这些含砷、硫等非金属元素的废水淹没了附近

1600公顷的土地，冲毁房舍，栃木县和群马县的28个村镇严重
受灾。①大水经过之地，一片狼藉。等雨过天晴、大水逐渐退去
之后，留下一层水泥色的泥浆，整个地面类似月球表面，当地
农民戏称其为"阿鼻地狱"。②这些泥浆含有镉、锌、铅等各种
金属物质，不利于动植物的生存和生长，因此，曾经的"赠礼"
就变成了现在的"葬礼"。1896年9月，当地发生了更大规模的
洪灾。渡良濑川、利根川、江户川等多条河流先后决堤，这些
含铜化合物的污水不仅严重污染河川，毒死了其中的鱼，而且
污水流经的土地变得寸草不生，水稻也停止生长。人的双脚在
洪水中泡过后会变得红肿，出现不同程度的溃疡……这次洪灾
直接造成栃木县、群马县、茨城县、埼玉县、东京府和千叶县
等多地受灾，受害乡镇多达136个，46723公顷的土地受到矿毒
伤害，各项损失合计约2300万日元，是足尾铜矿年收入的八
倍。③二战之后，足尾矿山制造的废水、废渣等矿毒问题依然时
常发生。1958年5月30日，足尾矿山用于存放有毒废渣的池塘
突然决堤，大约2000立方米的废渣四处流淌，许多废渣流入渡
良濑川，大约6000公顷农田受到污染。19世纪末出现的矿毒问
题在20世纪中叶再次上演。10年之后，人们在渡良濑川流域中
仍然能检测到砷等有毒物质。1971年，足尾矿山周围种植的水
稻镉含量超标，导致水稻销路不畅。

事实上，即便没有洪涝灾害，足尾铜山的不当运营也会破
坏当地生态环境。由于无法根除已经渗入渡良濑川和矿山周围

---

① Jun Ui. *Industrial Pollution in Japan*. United Nations University Press，1992: 22.

② ［美］布雷特・L.沃克.日本史［M］.贺平，魏灵学，译.东方出版中心，2017：201.

③ Jun Ui. *Industrial Pollution in Japan*. United Nations University Press，1992: 27.

土壤中的有毒物质，足尾铜山的矿毒便会给河流中的各种鱼类和人们种植的各种农作物带来持续危害，从而威胁着附近居民的生活和生产。比如，当地婴儿的出生率和死亡率便明显受其影响，由此使得当地的母亲们很快就开始抱怨和矿毒引起的母乳不足及其他问题。根据1900年《足尾铜山矿毒受害地区出生、死亡调查统计报告》公布的结论看，受矿毒污染最严重地区新生儿的死亡率是5.87‰，附近非污染地区的新生儿死亡率是1.92‰。①详情见表1-14"19世纪90年代末期出生率和死亡率对照表"。另据1901年松本隆海所著《足尾矿毒惨状画报》记载，当时安苏郡界村字高山（今佐野市高山町）5年之内兵役体检合格者仅有2名（适龄人员50名），其中1人入伍仅10天就因为疾病而不得不退伍。②

表1-14 19世纪90年代末期出生率和死亡率对照表

| 每1000人 | 出生率（‰） | 死亡率（‰） |
|---|---|---|
| 全国平均水平（1895年） | 3.21 | 2.60 |
| 未受矿毒影响地区（1898年） | 3.44 | 1.92 |
| 受矿毒影响地区（1898年） | 2.80 | 4.12 |

资料出处：Jun Ui. *Industrial Pollution in Japan*. United Nations University Press, 1992: 32.

这一系列现象均在表明一个事实，足尾地区的生态环境已经恶化，触目惊心的足尾矿毒环境公害事件已经悄然发生，且呈现愈演愈烈之势。在此形势下，河岛伊三郎等人于1891年11月25日正式创刊《足尾之矿毒》，用于刊发和足尾矿毒相关的文

---

① ［日］南川秀树.日本环境问题：改善与经验[M].社会科学文献出版社，2017：6.
② 许东海.日本近现代环境保护发展史[M].中国农业出版社，2013：10.

章。①虽然足尾铜山在1973年2月正式关停，但矿毒问题不会也
不可能随着矿山的关停而立刻消失。人们发现，曾经的铜山冶
炼厂周围3000公顷的土地上几乎寸草不生。农林省已经耗资
100亿日元用于荒山绿化。1977年，日本政府经过评估认为，让
足尾地区的植被重现曾经的繁荣景象需要投资1300亿日元。②
这笔投资远远超过安装防污设施的投资。1983年，政府启动了
约50亿日元（古河矿业负担51%）的"公害防除特别土地改良
事业"，力图在最大程度上恢复渡良濑川的植被，但收效甚微。
这样的事实足以表明足尾矿毒对生态环境破坏之严重。

在足尾矿毒不断重演的同时，第二次世界大战终于落下帷
幕。作为挑起战争的亚洲法西斯国家，日本面临着极其严峻的
战后重建问题。广岛和长崎被美国抛掷的两颗原子弹轰炸，成
为一片废墟，东京等城市也在二战中被美军战机狂轰滥炸，冲
绳血战的残酷性不言而喻，广大的百姓在战争结束后面临缺衣
少食的生活窘境。同时，战后的日本还丧失了自己的主权，成
为美国和英国联合占领之下的国家。然而，就是在这样一种内
外交困形势下，日本用20余年时间便实现了经济复苏和腾飞，
经济增长率远超同时期的欧美国家，堪称"奇迹"。在这20余年
时间里，受益于美国政府占领期间实施的民主化改革等各项政
策，二战之后的日本政府制定并实施了著名的"倾斜生产方
式"，即将煤炭和钢铁作为战后经济增长的原动力，通过将资
金、技术、原材料和劳动力等有意识地向上述两个行业倾斜的
方式来促进战后经济复兴。在政府倾斜式政策的刺激下，日本

---

① ［日］神冈浪子. 近代日本の公害. 新人物往来社，1971：39.

② Jun Ui. *Industrial Pollution in Japan*. United Nations University Press，1992: 61.

的煤炭和钢铁生产迎来了复兴。这在京滨、中京、阪神和北九州四大工业区表现尤甚。第二次世界大战之前，日本的工业就高度集中在上述四大工业区。1940年，上述四大工业区的工业产值占全国总产值的比重为64.1%，其中，京滨工业区占26.6%，中京工业区占7.3%，阪神工业区占22.2%，北九州工业区占8.0%。[1]受益于战后日本政府的新政策，四大工业区迎来了飞速发展的黄金时代。不仅如此，日本其他地区也迎来了高速发展期，特别是以广岛和水岛为中心的濑户内海新兴工业区发展成绩惊人，迅速超过了北九州工业区。伴随着这一事实的出现，日本在濒临太平洋的沿海地带，形成了一个东起东京湾东侧的鹿岛，沿途经过千叶、东京、横滨、名古屋、大阪、神户和广岛，一直到北九州和福冈的带状工业区，这便是著名的"太平洋带状工业区"。该工业地带面积虽不到日本全国的1/4，但却集中了全国60%左右的人口和75%左右的生产能力，是日本国当之无愧的经济最发达地区。1953年，日本工业生产便超过第二次世界大战前最高水平。后来，随着国际石油市场价格波动，日本在继续发展钢铁产业的同时，也着力发展和培育石油化工等新兴产业。1975年，太平洋带状工业区的工业总产值达到78万亿日元，占全国总产值的75.1%。其中，以东京、大阪和名古屋为中心的三大都市圈的工业总产值占比高达47.9%。然而，在发展优先、生产第一主义的思想指导下，虽然造就了日本的经济奇迹，但与此同时，一系列严重的经济社会问题也随之出现。如北海道地区、日本海沿岸地区经济发展落后问题，四大工业区等经济发达地区存在的人口拥挤、地价上涨等问题，

---

① 刘昌黎.现代日本经济概论[M].东北财经大学出版社，2002：354.

更重要的是整个国家出现的生态环境破坏和国民生命受损的严峻问题。经济奇迹造成的社会代价最终由日本最为脆弱的民众承担。

20世纪中叶之前，日本的环境公害问题主要是由于开采矿山所致，20世纪中叶以后，特别是第二次世界大战结束之后出现的环境公害问题除了和采矿业有关，更和政府大力发展煤炭、钢铁以及石化工业密切相关。以四大工业区为中心，伴随着超大型重化工联合企业的建成和运营，多家火力发电厂和石油化工厂排放的硫氧化物导致大气污染，制肥厂、造纸和纸浆工业排水造成的水质污染，使用化学产品不当造成的食品污染，正成为新的污染源，由此酿成了熊本县水俣市的水俣病、新潟县的水俣病、三重县四日市的哮喘病、富山县的痛痛病和爱知县的米糠油事件等闻名世界的公害病。

## 三、 富山县痛痛病事件

### (一) 概述

所谓痛痛病是指人们食用被镉污染的食物而引起的肾脏疾病和骨质软化。从本质上讲，该病是一种慢性食物中毒。痛痛病的典型症状是患者的四肢、腰、背和关节等部位剧烈疼痛，骨头会出现裂缝乃至骨折，该病患者最终会被剧痛折磨而死。因为严重疼痛是其典型表现，不堪忍受疼痛的患者会一直喊"痛！痛！"所以人们将这种病称为"痛痛病"，也名"骨痛病"。因为该病症集中出现在富山县，故称富山县痛痛病。围绕该病的起因、发展、治疗、追责、赔偿等产生的一系列问题统称为痛痛病事件。

## （二）由来

痛痛病的起因与位于岐阜县飞驼市境内的三井金属矿业神冈矿山有关。该矿山位于神通川上游，包括两座铅锌矿——栃洞矿和茂住矿，两矿相距约12公里。神冈矿山蕴藏着较为丰富的锌、铅、金和银等金属矿，矿石总产量为4555吨/天。[1]其中，锌矿设备能力在1943年为1000吨/月，1970年达到了61000吨/年，锌产量约占日本锌产量的四成。铅矿在八九十年代的产量为28000吨/年。[2]神冈矿山堪称日本最大的铅锌矿。早在奈良时代，大约在公元720年，人们便在该处进行过金矿等的开采，但规模不大。1589年，该矿山始被正式开采[3]，后来断断续续一直持续到江户幕府末期。明治政府成立后不久，该矿山被三井于1874年收购，组成隶属于三井财阀的矿业公司。1885年，三井在国内首先采用卡车进行矿山开采，标志着神冈矿山实现现代化经营。此后直到第二次世界大战结束，为了保障对外侵略战争的军事需要，神冈矿山都维持着较高的开采量。

早在19世纪末20世纪初，随着明治政府富国强兵政策的初见成效，日本也加入英法美德俄等帝国主义国家争霸行列，不断向外扩张。因此，迅速有效地提供战争物资就成为极其重要的政治和军事问题。见到商机的三井财团自然不会放弃这样一个千载难逢的机会，于是下令将三井金属矿业下属的神冈矿山从银矿和铜矿转向铅

---

① 宋旭安.日本神冈铅锌矿的生产率倍增[J].国外金属矿山，1992（10）.

② 刘黎民.神冈矿业股份公司的铅、锌冶炼[J].有色冶炼，1996（5）.

③ 地球环境经济研究会编著.日本の公害経験：環境に配慮しない経済の不経済.合同出版，1991：43.

矿和锌矿的开采。因为铅可以用于制造电池和子弹，锌可以用于兵
工厂的黄铜铸件和船坞中的海军战舰电镀。这些物资对战事的重要
性不言而喻。虽然神冈矿山的开采运营在很大程度上满足了战争之
需，但和前述足尾矿毒情形类似，这座位于神通川上游的神冈矿山
在开采和冶炼铅矿与锌矿的过程中，同样没有做好污染防治工作，
将成百上千吨高度粉碎后的镉直接排入神通川流域，给沿岸居民的
生产生活带来诸多不便。神通川是一条全长120多公里的河流，起
源于岐阜县飞驒市，流经富山县的富山平原，最后注入富山湾，成
为日本海的一部分。和渡良濑川一样，神通川哺育着两岸人民，是
他们的主要饮用水水源和灌溉用水。然而，神冈矿山将含镉废水排
入神通川之后，造成河流污染，也给附近农田及井水造成污染。最
明显的变化是附近的水稻普遍生长不良。环境污染问题随着国家对
铅锌需求激增而愈演愈烈。二战时期，为了在短期内提炼更多的铅
和锌以便满足战争所需，神冈矿山使用了一种新的矿产分离技
术——波特粉碎法，可以将矿石粉碎成0.18毫米的颗粒。虽然该分
离方法的确可以高效提炼铅和锌，但粉碎后的矿石在河水中经过氧
化和电离反应后具有非常高的生物活性，这些含镉废弃物可以轻易
附着在水稻秸秆上。早在明治、大正时代，神通川流域就曾出现过
农业受害、居民患病的情况①，但因为规模不大，所以很少有人重
视此事。20世纪三四十年代，受害情形又多次发生。1932年，神
冈矿山排放的废水导致下游大泽野地区农作物受害；1941年，神通
川两岸受害面积达到4000英亩，预计减产近400吨；1942年，神
冈矿业为制造潜水艇用蓄电池极板而增产后，使得受害面积激增到

---

① ［日］政野淳子.四大公害病：水俣病、新潟水俣病、イタイイタイ病、四日市公害.中
央公論新社刊，2013：116.

9642英亩。①众所周知，由于二战期间日本大部分成年男性甚至男童都被派去战场作战，所以生活在神通川流域沿岸的妇女便成为痛痛病的重灾人群。由于神通川是人们主要的饮用水水源和灌溉用水，所以沿岸妇女长期用这些被镉污染的河水洗衣、洗菜、做饭、灌溉稻田，镉物质以食物链的形式慢慢聚集在人体之内，最终导致身体镉含量严重超标，钙物质严重流失，从而罹患痛痛病。第二次世界大战结束后，虽然日本各级政府、企业等社会各界开始重视环境公害并采取了一系列解决措施，神冈矿山也安装了相关的污水沉淀设备，但神通川流域生态环境问题在短期内未得到明显扭转，当地的农业污染问题和居民受害情况依然严重。从农业层面看，根据1971—1976年的调查结果，神通川流域土壤中的镉浓度最高达到4.85ppm，平均值为1.12ppm，而同期神通川扇形地周围普通土壤即未受污染地区土壤中的镉浓度0.34ppm。两相对照，差距惊人。此外，受污染土地中种植的糙米中的镉浓度最高达到4.23ppm，平均值为0.99ppm。②该数值也高于1970年日本国会制定的《关于农业用地土壤污染防止法》中所制定的大米中镉含量≤1mg/kg的标准。③从居民受害情况看，特别是从1946年起，病患持续出现在神通川流域，这种病逐渐被人们所熟知。但直到1967年，政府才正式认可痛痛病。该病也因此成为官方认可的首例工业污染疾病。截至2013年，官方认可的痛痛病患者达到196人，尚有337人等待官方确认。④

① 许东海.日本近现代环境保护发展史[M].中国农业出版社，2013：35.

② 地球環境経済研究会编著.日本の公害経験：環境に配慮しない経済の不経済.合同出版，1991：44.

③ 2010年6月，日本环境省将该标准调整为≤0.4mg/kg。

④ ［日］政野淳子.四大公害病：水俣病、新潟水俣病、イタイイタイ病、四日市公害.中央公論新社刊，2013：121.

因此，从环境公害的角度看，第二次世界大战给富山县神通川流域居民留下的长久印记绝不是战败的耻辱，而是镉的污染和毒害。在战争结束后的大约半个世纪时间里，当地妇女一直承受着环境污染带来的身心摧残。

## 四、 熊本县和新潟县水俣病事件

和富山县痛痛病一样，水俣病的本质也是食物中毒，但二者的中毒物质不同，痛痛病属于慢性镉中毒，水俣病属于慢性甲基汞中毒。人罹患水俣病后，中枢神经系统会受到不同程度的损害，主要病症是手足协调失常，站立不稳，运动障碍，浑身颤抖，两眼发白，视野变窄甚至视觉丧失，流口水，言语不清，听力下降，重者神经错乱，痉挛，一副极端痛苦不堪的神情。如果患者有基础病史，罹患该病的人往往在半年内会死亡。孕妇也会将甲基汞传给胎儿，令婴幼儿天生弱智。如果猫吃了被甲基汞污染的鱼虾，症状主要是站立不稳，发狂发疯，甚至死亡。20世纪四五十年代，这样的事例集中发生在熊本县水俣市，故名水俣病。20世纪50年代末60年代初，日本新潟县再次出现和熊本水俣病同样症状的病患，史称新潟水俣病或第二次水俣病。日本研究水俣病的知名学者原田正纯[①]等人曾指出，到1990年年末，已有2929人被认定是水俣病患者，1228人已死

---

① 原田正纯：1934—2012，日本著名环境医学教授，被誉为"水俣病救助者第一人"。从20世纪50年代开始关注水俣病问题，证明水俣病可以通过母婴传播。1972年，他和患者共同参加了第一届联合国人类环境会议，是日本水俣病运动中的重要人物。鉴于他在环境领域的突出贡献，1994年获得"联合国环境全球奖"。生前曾多次来到中国，呼吁中国要汲取日本的教训。代表作《水俣病：史无前例的公害病》（北京大学出版社，2012）。

亡。[①]围绕着水俣病产生的病因调查、病患救治、责任追究等问题统称为水俣病事件。

无论是熊本县水俣病还是新潟县水俣病，均是因为工厂生产过程中排放的有毒化学产品导致的水体污染，人们长期且大量食用在污染水体中生长的鱼虾类食物后引起身体不适，甚至死亡。具体而言，工厂以汞作为催化剂制作合成乙醛的过程中产生了甲基汞，然后将含有甲基汞的废水直接排入河流中，导致鱼和贝壳类等水生动物的体内累积了甲基汞，最后通过食物链的形式将甲基汞传递到食用这些水生动物的猫和居民身体。人体吸收进甲基汞后，经过血液的输送，会沉积在人体的皮肤、头发和身体的其他部位，最后逐渐排放。如果吸入量低于每天0.1毫克，即便持续吸入一段时间，甲基汞在人体的含量不会超过10毫克，对人体不会产生毒副作用。在水俣病案例中，虽然排放到海水中的汞含量最高时达到每天500~1000克，但经过海水的稀释，甲基汞的浓度最多为0.1~0.01ppb。[②]生活在这种环境中的鱼虾类动物，其身体中的甲基汞含量会增长100到500倍，即10到1 ppb，或者50到5ppb。这样的程度并不会对人体产生伤害。另外，金枪鱼等某些特殊鱼类对甲基汞有天然的"抗体"，人们分别长期大量食用该鱼和其他鱼的后果自然不同。虽然金枪鱼体内含有1ppm的有机汞，但人们长期大量食用并未产生毒副作用，这是因为金枪鱼体内同时含有能够抑制汞毒性的硒元素。熊本水俣病和新潟水俣病之所以发生，是因为人们不知道工厂使用的用于催化作用的无机汞在生产过程中被部分地

---

① 鱼小辉.日本战后绿色运动观照[J].唐都学刊，2001（3）.

② 1ppm=1000ppb

转化成了毒性极强的有机汞，在此情形下居民长期且大量食用甲基汞含量超过10ppm的鱼虾等海产品，最终导致自身获病。

（一） 熊本县水俣病事件

### 1. 概述

熊本县水俣病是指位于熊本县水俣市的氮肥厂排放的含有甲基汞的废水污染了水俣湾，人们长期食用来自水俣湾的鱼虾等海产品后罹患重病。围绕该病的起因、治疗、追责、赔偿等产生的一系列问题统称为熊本水俣病事件。

### 2. 由来

水俣市位于熊本县最南端，与鹿儿岛县接壤，西端面向八代海（又名不知火海、未知火海）。传说，在征服南九州的返程途中，一天晚上，景行天皇①看到海面上有些神秘的火光，便问身边近臣是什么光，结果无人能答，于是便有了"未知火海"之名。它是被九州本土和天草诸岛包围的内海。北面是有明海，南面是东南海，横跨熊本县和鹿儿岛县。

历史上，水俣市对面的天草岛和八代海北面的岛原半岛，曾在1637年发生过著名的反对江户幕府封建压迫和宗教迫害的天草起义、岛原起义。1876—1877年发生的反对明治政府的西南战争（也称萨摩起义），便发生在距水俣不远的今鹿儿岛县境内。除这些动荡事件之外，由于水俣市地处日本国边陲，长期远离日本的政治中心，和中央政府的联系比较少，人们对其的关注度并不高。然而，随着20世纪初氮肥公司水俣氮肥厂的建立以及此后出现的水俣病，水俣在日本国内的知名度以这样一

---

① 71年7月11日—130年11月7日，在位59年。

种令人尴尬的方式得以提高。

水俣氮肥厂的历史可以追溯至20世纪初。1896年，来自石川县的野口遵①于东京帝国大学工科电力系毕业。1908年，他取得德国法兰克福氮氢化钙的制造特许权，同年在靠近不知火海的熊本县水俣市建立氮肥工厂，利用科学家在电化学方面的成果，积极推动采用固氮技术生产氮肥。之所以将工厂选址定在水俣市，和当地拥有大量质优价廉的土地、能够免费提供长达八千米电力线路所需的电线杆、该市对面的天草岛能为工厂提供大量劳动力等因素具有密切关系。建厂之初，没人能够想象水俣氮肥厂会在帝国日本时期的高科技领域处在最前沿，会成为日本新财阀之一，会将朝鲜工业化。同样，人们做梦都没想到，这家工厂会给水俣、熊本、整个日本乃至世界带来历史上极其严重的工业污染。

那时的水俣市，是一个只有1万多人口的小城镇，主要生产木材和橘子。作为一个极具商业头脑的人士，野口遵很好地抓住了当时的商机。当时有越来越多的农民离开农村进入城市，土地需要更高的生产率，否则难以满足人们的生活所需，因此生产更多的农业用肥便是一桩有利可图的生意。同时，野口遵还与三菱财阀合作，大量生产火药。不久发生的第一次世界大战则使野口遵获得巨额财富。所以，生产电石和含氮产品的水俣氮肥厂很快就发展成了20世纪日本工业的巨无霸，是日本化工界的领导和典范，就像索尼、本田在第二次世界大战后成为日本行业的领军品牌一样。虽然化肥是其主要产品，但该厂也

---

① 野口遵（1873—1944），石川县人，1896年东京帝大工科电力系毕业。日窒康采恩头目，朝鲜工业之王。

用碳化钙生产乙酸、氨、炸药和丁醇。它持续不断地研发新产品，进口并改进新工艺和新设备，很快便在国内拥有了自己的专利。野口遵也被人们称为"电力化学工业之王"。伴随着工厂的不断盈利和规模的迅速扩大，水俣人口也迅速增加。1921年为20000，1941年为30000，1948年为40000，1956年达到50000。[1]不满足于国内成就的野口遵将视线转向日本控制之下的朝鲜半岛和中国台湾，1927年成立朝鲜氮肥肥料有限公司，在中国台湾则拓展了氮肥公司的弹药制造业。1932年，氮肥公司的研究团队研发了"反应液循环方法"，以硫化汞为媒介将电石气生产为乙醛。

在帝国日本时期，公司扮演了重要角色。尤其在战争期间，公司在中国太原生产硫酸铵，在台湾制造炸药，在海南岛提炼铁矿石，在东南亚提供日本所需的电能、硫化钙、铝和碳酸钠。它还是日本国内最大的军火制造商。其资产总值也从建立之初的100万日元猛增到1945年的35亿日元。二战时期，水俣氮肥厂因美军空袭而遭到破坏，工厂几乎被全部摧毁，至少69人丧生，1500间房屋被损坏。1945年8月22日，美国调查团评估轰炸给日本带来的损失，认为有49吨炸弹击中工厂，如需修复，预计将耗时972200工时。同时，工厂创建者野口遵也在1944年因为脑出血而去世，但这都未影响工厂在战后的重生。二战结束后，由于公司的一些重要资产得到保留，位于九州的水坝和发电站在战争期间也未受严重的破坏，继1931年昭和天皇亲自视察水俣氮肥厂之后，1949年，昭和天皇第二次视察水俣氮肥

---

① Timothy S.George.*Minamata Pollution and the Struggle for Democracy in Postwar Japan.* Harvard University Asia Center，2001:18.

厂，以此表明中央政府对水俣氮肥厂的态度。从国际局势看，随着冷战的不断升级，美国开始大力扶植日本。在这种内外形势下，工厂很快得以重建并恢复运营，不仅继续生产乙醛、合成醋酸，而且更新和扩充设备，生产能力得以提升。1950年乙醛年产量约为4.5万吨，远远超过1940年的9159吨，达到历史峰值，同年将公司更名为新日本氮肥肥料有限公司，资产总值4亿日元，折合110万美元。1955年，公司资产总值便达到12亿日元，折合330万美元，1956年达到24亿日元，折合670万美元。[1]1951年，公司科研团队用锰取代硝酸作为生产乙醛的氧化剂，从邻近的入海口抽取海水，生产高溶解性的水银。从20世纪30年代用硫化汞生产乙醛到1968年5月18日乙醛生产工厂停产，在这30余年的时间里，水俣氮肥厂累计生产乙醛456352吨[2]，将大约600吨含汞废水排入水俣湾，水银含量总计约达70~150吨。[3]其中，水俣氮肥厂高峰时期的乙醛年产量，1959年约为36000吨，1960年约为45000吨，同期汞消耗量分别为150吨、110吨。[4]随着乙醛工厂的停产，向水俣湾排放有机汞的事情才终结。虽然新日本氮肥肥料有限公司的飞速发展极大地带动了水俣市的发展，使其人口在1956年达到5万之多，该公司也成为当时日本最大的化工企业之一。然而，工厂运营期间造成水俣湾的湾底沉淀有大量含有水银的淤泥，由于该水银很容易被鱼虾类、贝壳类等动物吸收，因此生活在不知火海中

---

① Timothy S. George. *Minamata Pollution and the Struggle for Democracy in Postwar Japan*. Harvard University Asia Center，2001:33.

② 潘云舟.水俣病历史年表[J].中国环境管理，1990（6）.

③ 许东海.日本近现代环境保护发展史[M].中国农业出版社，2013：49.

④ 地球環境経済研究会編著.日本の公害経験：環境に配慮しない経済の不経済.合同出版，1991：37.

的各种鱼类和贝类动物的体内最终会聚集大量汞，从而使得食用这些水生动物的猫以及居民因汞中毒而深受其害。据不完全统计，1959年鱼体内汞含量达20~30ppm，乙醛工厂停产后，1971年监测到水俣湾鱼体内的汞含量降低到4ppm。[①]

水俣湾环境出现恶化的情况在第二次世界大战中便有体现。1944年，水俣湾周边牡蛎开始大量死亡，最后连海草也无法成活。与此同时，许多吃了鱼的猫走路不稳，甚至发疯狂奔乃至死亡。人们用混有鱼的饲料喂食的狗、猪等家畜也出现了类似的症状。

第二次世界大战之后，特别是从50年代开始，水俣湾周围的情形持续恶化。1954年7月，水俣湾周围各渔村的猫频频发狂而死。月浦、出月、汤堂、明神等渔村里的猫因死亡而绝迹。因为猫的绝迹，老鼠在当地为所欲为，横行一时。1955年，整个不知火海南部都出现大量鱼虾死亡漂浮在水面以及吃了这些鱼虾的乌鸦掉到海里、猫疯癫而死的情况。当地媒体《熊本日日新闻》以"猫癫痫死绝，老鼠剧增，居民抱怨"为题报道了当时的情况。

与猫的变异相同，当地一些居民也开始染病。1956年4月12日，生活在水俣市月之浦的水俣湾附近的田中义光，突然发现自己5岁11个月的姑娘静子双目呆滞，言语不清，手软无力，于是立刻将其送往氮肥公司水俣氮肥厂附属医院进行医治。不久，时年仅两岁的静子的妹妹也因类似的症状被送往同一家医院治疗。很快，田中义光周边居民也出现了类似的病症，最终

---

① 地球環境経済研究会编著. 日本の公害経験: 環境に配慮しない経済の不経済. 合同出版，1991：37.

选择入住水俣氮肥厂附属医院治疗。该病发作时，病人经常冲着墙又抠又打，导致双手鲜血直流却浑然不觉，有时在床上滚来滚去。严重者会因此去世。①

面对这种异常现象，氮肥公司水俣氮肥厂附属医院的细川院长在积极施救的同时，于5月1日将该情况向熊本县水俣保健所进行汇报，一种迁延多年、影响深远、举世震惊的怪病——水俣病由此进入公众视野。5月1日后被定为"水俣病正式认定日"。当时仅仅将该病定性为原因不明的中枢神经系统疾病，并不清楚该病的具体病因，由于在水俣地区集中暴发，故名水俣病。

事实上，水俣病早在1953年前后便已经出现。水俣病在各个年龄段的人身上都会出现，包括幼儿，甚至未出生的胎儿。20世纪60年代，水俣湾周边出现患有脑损伤性小儿麻痹症状的幼儿。1961年和1962年，水俣市则相继发生胎儿性水俣病患者死亡的恶性事件。1962年12月31日，政府共认定121名急性、亚急性水俣病病患者（包括胎儿性水俣病患者），其中46名已经死亡。官方同时认为这些患者都是在1953年至1960年之间发病的，分布在水俣市沿海南北50公里的范围内。②1969年《关于救济公害健康被害特别措施法》的颁布实施，推动了水俣病的认证工作。截至2013年，政府共认定水俣病患者2275人（其中熊本县认定1784人，鹿儿岛县认定491人），生存者人数为620人。③

---

① ［日］政野淳子.四大公害病：水俣病、新潟水俣病、イタイイタイ病、四日市公害.中央公論新社刊，2013：13-14.

② 潘云舟.水俣病历史年表[J].中国环境管理，1990（6）.

③ ［日］政野淳子.四大公害病：水俣病、新潟水俣病、イタイイタイ病、四日市公害.中央公論新社刊，2013：7.

不过，水俣病出现之初，人们给它起了许多不同的名字，如"月浦病""舞动的猫病""时髦病""漫步病"等，但最常见的名字是"怪病"。

由于上述病例均出现在水俣湾附近，使得人们最初以为这是一种传染病，所以当地政府要求患者隔离，并对患者的家庭采取消毒等方式进行应对。在这样的氛围中，水俣湾以外的人们开始歧视水俣湾地区的这些患者，担心他们将病传染给自己。这种歧视的现象慢慢波及整个水俣市。据说水俣市出身的人难以找到工作，也难以组建家庭，当火车和汽车通过水俣市时车窗都要紧闭。后来，当人们怀疑这种病的病因可能是海产品后，水俣湾附近海产品的价格一落千丈，给当地渔民的生活带来重大打击。

水俣氮肥厂在其发展过程中获得了巨大利润，但对水俣湾中的各种水生动物以及依赖这些水生动物谋生的渔民而言，这种利润却使数十人为之殒命，成百上千人的生活深受其害，其规模仅次于原子弹爆炸引起的放射性污染。[①]因此，对当地众多居民而言，水俣病成了他们挥之不去的梦魇。

（二） 新潟县水俣病事件

1. 概述

20世纪50年代末60年代初，在熊本水俣病尚未完全淡出人们视野的同时，新潟县出现了和熊本水俣病症状一样的病人，这被称为新潟水俣病或者第二次水俣病。围绕着第二次水俣病的病因、治疗、追责、赔偿等产生的一系列问题统称为新潟县

---

① ［日］原田正纯.世界汞环境污染事件[J].环境科学与技术，1983（4）.

水俣病事件。

2. 由来

新潟水俣病的发病原因与位于阿贺野川的昭和合成化学鹿濑工厂（即后来的昭和电工鹿濑工厂）有直接关系。

阿贺野川从越后山脉流经越后平原，覆盖新潟县全境，总长170多公里，最后流入日本海。昭和合成化学鹿濑工厂位于该河上游约60公里处的新潟县东蒲原郡鹿濑町，是一家拥有和水俣氮肥厂设备相同的化工厂。1936年，该工厂开始使用汞法生产乙醛、合成醋酸等产品，在生产过程中将未经处理的含甲基汞废水直接排放到阿贺野川，造成该河污染。但由于排放时间不长，排放量也没达到一定的规模，因此仅仅对河流造成轻微的污染，人们对此并不在意。1939年6月日本电气工业有限公司与昭和肥料有限公司合并为昭和电工有限公司，1957年，收购昭和合成化学，因此昭和合成化学鹿濑工厂也更名为昭和电工鹿濑工厂。受益于昭和电工的先进工艺，合并之后的鹿濑工厂的乙醛产量迎来了高产时期，从1957年的年产量6251吨增长到1964年的19467吨[①]，翻了三番，产量激增的同时导致污水排放量剧增。由于工厂只注重经济效益，未能将污水进行无害化处理，持续将含有有机汞的废水排向阿贺野川，直至1965年1月停止生产。随着阿贺野川流域中有机水银含量的持续增加，结果导致从1963年左右开始，阿贺野川的鱼类开始死亡，渔民家中的猫开始出现步态不稳、撞墙、狂叫等和熊本县水俣湾出现的水俣病类似的症状。阿贺野川流域居民中间也出现了突发

———————————————

① 日本律师协会.日本环境诉讼典型案例与评析 [ M ].中国政法大学出版社，2011：93.

性汞中毒患者。

新潟大学附属医院的椿忠雄教授等人经过诊断，发现患者头发中水银含量非常高，由此认为当地居民所患疾病实为有机汞中毒，并判定发病原因和阿贺野川中的鱼类有关。1965年5月他与新潟大学医学部植木幸明教授联名向新潟县卫生部报告"在阿贺野川下游流域零星出现原因不明的汞中毒患者"。1965年6月12日，新潟大学医学部宣布：阿贺野川中的鱼虾被甲基汞污染，日本第二水俣病已经出现，由此正式确认为新潟水俣病。在熊本县水俣病尚未完全解决的情况下，日本国内再次出现可怕的"怪病"。1970年2月，新潟县政府和新潟市共同设立"公害受害者认定审查会"，开始依照法律程序进行水俣病患者的认定工作。1973年，认定申请的件数达到顶峰，此后呈缓慢下降趋势，1988年只有13件。1990年，水俣病患者人数为2239例，包括987例病亡者。[①]截至2013年，累计申请件数2422件。[②]

## 五、三重县四日市哮喘病事件

### （一）概述

所谓三重县四日市哮喘病事件，是指人们因吸入过量二氧化硫而损伤呼吸道黏膜和纤毛，使人体肺器排出污物能力下降而引发一系列呼吸系统方面的疾病，如支气管炎、慢性支气管炎、支气管哮喘和肺气肿等，因为这些疾病短期内集中在三重

---

① Jun Ui. *Industrial Pollution in Japan*. United Nations University Press，1992:131.

② ［日］政野淳子.四大公害病：水俣病、新潟水俣病、イタイイタイ病、四日市公害.中央公論新社刊，2013：67.

县四日市暴发，故统称"四日市哮喘病"。该病在抵抗力相对较弱的老人和孩子中发病率更高。由该病引发的病因调查、病患索赔等事情称为四日市哮喘病事件。栃木县足尾矿毒事件和富山县痛痛病事件的发生和日本进行帝国主义争霸战争有直接关系，三重县四日市哮喘病公害事件则更多的是与复兴经济直接相关。

（二）由来

众所周知，第二次世界大战结束之后的日本面临恢复经济的时代课题。在政府倾斜式生产方式政策的引领下，日本的煤炭和钢铁产业迅速得以恢复和发展。从20世纪50年代中期起，日本国内能源结构开始从煤炭向石油转型。从一次能源构成比看，1955年，煤炭和石油分别占比49.2%、19.2%；1961年该比例开始出现逆转，1966年，煤炭和石油的占比分别是27.3%、58%。[①]为了应对能源结构转型的需要，日本加大了原油进口和提炼的力度。为此，1955年，日本政府决定选择三重县四日市作为一个大型石化联合工厂所在地，将位于该市盐滨地区的原海军燃料工厂旧址约660公顷的国有土地出售给昭和石油与壳牌·三菱两家集团公司，用于建设石化厂，开展原油提炼工作。该地原有人口25万，在石化工厂建成前主要从事纺织业和陶瓷业，曾因每隔四天有一次集市而得名。政府之所以将工厂地址选在此处，是因为四日市位于日本东海岸，不仅是京滨工业区的门户，更因为该地紧邻伊势湾，有条件优越的港湾设施，交通便利，同时还有大面积的工业用地。在政府的授意下，从

①　［日］南川秀树.日本环境问题：改善与经验[M].社会科学文献出版社，2017：16-17.

1956年开始，昭和石油与壳牌·三菱两家公司便开始占据四日市当地大片沼泽湿地和原有炼油厂即战前盐滨地区的旧海军燃料厂开始工厂建设。1957年，盐滨联合工厂即第一联合工厂建成并投入运营，该联合工厂吸引了约10家企业入驻。1961年午起联合工厂即第二联合工厂又开始建设。在这两家联合工厂之外，周围还有三菱油化等10多家大厂和100多家中小型企业。到1972年第三个联合石化工厂完成设备安装时，三重县四日市已经建成具备石油炼制能力50多万桶、乙烯生产能力70余万吨的大型联合生产企业，成为占日本石油工业1/4的重要临海工业区。伴随着盐滨、午起等各大联合石化工厂的落地生根，该市的能源结构在50年代末60年代初完成了从煤炭向石油的转型。

四日市的多家联合石化工厂建成运营之后，装载石油的邮轮便定期出现在四日市的昭和炼油码头。石化工厂的工人们将这些石油精炼成汽油、煤油和石油脑等。虽然该石化工厂提供的成品为日本的汽车提供汽油，为日本家庭提供煤油，为塑料制品提供石油脑，在很大程度上带动了当地和整个国家的经济发展。然而，由于联合化工厂在建设用地过程中不断扩大计划，超越了盐滨地区已有的居住用地，致使居民住宅被工厂包围，导致工厂用地和居民用地的矛盾逐渐凸显，为将来该地出现严重的哮喘病留下了隐患。同时，日本大量进口的原油，九成来自中东地区，属于含硫量近3%的劣质重油，如进口自科威特的原油含硫量就高达2.5%。因此，四日市当地联合工厂在以石油为工作对象时，使得大气污染物质由黑色煤烟变成了白色烟雾。在生产过程中，联合石化工厂没有安装防止大气污染的设备，附近居民的生活环境持续遭受高浓度二氧化硫的污染。据估算，当地工厂每年排放的含铝、锰、钴粉尘以及二氧化硫总量达13万吨。[①]1960年10月，四日市成立公害防止对策委员会，着手调查当地的大气污染状况以及居民健康情况。四日市政府经过调查后认为，在1962年11月到1964年10月污染最严重的时期，与盐滨联合工厂相隔仅一条河的矶津地区的二氧化硫浓度大约相当于非污染地区的8倍，1小时平均浓度值超过0.5ppm的占所有测定时间的3%。[②]此外，二氧化硫溶于水形成的亚硫酸气体含量是其他地区的6倍，浓度是1~2.5ppm（2.86~7.15毫克/立方米）。[③]其中，1962年四日市的氧化硫最高浓度曾达到1.0ppm，远高于当时日均0.04ppm、每小时0.1ppm的环境标准[④]，是日环境标准值的25倍。在二氧化硫等浓度严重超标的恶劣环境中，当地的三滨小学、盐滨中学和原四日市商业学校均曾因刺鼻的味道而不得不调整正常的教学活动，在炎炎夏日教室也不敢开窗。从对三滨小学130名儿童的调查结果看，80%以上的儿童出现了头痛、喉咙痛、眼睛痛和呕吐等不适症状。[⑤]此外，从1961年起，四日市当地频繁出现呼吸系统疾病。据报道，慢性支气管炎患者占25%，哮喘病患者占30%，肺气肿患者占15%。1964年的情况变得更为糟糕，曾经连续3天烟雾不散，致使许多哮喘病患者因病情加重而去世。1964年4月，第一位四日市哮喘病的受害者去世，后又有多位患者相继去世。如1966年7

---

① "四日市哮喘"事件[J].世界环境，2011（4）.

② 地球環境経済研究会编著.日本の公害経験：環境に配慮しない経済の不経済.合同出版，1991：29.

③ [日]南川秀树.日本环境问题：改善与经验[M].社会科学文献出版社，2017：40.

④ https://www.cn.emb-japan.go.jp/itpr_zh/eco_05_1.html

⑤ 傅喆，寺西俊一.日本大气污染问题的演变及其教训———对固定污染发生源治理的历史省察[J].学术研究，2010（6）.

月10日，四日市稻叶町居民木平卯三郎无法忍受疾病的折磨选择自杀，留下"死后不需要药物，一切都好了"的遗书，享年76岁。1967年6月13日，十七町居民大谷一彦在留下一句"今天的空气也不太好"后选择自杀，享年60岁。[1]同年10月26日，盐滨初三女学生南君枝死于哮喘病，殁年仅有15岁。在追悼会上，有人打出了"不要说我死了，我是被杀的"条幅。[2]根据四日市医师协会的调查证明，患支气管哮喘的人数在严重污染的盐滨地区要比对照区高约2—3倍。1972年，全市哮喘病患者达到871人，死亡11人。到1979年10月底，仅四日市一地患有大气污染性疾病的人数就高达775491人。[3]截至2013年，三重县和四日市累计认定哮喘病患者2219人。[4]不仅如此，四日市的大气污染物质在自然力的作用下四处蔓延，1956年便迅速蔓延到川崎、尼崎、大阪等各个城市，使得多座城市出现不同程度的大气污染。

由是观之，联合石化工厂的建成运营，所排放的含毒废气让许多居民罹患哮喘病，给当地百姓带来了难以弥合的伤痛，对人们的生产生活产生了许多负面影响。此外，工厂排放的废水还污染了伊势湾等地的水源，使渔民深受其害，给他们的生活带来直接冲击。四日市位于伊势湾北侧，渔业资源相对丰富，但随着第一联合工厂的建成运营，从1958年开始便出现从伊势

---

[1] ［日］政野淳子.四大公害病：水俣病、新潟水俣病、イタイイタイ病、四日市公害.中央公論新社刊，2013：193.

[2] ［日］政野淳子.四大公害病：水俣病、新潟水俣病、イタイイタイ病、四日市公害.中央公論新社刊，2013：200.

[3] "四日市哮喘"事件[J].世界环境，2011（4）.

[4] ［日］政野淳子.四大公害病：水俣病、新潟水俣病、イタイイタイ病、四日市公害.中央公論新社刊，2013：175.

湾捕捞的鱼虾等海产品含有石油臭味的情况，且该情况持续加重。1960年3月3日，《朝日新闻》刊发了题为"因有重油的臭味导致鱼价下跌"的文章，介绍了伊势湾污染的情况。[①]同年，日本最大的水产品批发市场同时也是世界上最大的水产品批发市场之一的日本东京筑地水产市场认为来自伊势湾的渔业产品有害，从而禁止该地未经检测的海产品进入筑地市场，导致当地渔民的生活一度陷入窘境。在此情况下，渔民向三重县政府和联合工厂请愿。1964年，在三重县政府调解下，联合工厂向当地渔民支付3600万日元作为补偿，以此平息了渔民的抗议活动，但鱼臭问题并未根本解决，附近渔民最终不得不放弃渔业改行从事其他行业。

## 六、 爱知县米糠油事件

### （一）概述

爱知县米糠油事件又称多氯联苯（Polychlorinated biphenyls，简称PCB）污染事件、"黑娃"事件、火鸡事件，指的是家禽和居民在食用受多氯联苯污染的米糠油后出现的食物中毒，由此引发的病因调查、追究责任、善后处理等各种事宜统称米糠油事件。

### （二）由来

二战之后，科学技术的进步极大地拉动了经济增长。塑料、

---

① ［日］政野淳子.四大公害病：水俣病、新潟水俣病、イタイイタイ病、四日市公害.中央公論新社刊，2013：179.

合成纤维、合成橡胶、合成洗涤剂、杀虫剂、除草剂等各种石油化学产品在人类生活中的广泛使用，极大地方便了人们的物质生活。但是，由于这些石化产品具有很强的化学稳定性，在自然界中难以快速分解，因此在方便人们物质生活的同时，也会给环境带来一定程度的破坏，从而危害到人们的身体健康。以硬性洗涤剂 ABS 为例，这种洗涤剂难以分解成其他物质，所以会出现在污水、河流、家庭用水构成的水循环中，最终成为居民饮用水的一部分。此外，多氯联苯使用不当，也会污染环境，给人们身体健康带来伤害。

PCB 是 209 种氯化联苯的总称，商品 PCB 中实际可能存在的氯化联苯也有 100 多种。该物质于 1881 年由德国 H. 施米特和 G. 舒尔茨合成，因为具有物化性能稳定、对酸碱稳定、绝缘性好、不易着火、蒸汽压低、黏着性好、难溶于水等特点，从 1929 年起便广泛应用于工农业生产，主要用作电容器和变压器的绝缘介质、树脂、橡胶、涂料、油漆、油墨等的添加剂。但该物质容易累积在脂肪组织，造成人体、家畜的脑部、皮肤及内脏的疾病，并影响神经、生殖及免疫系统，属于致癌物质。该物质也能累积在鱼体内，从而以生物链的形式影响到人的身体健康。如果使用或者处理不当，就会造成环境污染，因为其具有极强的物化性能稳定的特点，所以污染具有长期性。脂溶性的 PCB 会沿着食物链从低级生物传递到高级动物，并逐级浓缩。多氯联苯的安全允许摄入剂量为 7 微克/日·公斤体重，长期超剂量摄入，就会出现慢性中毒，如毛孔变黑、皮肤色素沉着、肝脏功能下降、记忆力衰退、代谢功能紊乱、牙齿变形等一些症状。20 世纪 60 年代末，PCB 造成的全球性污染逐渐引起了环境科学家的关注，1968年日本的米糠油事件就是因为PCB污染米糠油所致。许多国家鉴于该物质对生物体有害而被明令禁止使用。美国从1977年起则不再生产PCB，并明确规定不得将PCB做开放性用途。

1961年4月，位于日本九州岛福冈县大牟田市一家粮食加工公司食用油工厂安装脱臭装置，开始生产米糠油。为了降低生产成本追求高额利润，在脱臭过程中使用钟渊化学工业高砂工业所生产的多氯联苯液体作载热体。因为操作失误导致米糠油中混入了多氯联苯，造成米糠油污染。1963年，北九州饭塚市等地零星出现人和家禽的食物中毒案例。因为数量不多，所以尚未引起人们的重视。后来的研究进一步证明，多氯联苯受热生成了毒性更强的多氯代二苯并呋喃（PCDFs），这是一种同多氯联苯类似的、持续时间很长的有机污染物。大牟田市的这家粮食加工公司在得知食用油被污染后依旧选择将其精炼后售卖，结果给工厂所在的福冈县和出售再精炼油的长崎等地带来更大的伤害，1968年2月中旬，西日本各地的40余万只家禽出现产蛋量异常下降和异常死亡的情况。随着有毒米糠油不断被销往日本各地，不久，日本爱知县等地出现一种怪病，许多居民在食用某种油后出现眼皮红肿、眼分泌物增多、手掌出汗、周身起红色疙瘩等症状，更有患者出现胃肠功能紊乱、恶心呕吐、食欲不振、咳嗽不止、肝功能下降、全身肌肉疼痛等严重症状，部分患者因此而死亡。受害者中的孕妇，产下的胎儿或者很快死亡，或者产下"黑娃"，即婴儿全身皮肤呈现黑色、体重偏轻、体形偏小、乳齿过早出现、眼球突出等畸形现象。这是典型的食物污染引起的胎儿畸形。因为有害物质通过胎盘进入胎儿体内后，破坏了细胞染色体，阻碍组织细胞的正常活动，进而引起流产、死胎、皮肤发黑、肢体残缺、小脑畸形、智力低下、痴呆、发育不良等各种后果。经过调查，无论是家禽的突然大量死亡，居民身体出现的各种异常症状，还是孕妇所经历的种种不幸，均与所食用的某种米糠油有关。这是因为食用油生产厂在米糠油脱臭过程中不慎将多氯联苯混入其中，从而造成食用油的污染，鸡等家禽以及人们食用了被污染的米糠油而生病死亡或者出现各种中毒症状。这种现象从九州岛、四国岛逐渐蔓延到包括爱知县在内的全国23个府县。震惊世界的米糠油事件由此发生。该事件给当时的日本社会带来重大冲击，引起了人们的广泛关注。

首先，许多居民误食了被污染的米糠油而中毒。1968年6月到10月，仅九州岛就有13人因为原因不明的皮肤病到九州大学附属医院就诊，患者均表现为包括指甲在内的身体发黑、眼结膜充血等。之后，全国各地同样症状的患者逐年增多，以福冈、长崎两县最多。据不完全统计，当时有包括儿童在内的1000多人因为食用了被多氯联苯污染的食用油而中毒，部分"油症"患者在几个月内食用了总量约0.5~2克多氯联苯。仅1968年7月到8月，患病者超过5000人，其中16人死亡。[1]1977年，因食用该种米糠油而中毒死亡的人数多达30余人。到1978年12月，包括东京都、京都和大阪府在内的日本28个都道府县正式承认1684名患者。[2]随着被污染的米糠油不断销往日本各地，据粗略统计，该事件实际受害者超过万人。

---

① 邢文杰.我国环保NGO介入环保的路径及方法研究[D].浙江工业大学，2017：10.
② 米糠油事件[J].世界环境，2012（2）.

其次，除了许多人深受多氯联苯之害，由于人们还用被污染了的米糠油中的黑油作为家禽饲料，数十万只家禽因此死亡。这些家禽在食用了被污染的饲料后，普遍出现张嘴喘、头部和腹部肿胀等症状，最后死亡。这在九州、四国等地表现得非常明显。当时，人们普遍难以确认自己所用米糠油是否被污染，所以米糠油事件在日本社会引起了极大的恐慌，并震惊了全世界。

除了这些影响深远的公害事件，二战后的日本也发生了多起环境污染事件。1970年，日本东京发生铅中毒事件，后又发生光化学烟雾伤人事件。当时大多数日本人认为类似的环境污染事件只会发生在大城市等特定地区，但随着时间的推移，他们改变了这种看法。因为环境污染会以不同方式逐渐扩散到许多地方。

# 第二章
## 文明的反思：百年之痛产生的原因

　　日本在迈入工业文明时代以后，环境公害问题不仅在多地频频出现，而且严重程度也在不断加深。在第一次世界大战之前，主要有1885年浅野水泥深川工厂的烟尘污染问题，1890年前后栃木县足尾铜山、爱媛县别子铜山、秋田县小坂铜山、茨城县日立铜山等多个矿山的矿毒问题。这段时期的环境问题主要体现为矿毒公害，规模较小、危害较浅、影响较弱。一战之后特别是第二次世界大战之后出现的环境公害问题，主要有熊本县水俣市和新潟县出现的水俣病、三重县四日市哮喘病、富山县痛痛病以及爱知县米糠油事件。这些环境问题主要是以硫氧化物、碳氧化物为特征的产业公害，规模更大、危害更深、影响更强，令人谈病色变。曾经的蓝天白云、碧水青山、绿水长流已经难觅踪影，取而代之的是大气污染、水污染以及固体废弃物污染等各种环境问题，并由此危及许多国民的身心健康，引起了人们的不满乃至社会的动荡不安。痛定思痛，人们不禁要问，步入工业文明时代以来的这些环境公害问题是如何产生的？按照历史唯物主义的合力论观点，日本百年之痛的出现，毫无疑问是多方面因素共同作用的结果，既有日本国内的自身因素，也与当时的国际大环境息息相关。从日本国内看，这和日本企业唯利是图的经营理念有直接关系，与明治政府以及第二次世界大战后日本历届政府重经济轻环保的执政理念有重要关联，也与民间环保力量孱弱有一定关系。从国外看，国际社会尚未形成浓厚的环保氛围，在很长一段时间内对环境保护工作未达成国际共识，这在一定程度上助推了日本百年环境公害问题的出现。

## 第一节　企业的唯利是图

人类自从步入工业文明时代以来，追求国民生产总值的最大化便成为每个资本主义国家发展的核心目标和任务，以"工业文明观"为代表的经济增长理论获得了巨大成功。作为一个后起的资本主义国家，日本也不例外。随着明治政府的组建，日本也开始进入工业文明时代，利用国内外各种资源发展经济成为当时以及此后各届政府的重要目标。日本国内的各种煤炭、钢铁、石化企业在这样的环境中迅速成长并走向壮大。在追求利润最大化、推动国民生产总值不断提升的同时，企业的生产经营行为完全漠视周围生态环境的承载能力，致使日本国内持续发生环境公害问题，给周围居民的生产生活带来诸多不便，阻碍了人们生活质量的提高，同时也在很大程度上制约了经济的进一步发展。如二战之后的北九州市，钢铁企业发展壮大的同时造成了周边环境的严重恶化，从而导致以基础材料工业为核心的"北九州工业区"也开始衰落。园区从业人员出现总体下降，园内最大的工厂——新日铁八幡制铁所的员工总人数由高峰时期的4万人降至不足1万人。工业的衰退也波及当地的零售业，大型百货商店仅剩下1家，整个城市一度死气沉沉。[①]

从日本步入工业文明时代，一直到日本国民生产总值跃居世界第二位的百年时间，日本企业的核心经营理念是唯利润是瞻，将保全利润作为企业生存和发展的第一法则，对环境保护问题重视不够甚至无视环境问题。这成为日本百年之痛的直接原因。这种现象在采矿业、冶炼业、钢铁制造业和石油化工等行业表现得非常明显。

## 一、第二次世界大战之前

### （一）采矿业的唯利是图

习惯上，我们认为日本是一个国土面积狭小、资源匮乏的东亚岛国，需要进口大量生产物资才得以维持整个国家的正常运转。但事实上，近代以前的日本并非如此。早在公元六七世纪时，日本是一个金、银、铜等矿产储藏量相对丰富的国家，尽管分布不够广泛。但是，受制于开采和冶炼技术的落后，因经营矿产产生的生态环境问题并不严重，特别是在人们将满足基本生存作为人生意义的阶段，生态环境问题自然不会引起人们的注意。16世纪、17世纪时，日本步入大名纷争的战国时代。

---

① 夏爱民.北九州——循环型经济的雏形[J].世界环境，2005（3）.

能否拥有足够的矿产事关大名在经济和军事上能否立足，大名
间为此展开了激烈的矿产资源争夺战。矿产的开采和冶炼迎来
高潮。位于当时山阴地区（今本州岛西部）岛根县的石见银矿，
不仅是日本国也是当时世界上代表性的银矿之一，因其丰富的
矿藏量而成为大名争夺的重点之一。当时山阴地区的大内氏、
尼子氏、毛利氏等大名就曾为此展开过激战。该银矿从战国时
代后期到江户时代前期一直是日本最大的银矿山。石见银矿正
式开采于1526年，20世纪20年代关停。除了石见银山，16世
纪、17世纪比较著名的矿山还有兵库县的生野银矿和新潟县的
佐渡金矿。前者正式开采于室町时代后期的1542年，后历经织
田信长、丰臣秀吉等大名控制，随着1603年江户幕府建成，该
矿由新幕府的第一任征夷大将军德川家康接管。在江户时代，
生野银矿被授予矿山界的最高荣誉称号——"御所务山"。步入
明治时代，该矿山被政府接管。1896年由三菱家族收购，现已
关停。后者自17世纪初起的400年间一直是日本最大的金矿山。
石见银矿、生野银矿同佐渡金矿一起构成江户幕府财政的重要
生命线。

从16世纪、17世纪开始，伴随着矿山的开采，日本的金属
冶炼工业得到了快速发展，金银矿山于17世纪初达到开发高峰。
在这段时期，银成为重要的出口产品。截至17世纪早期，日本
每年出口银约200吨，占当时世界银产量的近三成，大部分白银
来自石见银山。不过，此后日本的金矿和银矿缓慢减产直至停
止开发。在17世纪末、18世纪初铜矿开始占据日本中心舞台，
达到开发的高峰期。一些大规模的铜矿约有矿工1万到20万不

等。①18世纪末期，受制于矿山排水、运输等技术瓶颈和经济问题的出现，整个矿业开始不景气，但日本全国仍然约有30座铜矿将所产铜通过长崎出口到世界各地。19世纪中叶，随着炸药、抽水泵、托运绞车等采矿物资及设备的引进，煤和铜迅速成为重要的出口产品，价格堪比同时期的丝绸。明治政府成立后，相比农业，政府更重视发展缫丝、纺织等轻工业和矿山开采。为此，日本从欧洲引进了先进的采矿技术，不断推进矿山开采事业。在政策的强力带动下，日本的矿山开采得以迅猛推进，采矿和冶炼生产进入新的辉煌时期，铜产量逐年递增。古河家族经营的栃木县足尾铜矿、住友家族经营的爱媛县别子铜矿、藤田组经营的秋田县小坂铜矿和久原房之助经营的茨城县日立铜矿是当时颇具影响力的矿山，产铜量长期保持在全国前列。19世纪八九十年代，足尾铜矿所在的栃木县在整个日本的产铜量稳居第一。在20世纪的前20年里，其产量虽有下滑，但也紧随秋田县之后位列第二。表2-1是1885年至1919年日本各主要产铜县的产铜量及占比情况，栃木县的产铜量在大部分时间里都以近30%的占比位居前列。

表2-1　1885年至1919年日本铜的主要生产县（单位：百吨，%）

| 年份 | 第一 | 第二 | 第三 | 第四 | 第五 | 其他 | 合计 |
|---|---|---|---|---|---|---|---|
| 1885—1889 | 栃木174<br>28.5 | 爱媛82<br>13.4 | 秋田62<br>10.2 | 新潟47<br>7.6 | 冈山35<br>5.7 | 211<br>34.6 | 610<br>100.0 |
| 1890—1894 | 栃木297<br>30.9 | 秋田150<br>15.7 | 爱媛150<br>15.6 | 冈山64<br>6.6 | 石川44<br>4.5 | 254<br>26.5 | 959<br>100.0 |

①　Nimura Kazuo. *The Ashio Riot of 1907: A Social History of Mining in Japan.* Duke University Press，1997:13.

| 年份 | 第一 | 第二 | 第三 | 第四 | 第五 | 其他 | 合计 |
|------|------|------|------|------|------|------|------|
| 1895—1899 | 栃木277<br>26.4 | 爱媛175<br>16.7 | 秋田175<br>16.6 | 冈山85<br>8.1 | 宫崎79<br>7.5 | 258<br>24.6 | 1049<br>100.0 |
| 1900—1904 | 秋田394<br>26.8 | 栃木329<br>22.3 | 爱媛273<br>18.6 | 冈山99<br>6.7 | 宫崎85<br>5.8 | 290<br>19.7 | 1470<br>100.0 |
| 1905—1909 | 秋田629<br>31.4 | 栃木340<br>16.9 | 爱媛304<br>15.2 | 冈山135<br>6.7 | 宫崎78<br>3.9 | 521<br>25.9 | 2007<br>100.0 |
| 1910—1914 | 秋田708<br>23.4 | 栃木462<br>15.3 | 爱媛427<br>14.1 | 茨城385<br>12.7 | 冈山197<br>6.5 | 842<br>27.9 | 3021<br>100.0 |
| 1915—1919 | 秋田797<br>17.6 | 栃木772<br>17.0 | 茨城648<br>14.3 | 爱媛548<br>12.1 | 冈山362<br>8.0 | 1403<br>31.0 | 4529<br>100.0 |

说明：单元格内第一行数字为产量，第二行数字为占比。

资料出处：［日］南川秀树.日本环境问题：改善与经验[M].社会科学文献出版社，2017：3-4.

采矿业的繁荣带动了采矿、冶炼所用机械设备的引进，铁路和船舶的利用，作为动力的蒸汽机的制造以及发电厂的建设，这些不仅积累了有助于重工业发展的技术，还形成了古河、住友、日立（久原）、三井、三菱等大型财团。然而，事情总是具有两面性。在采矿业迅猛发展的同时，工厂将发展生产、实现利润最大化放在首位，未能注意环境保护，开矿和冶炼矿石导致的矿毒以及烟尘污染事件频发，对生态环境带来极大破坏。尽管后来迫于各方压力，工厂也采取了一系列保护生态环境的举措，但总体而言，这些举措仅仅是为了掩人耳目而已，对保护环境而言，实属杯水车薪，无济于事。

1877年，古河市兵卫从明治政府手里低价购得足尾矿山，凭借自己的聪明才智和辛勤经营，很快便使足尾矿山起死回生，扭亏为盈。从接管时的年产铜46吨到1903年去世时年产铜达到6855吨。增幅之大，令人咋舌。然而，从19世纪中后期开始，足尾铜矿在开采和冶炼过程中便始终没有做好防尘、防污等各种环境保护工作，使得矿山附近的渡良濑川流域出现严重水质恶化。矿区的尾矿及其造成的侵蚀和有毒洪水，使得原本肥沃的土地变成了名副其实的月球表面。在19世纪90年代末之前，砷、铬、氧化镁、氧化铝等污染物毁坏了至少26平方公里农田，给数千个家庭造成严重损失。污染物同时使得渡良濑川沿岸村镇居民普遍身体健康状况不佳，并且死亡率明显偏高。①矿毒问题由此产生。

古河家族开采足尾矿山引发的矿毒问题持续了几十年，面对如此严重的矿毒问题，古河企业对此置若罔闻，采取了漠视态度，甚至千方百计推脱责任，多次表态认为公司对此不应该承担任何责任，反而认为矿毒问题是德川幕府时代采矿的后果。虽然后来在受灾民众的持续施压下，古河家族不得不在足尾矿山安装防止污染设备，建立了矿渣沉淀池和过滤池，一战结束后开始修建大坝，以便阻止矿毒外泄和蔓延，20世纪30年代又开始安装电力除尘设施。但古河方面一直未能真正面对矿毒问题，当然也就无从谈起根治矿毒问题。20世纪30年代，蓄毒大坝就曾发生外泄事故。为了追求高额利润，古河矿业置当地百姓利益于不顾，漠视当地生态环境步步恶化的现实，千方百计和政府建立起密切关系，古河市兵卫就收养当时的农工商大臣陆奥宗光之子为养子，借此寻求政府的庇护，确保自己的企业在环境污染问题上不被政府责难。

① ［美］詹姆斯·L·麦克莱恩.日本史1600-2000[M].海南出版社，2014：228.

（二） 化工业的唯利是图

在熊本水俣病环境公害问题上，水俣氮肥厂同样将利润置于企业发展的首位，对生态环境乃至当地居民的生命安全问题极其冷漠，根本没有给予足够的重视。

20世纪初，鉴于不知火海渔业资源丰富，野口遵决定在面向不知火海的熊本县水俣市建立水俣氮肥厂。该工厂在进行电石、石灰氮、变性硫酸铵等生产过程中，将废水排放到水俣湾的百间港，污染了其中的水产品。1925年，当地渔民要求水俣氮肥厂进行补偿。后者以永远不要投诉为条件支付了"慰问金"。工厂方面之所以以此种方式来处理和当地渔民的纷争，用意不言而喻。将渔民争取的补偿金篡改成慰问金，是因为用"慰问金"的措辞表明工厂在该事件中没有任何责任，仅仅是出于人道主义考虑对渔民进行照顾而已，所以工厂方面当然不会采取任何污染防治对策。不仅如此，工厂方面对工人的基本权益全然不放在心上。工厂创始人野口遵曾公开坦言，"不要视工人为人，要像牛马一样使用他们"[1]。在日本第一批采用八小时工作制的公司中，水俣氮肥厂是其中之一。但这并非出于关照工人利益，而是基于实行三班制可以确保公司正常运转、有利可图的考虑。工厂对工人的生命尚且如此漠视，工厂对生态环境的重视和保护当然无从谈起。

---

[1]　Timothy S. George. *Minamata Pollution and the Struggle for Democracy in Postwar Japan.* Harvard University Asia Center, 2001:20.

## 二、 第二次世界大战之后

### （一） 企业的敷衍塞责

第二次世界大战结束后，日本步入经济重建和恢复时期，从此时起一直到20世纪六七十年代，日本的钢铁、造纸、水泥、石油化工等部门发展迅速。1955—1973年，日本经济年均增长率达到10%以上，超过同时期的英法德美等欧美国家，真正步入经济高速增长期。但和经济高速增长形成鲜明对照的是，环境保护问题重视不够，环境恶化的报道不时见诸报端，熊本水俣病、新潟水俣病、痛痛病、哮喘病、米糠油事件等重大环境公害事件皆出现在这段时期。因此，以生态环境恶化为代价实现的日本经济高速增长是一种畸形的发展。

在优先考虑经济增速的前提下，众多企业漠视环境问题，依然坚持通过大规模生产追求"规模经济"的运营策略，积极进行生产设备投资，千方百计追求高额利润，对企业运营过程中出现的各种环境污染态度消极，想方设法逃避问题，更不可能主动承担治理责任。当时有许多日本企业对公害治理抱有抵触情绪，"企业目前已经在公害治理方面花了很多钱。本来公害治理就与提高生产率没有关系，企业消极应对也是理所当然的""最近总是说公害、公害，真是太烦了。也没什么科学依据，还有人想敲诈企业。通过瞎起哄处理问题的做法是可耻的"。[①]更有企业发表声明，声称自己的工厂已经安装了相关除尘设施，认为排放废气是没办法的事情，要做到完全无害是很难的；声

---

① ［日］南川秀树.日本环境问题：改善与经验[M].社会科学文献出版社，2017：17.

称公害问题不仅是企业的责任，在进行招商前就应该知道石油工厂是要排放废气的。几乎所有工厂都没有采取有力措施来制止环境公害的发生。1970年7月，野村证券公司《财界观察》的社论如此描述当时企业对环境公害的态度："防止公害的投资，同提高生产能力没有联系，而成为增加成本的因素。因此在现在这个时候，……只要有可能就希望控制对于防止公害的投资以预防成本的增加，这是产业界的实际情况。"

在受害居民反对公害的强大压力下，企业往往会百般辩解，自证清白。如果污染事实足够清楚、证据足够确凿，企业会不得已采取一些应对措施，比如答应安装一些防止环境污染的设施，从而给抗议的居民一些安慰，但这样的做法显然不可能真正解决环境公害问题。在水俣病环境公害的发展进程中，上述情形表现得足够明显。20世纪50年代末期，熊本水俣病环境公害日趋严重，水俣病病人频频出现，弄清发病机理成为当时熊本大学科研人员的重要任务。经过艰辛的研究，1959年，熊本大学的科研人员初步得出结论，认为水俣病和水俣氮肥厂排放的含有机汞的废水有关。面对这样的结果，工厂方面百般抵赖，不仅认为有机汞论和此前其他科研人员得出的锰论、硒论、铊论等一样充满着问题，将工厂排放的废水和有机汞联系在一起为时尚早，而且工厂方面在不同场合多次表态，声称工厂仅仅排放了小剂量的无机汞，这不可能转为有机汞，并认为农业化学产品也是有机汞的来源，况且其他国家的工厂也使用了类似水俣氮肥厂的生产工艺，但没有水俣病方面的类似报道。通过这样的宣传来抵制熊本大学提出的有机汞论，从而为自己的经营行为辩解。后来，工厂方面又通过发行小册子的方式，宣传

1945年日本军队扔进海里的炮弹是水俣病的罪魁祸首的主张。虽然该观点没有明显的证据，但有机汞论的提出者和支持者却不得不花费时间和精力来推翻工厂方面炮制的荒谬观点。

在熊本大学公布科研结论的基础上，水俣当地的受害居民持续不断给工厂施加压力。1959年12月，水俣氮肥厂对外宣称引进了"凝聚沉淀"和"漂浮沉淀"设备，以便净化工厂所排放的废水。在24日的竣工仪式上，工厂经理吉冈喜一等人从净化设备中取水饮用，以此证明工厂排放的废水并无毒性。后来人们才得知，工厂经理等人当时所饮用的水只是普通的自来水，水俣氮肥厂乙醛车间的废水并未通过该净化设备。工厂方面这么做的目的昭然若揭，通过此举证明工厂排放的废水已经得到净化，水俣病和工厂并无关系。

在受害居民的强烈抗议下，即便地方政府决定调查所辖企业是否存在污染环境问题，但这个过程充满了不确定性，其间企业会竭尽所能阻挠政府调查，或者"自证清白"。例如，调查人员如果要确认被调查企业是否违反大气排放标准，就必须按照规定程序进入这家企业采集一段时间的样本，然后进行检测。然而，即便调查人员能够顺利进入企业，能够顺利采集到样本，但这样的样本很有可能是不真实的。因为企业会在调查期间通过改变工厂的燃烧方式、燃烧时间、燃料种类等来控制废气排放量，使其最终能够达到政府规定标准；或者在调查期间直接停止某些设施的运转，等调查结束之后再重启相关设备，以此蒙混过关。作为调查人员，对这样的情况往往不明底细，或者无可奈何。如果企业最终被调查人员发现违反政府规定的排放标准，需要进行整改，企业往往也会以天气不佳等各种理由进行狡辩，以便逃脱政府制裁。

此外，企业还会千方百计和政府部门建立起密切联系，确保自己的企业在环境问题上不被政府刻意调查。比如，大多数企业会在中元和年末两个特殊的时间节点给政府部门送礼；企业也会招募部分政府退休官员到自己的企业中担任一定的管理工作，或者让企业人员进政府部门工作；更有甚者，像曾经的古河市兵卫那样，企业会直接和政府人员建立起血缘关系。

（二） 经济团体联合会的声援

作为和日本企业站在一起的一支重要的后援力量，日本经济团体联合会（简称经团联）在很长一段时间内对企业不愿治理环境公害的态度表示理解，并通过不同的方式予以支持。这种行为在很大程度上助长了企业唯利是图的理念，使得企业更不愿直面环境污染问题。

1946年8月16日，日本经济团体联合会成立。该组织一直与企业有密切往来，所以被定性为"为了企业的经济团体"。由于经团联在日本经济活动的核心作用，因此从20世纪60年代开始，经团联被人们称为"财界大本营"，经团联会长则被称为"财界宰相""财界总理"。面对各种环境公害问题，经团联作为制造污染的企业代表，反对让企业采取负担过重的应对措施，成了污染企业利益的"防波堤"。[1]曾任日本经济团体联合会会长的石坂泰三不仅大谈"做大蛋糕就是为了更好的生活"，还于1964年9月的《经团联月报》上发文称，"我就不认为畸形的经

---

① ［日］南川秀树.日本环境问题：改善与经验[M].社会科学文献出版社，2017：177.

济增长值得那样小题大做……说到底，没有扭曲，国家的经济能发展吗？我认为不能。发展时期必定会在什么地方出现扭曲"。有了经团联的这番表态，唯利是图的企业岂能在治理环境污染问题上投入更多资金、花费更大代价？1966年，在《公害对策基本法》制定的前一年，经团联在10月5日发表的《关于公害政策基本问题的意见》中指出，仅仅站在保护生活环境的立场上谈论公害对策，忽视产业振兴是提高居民福祉的重要推手是错误的。意见还指出，不应随意认为公害的产生都是企业的责任，认为所谓的"无过失责任"过于激进。对于政府拟制定公害方面的对策基本法，经团联反对的态度暴露无遗。

## 第二节　政府的消极作为

无论是19世纪60年代末期成立的明治政府，抑或是后来的大正政府、昭和政府，特别是第二次世界大战结束后经过民主化改革洗礼的新日本政府，如币原喜重郎内阁、吉田茂内阁、片山哲内阁、芦田均内阁、鸠山一郎内阁、石桥湛山内阁、岸信介内阁、池田勇人内阁、佐藤荣作内阁，追求经济的高速增长、实现国家富强是他们面临的共同任务，也是最重要、最迫切的任务。为此，处于不同历史时期的日本政府，均制定并实施了一系列发展经济、提升综合国力的举措。在这样的执政理念下，生态环境保护问题被置于可有可无的位置。因此，从经济发展角度而言，日本政府属于积极作为，但是从保护环境的角度而言，日本政府却属于消极作为。

## 一、 第二次世界大战之前

### （一） 明治政府

1868年，以明治天皇睦仁为核心的政府成立。新政府震惊于中国满清政府在两次鸦片战争中的失利，深刻汲取了"黑船来航"事件的历史教训。为避免沦为西方资本主义国家殖民地的悲惨命运，并能够跻身列强行列，新政府将迅速走向近代化、实现国家的工业文明定为政策制定和实行的核心，很快颁布了文明开化、富国强兵和殖产兴业三大政策，希望可以借助政府之力在短时间内实现国家近代化。作为一个国土面积狭小、自然资源相对并不充裕的国家而言，要在英国、法国、德国、美国、俄国等强国组成的世界上拥有一席之地，难度可想而知。在列强纷争的时代浪潮中，如果做不到和这些国家平起平坐，那就只能沦为他们的殖民地、半殖民地，成为任人宰割的羔羊。因此，对于19世纪末期成立的明治政府而言，责任重大，压力超巨。为此，政府先后实施了一系列辅助性举措，确保三大政策能在国内落地生根，收到成效。

在文明开化方面，明治政府积极发展教育事业，鼓励留学。1871年将"大学"改为"文部省"，颁布《学制》，普及4年制义务教育和加强科学教育。此外，政府为了"移风易俗"，颁布实施"断发脱刀令"，即让武士剪去发结——丁留、解除佩刀的法令；定西式礼服为政府官员礼服；禁止"混浴"和作为处罚的"切腹"；在国内推广使用太阳历等。

富国强兵是三大政策的落脚点和归宿，是明治维新的总目标。为此，明治政府于1872年颁布《征兵告谕》，取消了武士垄断军人身份的特权，实行仿效西方的义务兵役制，后又改建和扩建日本的军事工厂、学习西方的军事技术等。

相比文明开化和富国强兵政策而言，殖产兴业政策是日本进入工业文明时代的关键，该政策的推行对日本生态环境的影响最大。1880年之前，明治政府集中资源开办了许多官营企业，并积极扶植私人资本投资办厂。为此，1870年和1873年，政府先后设立工部省和内务省，与此前的大藏省组成三位一体的领导机构，旨在确保成功创立官营企业。工部省主管铁路、矿山以及水泥、玻璃、造船等机械制造，当时许多企业是工部省在接管原江户幕府及各藩所经营的矿山和工厂的基础上引进西方设备和技术进行改扩建而发展起来的，由明治九元老之一、日本第一任首相、立宪政友会创始人伊藤博文负责。内务省主管劝农、畜牧和农产品加工，如呢绒厂、纺纱厂等近代化工厂，是推行殖产兴业政策的核心力量，由明治维新三杰之一的大久保利通负责。大藏省负责资金筹措和调配，由著名政治家、财政改革家大隈重信负责。同时，政府不遗余力地从发达资本主义国家购买设备、引进技术、邀请经济专家来日本指导工作，向西方选派留学生，全力推动殖产兴业政策的实施。以内务省为例，它所创办的轻纺工业企业大部分是从西方直接购买成套设备的办法建成的。由于购买设备、引进技术等均需要外汇，政府便通过扩大生丝出口的方式加以解决。伊藤博文当时曾讲，成立三位一体领导机构的目的在于"通过迅速利用西方工业技术的力量来弥补日本的不足。在日本，按照西方模式建造各种机械装备，包括造船厂、铁路、电报、工矿和建筑，以此跨越式地向日本人灌输启蒙思想"。①在政府政策扶植下，东京炮兵工厂、大阪炮兵工厂、海军兵工厂、横须贺海军工厂、富冈缫丝厂、新町纺织厂、千住呢绒厂、爱知纺织厂等官营企业应运而生。在兴办官营企业的同时，政府还以"公司补助金"的名义给三菱公司、三井家族、东京汇总公司和日本铁道公司等巨额补助金。1880年以后，明治政府开始将官营企业划归私人经营。为此，大藏大臣松方正义②在1881年主持制定了一系列通货紧缩政策，并在1882年创建了日本银行。此后，日本曾经建立的国有工业体系很快解体，官营企业逐渐让渡给三井、三菱、住友等大商家并演变成了被称为"财阀"的庞大产业集团。所有的官营企业均按照低价、无息、长期分期付款的方式出售。对民间有识之士而言，这是一种近似于无偿转让的极其优厚的条件。所以，同明治政府有千丝万缕联系以及少数经营近代工业的资本家深受其利，如曾在1868—1869年国内战争中从财政上支持过新政府的三井家族购买了九州的三池煤矿、新町纺织所和富冈制丝所；日本政府亲手扶植的三菱公司购买了长崎造船所、佐渡金矿、生野银矿、高岛煤矿、大葛金矿；古河家族得到足尾铜矿、院内铜矿、阿仁铜矿；川崎购得兵库造船厂等。

在政府政策的强力带动下，日本经济增速明显，殖产兴业政策收到了非常好的效果。从19世纪80年代中期起，以纺织业为代表的轻工业迅速发展。1885—1890年，棉纺厂从20个增加到30个，纱锭从7万个增加到28万个，棉纱产量大约增加了8

---

① ［美］布雷特·L.沃克.日本史[M].贺平，魏灵学，译.东方出版中心，2017：200.
② 1835—1924，江户时代萨摩藩藩士，日本近代政治家。

倍。到1890年，日本已从棉纺织品进口国变成棉纱出口国。其中，涩泽荣一等著名实业家推动了日本棉纺织业的迅速发展。1900年，日本全国70%以上的工厂都和棉纺织业有关系。涩泽荣一在他的各家纺织厂配备了蒸汽机，使10500个纺锤可以在电灯照耀下昼夜运转。1885—1905年，日本进出口实现翻番。钢铁生产从1901年的7500吨增长到1913年的25.5万吨，耗煤量从1893年的200万吨增长到1913年的1500万吨。[1]

在纺织业等轻工业迅猛发展的背后，日本的采煤业和采铜业也得到迅速发展。如同稻米和硬岩矿在17世纪和18世纪支撑着德川幕府的权力运转一样，煤和铜成了明治政府得以维持长期统治的两块重要基石。明治维新以来，煤矿和铜矿的开采运营成为政府的重要任务，以煤为首的化石燃料迅速遍及整个日本，各大煤矿都加快了开采步伐。如鲶田煤矿、田川煤矿、丰国煤矿、大之浦煤矿、石狩煤矿、筑丰煤矿、高岛煤矿等。硬岩矿的开采也不甘落后，以铜矿为首的硬岩矿同样遍及日本多地，如小坂铜矿、尾去泽铜矿、五十川铜矿、长松铜矿、足尾铜矿、草仓田铜矿、日立铜矿、吉冈铜矿、别子铜矿等众多铜矿。1881年，从事金属开采和煤矿开采的工人达到51000人之多。[2]相比煤矿，铜矿在日本迈入工业文明、实现工业化的过程中扮演了更重要的角色。作为一种极其重要的金属，铜以及铜质电线背后的电气化技术和日本的工业文明息息相关，由此导致铜质电线的地位特殊。到1895年，4000英里左右的铜电线已

① [美]布雷特·L.沃克.日本史[M].贺平，魏灵学，译.东方出版中心，2017：179.
② Nimura Kazuo. *The Ashio Riot of 1907: a social history of mining in Japan*. Duke University Press，1997:15.

将日本工业文明紧紧绑到了一起。①除了高速运转的机器需要大量铜制品，各个兵工厂生产的子弹等军工产品，也需要大量的铜锭。同时，明治政府还可以通过出口铜矿换取外汇。1890年，政府通过出口铜换取的外汇占日本外汇总量的9.5%。②这些外汇被用于购买武器、增加采矿设备等。以采矿业特别是铜矿开采为枢纽，整个日本社会经济实现良性循环，最终实现富国强兵。

经过30年左右的努力，文明开化、富国强兵、殖产兴业的立国方针让日本国力大增。日本先后取得了甲午中日战争、日俄战争的胜利，后来成功吞并整个朝鲜半岛。这些事件标志着日本不仅成功避免沦为西方列强殖民地、半殖民地之命运，反而成功跻身资本主义列强行列，成为可以殖民其他弱小国家的东方列强。日本在19世纪末期成为在国际舞台上可以与英国、法国、美国、俄国、德国等西方列强平起平坐的东方强国。从经济、政治、军事等多个层面而言，日本无疑是成功的。但事情往往具有两面性，日本国的这种成功，是以生态环境遭受巨大破坏、以日本广大百姓生产生活受到深远影响甚至付出生命为代价取得的。这在19世纪末日本大规模的铜矿开采中表现得非常明显，而这又以前文所述的足尾矿毒为最。

类似的生态环境问题在明治政府成立之初便有所表现，但由于日本是一个被海洋环绕的岛国，降雨非常充沛，冬季季风强劲，这样的地理特征使得日本在抵御污染方面具有先天的优越性；同时加之明治政府政策的倾向性引导，即以富国强兵为

① ［美］布雷特·L.沃克.日本史[M].贺平，魏灵学，译.东方出版中心，2017：200.

② Jun Ui. *Industrial Pollution in Japan*. United Nations University Press，1992：18.

中心，通过追求经济的高速增长从而实现国家富强、提高军队战斗力来避免国家沦为西方强国的殖民地。因此，在举国追求经济增长的大背景中，生态环境问题仅仅在受灾地区的居民之中有所反应，日本其他地区的民众对此十分冷漠，明治政府对此也几乎毫不在意，息事宁人成为政府的主流态度。这在处理足尾矿毒问题上有明显体现。

明治政府明确将优先发展工业作为自己的施政纲领，将富国强兵作为执政的首要任务，但由于未能周密规划，导致国内出现足尾矿毒问题，而且同时期的爱媛县别子铜山、秋田县小坂铜山、茨城县日立铜山也出现不同程度的矿毒问题。政府担心各地矿毒问题的受害者联合抗争，因此，1897年3月，面对足尾灾民在东京的示威游行，政府成立第一届矿毒调查委员会，解决矿山和灾民之间的矛盾。由于富国强兵的任务远未完成，因此调查委员会从保护矿山利益出发，在维持矿山继续运转的前提下，建议古河市兵卫安装排污设施，划定专门存放废渣、废水的区域。然而，当时还没有成熟的净烟技术，矿山在开采和冶炼过程中产生的浓烟问题依旧无法从根本上解决，即便是象征性的解决也无法做到。所以，受害居民多次发起向东京的请愿运动。1900年2月，在第四次请愿运动中，政府派遣警察抓捕了大约100名请愿群众，酿成川俣事件。为了解决矿毒问题，进而缓和足尾矿山和渡良濑川当地居民的矛盾，1906年，政府最终下令将栃木县谷中村作为矿山的防洪区，以便在当地为足尾矿山建立蓄水池。1907年，谷中村的土地被强制征用，拒绝搬迁的16户居民被强制迁移。明治政府以这样的措施来解决足尾矿毒问题，其出发点就是最大限度地维护矿山利益，将当地居民的生产、生活甚至生命置于次要地位。这足以表明明治政府维护足尾矿山权益的鲜明立场和果断态度。直到第二次世界大战结束之后，足尾矿山才安装除硫装置。这距离第一次尝试解决煤烟问题已经过去了近60年。另外，德川幕府时代会根据矿毒造成损失的情况在一定程度上免除灾民的税收。但在明治时期，除非问题严重到成为社会焦点，否则不可能免税。由于足尾矿毒的影响更多的局限在栃木县等关东地区，尚未成为全国关注的焦点，所以，灾民多次向政府提出的免税请求均遭到了拒绝。

纵览足尾矿毒事件，不难发现，从1890年开始，足尾铜矿在开采和冶炼期间引发的众多环境问题随着洪涝灾害的发生而逐渐演变成一种社会问题。1896—1902年期间，则是问题最为严重、农民和矿山矛盾最尖锐的时期。1910年左右，由于日本忙于吞并朝鲜半岛，同时第一次世界大战即将来临，主要存在于日本国内栃木县一地的足尾矿毒问题逐渐淡出人们的视野。在1890—1910这20年的时间里，日本先后发动了甲午中日战争、日俄战争，并均取得了最后的胜利。其中从甲午中日战争中获得的战争赔款大多被用于扩充本国军备和发展重工业。面对矿毒问题，政府迫于民众压力曾三次责令古河家族采取治理污染措施，以免造成进一步的损失。但对已经渗入渡良濑川和土壤中的有毒物质并未采取措施，矿毒问题不可能得到根治。政府在矿毒事件中的消极作为可见一斑。

（二） 大正政府和昭和政府

政府不仅在足尾矿毒公害事件中的表现令人不满，在其他地方出现的环境公害事件中同样表现欠佳。20世纪初，大阪被称为"煤烟之都"。但当时日本社会各界认为工厂排放的滚滚浓烟是经济繁荣的象征。1914年，大阪府知事曾讲道，"要做到全面防治煤烟是不可能的，如果加大防治煤烟打击力度，那么将出现工厂连锁倒闭"。四年之后，这样的论调仍然大行其道。"在财富面前，被迫损害市民的健康和爱好，是没有办法的事情"。[①]在这样的指导思想下，期望政府积极主动地解决环境公害问题，只能是一种奢望和空想。

迈入工业文明时代的明治政府未能很好地保护生态环境，此后的大正政府和昭和政府基本延续了这种治国思路，对生态环境问题同样不够重视。不仅如此，在昭和时代，伴随着日本侵略东亚各国尤其是挑起太平洋战争后，日本政府开始实行经济统制，形成以政府为主导的统制经济体制，即1940年体制。这是一种一切经济活动均围绕战争开展的体制。为此，昭和政府颁布了《国家总动员法》（1937年）、《从业者雇佣限制令》（1939年）、《地价房租统制令》（1940年）、《物资统制令》（1941年）等各种法令。在此基础上，政府相应地制定了物资动员计划、贸易计划、资金统制计划、劳务动员计划、生产力扩充计划等各种经济计划。在世界大战的严峻形势面前，政府没有精力、没有条件认真处理国内的环境公害问题，何况政府本身就缺乏足够的环境保护思想。

① ［日］井上堅太郎.日本環境史概説.大学教育出版社，2006：4.

## 二、 第二次世界大战之后

### （一） 生产优先的经济体制

第二次世界大战结束之初，日本处在美国和英国的联合占领之下。为了确保日本不再成为世界大战的起源地，占领军以美国制度为模板，以"非军事化"和"民主化"作为改造日本的两大原则，从政治、经济和社会等方面对日本进行全方位改革，如制定和实施新宪法、解散财阀、实施土地所有制变更等。但由于对日本官僚机构改革并不彻底，加之盟军占领政策随着冷战的发生而发生改变，造成战时经济体制非但没有被削弱反而得以延续并有所发展。在这样的大环境之中，革新之后日本政府的工作重心依然在经济方面。为此，日本于1946年5月成立了经济安定本部，由内阁总理大臣直接管辖，负责制定物资的生产、分配、定价以及金融、运输等方面的具体计划，同时拥有协调、监督政府各省厅工作的巨大权力。对当时重要的钢铁和煤炭等物资，由各省厅统计生产部门所需后汇总上报给经济安定本部，然后由后者制定出按部门分配物资的具体计划，最后由相关省厅根据该计划限购各消费单位发送物资。同年12月，吉田茂政府采纳了东京大学教授有泽广已提出的"倾斜生产方式"的发展建议，把资金、技术、原材料和劳动力等有意识地向煤炭、钢铁、化肥、海陆运输等基础工业倾斜，其中煤炭和钢铁两个行业被定为超倾斜，从而尽快促进战后经济复兴。为此，日本政府通过价格调整补助金和复兴金融公库的贷款，优先支持煤炭、钢铁等原料和基础工业部门的生产。1952年，经济安定本部解散，由同年成立的经济审议厅取代。1955年，经济审议厅改组为经济企划

厅。此后，制定和实施经济计划的责任就由经济企划厅负责。经过
这样的变革，日本在20世纪五六十年代逐渐形成日本式经济体制，
又名政府主导型市场模式或者日本模式。相比1940年体制，日本
式经济体制依然强调生产第一主义或者生产优先。微观表现主要有
日本企业的高积累率、个人的高储蓄率等，宏观表现主要是日本政
府的产业政策和金融政策等，如二战后初期实施的增加货币供应量
来刺激经济的金融政策和倾斜生产方式政策；50年代中期以后实施
的以金融政策、财政和税收政策为中心，辅以产业政策、国土开发
政策等为内容的宏观经济政策。作为一个资本主义国家，日本虽然
也强调市场的自由竞争，但政府在经济活动过程中利用财政、金融
等各种经济政策，以及通过经济计划、国土利用和开发等方面的计
划充分干预经济，在最大程度上体现了经济运行的政府意志，所以
这样的经济运行模式被称为"政府主导型市场模式"。

1. 经济计划

1955年12月，鸠山一郎内阁制定了第二次世界大战后第一
个经济计划——《经济自立五年计划》，截至1999年，日本政府
共制定了13个经济计划。经济计划的具体情况见表2-2。

表2-2　二战后日本政府制定的经济计划纵览

| 计划名称 | 年份 | 任职政府 | 目标 |
|---|---|---|---|
| 经济自立五年计划 | 1956—1960 | 鸠山一郎 | 经济自立和完全就业 |
| 新长期经济计划 | 1958—1962 | 岸信介 | 实现最大限度的经济增长 |
| 国民收入倍增计划 | 1961—1970 | 池田勇人 | 实现国民收入倍增和完全就业 |
| 中期经济计划 | 1964—1968 | 佐藤荣作 | 纠正经济发展中的弊端 |

续表

| 计划名称 | 年份 | 任职政府 | 目标 |
|---|---|---|---|
| 经济社会发展计划 | 1967—1971 | 佐藤荣作 | 向均衡充实的经济社会发展 |
| 新经济社会发展计划 | 1970—1975 | 佐藤荣作 | 实现均衡发展，建设居住环境良好的日本 |
| 经济社会基本计划 | 1973—1977 | 田中角荣 | 充实国民福利、推进国际协调 |
| 昭和50年代前期经济计划 | 1976—1980 | 三木武夫 | 实现经济稳定发展，充实国民生活 |
| 新经济社会七年计划 | 1979—1985 | 大平正芳 | 稳定增长，提高国民生活质量 |
| 20世纪80年代经济社会的展望和指针 | 1983—1990 | 中曾根康弘 | 构筑和平、安定的国际关系和有活力的经济社会 |
| 经济运营五年计划 | 1988—1992 | 竹下登 | 纠正对外经济不均衡，实现有富裕感的国民生活 |
| 生活大国五年计划 | 1992—1996 | 宫泽喜一 | 向与区域社会和谐的生活大国变革 |
| 为实现结构改革的经济社会计划 | 1996—2000 | 村山富市 | 实现结构改革，建设有活力的经济和安心的社会 |

从经济政策的目标看，经历了50年代的经济自立、60年代的经济高速增长、70年代旨在解决和协调经济社会发展中出现的重生产轻生活的生产第一主义、社会基础设施落后、环境公害等问题、80年代和90年代的解决对外经济不均衡、建立和经济大国相适应的生活大国的演变。其中，60年代末期开始制定的经济计划中，出现了明显纠偏的特点。如1967年3月制定的《经济社会发展计划》首次将经济和社会发展联系在一起；1970年5月制定的《新经济社会发展计划》首先提出通过均衡经济增长，建设一个居住和生活环境良好的国家；1973年2月制定的《经济社会基本计划》则第一次提出建立福利国家以及推进国际

协调的目标。1992年6月制定的《生活大国五年计划》更是鲜明地体现了上述特点。由于长期推行经济优先、生产第一的发展战略，日本国的生态环境问题较为突出，发生了多次环境公害事件，造成日本国民的生活幸福感指数持续偏低，国民并没有体会到与经济大国相称的富裕感，所以该计划明确提出要建立生活大国的目标。该计划希望通过改善生活环境、重视消费者的利益、尊重个人等方面的具体行动，使每个日本国民在日常生活中能真正感受到生活的富裕、在美丽的生活环境中确立新的价值观和生活方式。具体而言，在生活环境的改善方面，政府要建造优质的住宅，改善周边环境，将下水道的污水处理率由45%提高到70%以上，使居民步行就可以到达公园的普及率由48%提高到59%；政府要改善全国的交通条件，将1小时内能够到达地方中心城市的居住区比例由75%升至85%，将东京圈的交通混杂率由200%降至180%以下；缩短劳动时间，尽快实现每周40小时或者周休二日制，为方便老年人和行人而拓宽人行道，将人行道设置率从20%提升至30%；政府要营造保护环境的氛围，减少生活垃圾，提高资源利用率，比如铁质易拉罐的再利用率由44%升至60%，铝质易拉罐的再利用率由43%升至60%。[1]

2. 全国综合开发计划

1962年10月，政府制定了第一个全国综合开发计划。该计划的主要目的在于解决当时城市过大、地区发展差距过大、自然资源有效利用率偏低等问题。该计划几乎未涉及环境保护方面的内容。

---

[1] 刘昌黎.现代日本经济概论[M].东北财经大学出版社，2002：323-324.

公害国会开幕之前的 1969 年 5 月，政府制定了第二个全国综合开发计划。由于当时日本国内的环境公害已经较为严重，所以第二个开发计划的主要目标除了实现全部可开发国土的均衡发展，提高国土利用率，建立和完善安全、快捷、舒适、有文化的社会生活环境，还包括了环境保护方面的内容，如长期保持人与自然和谐、永久保护自然环境等。

1977 年 11 月，政府制定了第三个全国综合开发计划。在发展经济的同时，对环境问题逐渐加以重视。如基本目标是以有限的国土资源为条件，发挥地区优势，建设人与自然协调、有安全感、健康、有文化的综合性的国民居住环境。

1987 年 6 月，政府制定了第四个全国综合开发计划。主要任务是建设安全而高质量的国土环境，重新构筑国际化和世界城市的机能。鉴于环境公害问题已经得到不同程度的解决，该计划对环境保护的重视程度有所弱化。

1998 年 3 月，政府制定了第五个全国综合开发计划。该计划的主要目标是促进地域自立、提高预防自然灾害以及人口减少、高龄化等问题的能力，保持大自然的风貌，使子孙后代能够从物质和精神方面永远享受到大自然的恩惠等。

在 1970 年公害国会开幕之前，无论是政府制定的经济计划，还是政府制定的全国综合开发计划，核心目标依然是发展经济，二者都没有对生态环境问题给予足够重视。在公害国会开幕之际以及闭会之后，如 1969 年制定的全国综合开发计划，当时的背景是日本国内频频出现水俣病、痛痛病、哮喘病等各种环境公害事件，而且许多公害受害者已经采取法律途径解决向企业追责以及赔偿等问题，所以政府对生态环境问题有所重视，但对经济发展依然持有较高的关注度。因此，从这种事实看，截至20世纪六七十年代，日本历届政府制定政策的初衷在于保证经济增长。在生产优先的政策环境中，政府主导型市场模式有力地促进了日本经济发展。

3. 二战后经济的高速增长

1948年，吉田茂政府实施的倾斜生产方式已初露成效，以煤炭和钢铁为中心的日本经济开始出现明显复苏。其中，煤炭增长了39.4%，达到3373万吨；粗钢增加了81.1%，达到172万吨。1948年10月，吉田茂政府再次组建，将此前的倾斜生产方式调整为"集中生产方式"，把资金、原材料等集中供给劳动生产率相对较高的企业，以便将有限的资金实现最大化利用。该措施使得日本千人以上的大企业迅速发展，煤炭、钢铁、电力等产量再次得到提升。具体情况见表2-3"1945—1950年日本主要产品产量变化表"。

表2-3　1945—1950年日本主要产品产量变化表

| 年份 | 煤炭（万吨） | 粗钢（万吨） | 发电量（亿度） | 缝纫机（万台） | 棉织品（百万平方米） | 大米（万吨） |
|---|---|---|---|---|---|---|
| 1945 | 2988 | 196 | 210 | 0.4 | 46 | 587 |
| 1946 | 2038 | 56 | 271 | 4.6 | 202 | 921 |
| 1947 | 2723 | 95 | 303 | 14.7 | 554 | 880 |
| 1948 | 3373 | 172 | 319 | 18 | 773 | 997 |
| 1949 | 3797 | 311 | 302 | 30 | 823 | 938 |
| 1950 | 3846 | 484 | 391 | 51 | 1289 | 965 |

资料出处：饭田经夫著.马君雷，等译.现代日本经济史[M].中国展望出版社，1986：66.

　　1951年，日本经济继恢复到战前（1934—1936年）的平均
水平后，进出口总额达到23.5亿美元，超过战前4.7亿美元。
1953年，日本工业生产便超过第二次世界大战前最高水平，国
民平均消费额达到战前标准。1956年鸠山一郎内阁开始实施
《经济自立五年计划》，从此进入实现国民经济现代化的高速发
展期。日本经济企划厅在1956年发布的年度《经济白皮书》中
这样写道："现在已经不是'战后'了。我们现在面临一个完全
不同于过去的局面。在恢复中求发展的时代已经结束，今后的
发展要靠实现现代化。"这番言论表明日本政府认为本国经济已
经恢复到战前最高水平，此后会进入新的发展阶段。事实的确
如此。表2-4表示的是1955年主要经济指标和战前最高水平比
较情况。截至1955年，除进出口贸易指标外，其余主要经济指
标均已经超过战前最高水平。其中，农业产值在1949年超过战
前最高水平，工业产值和实际国民生产总值在1951年超过战前，
人均农业产值和人均工业产值分别在1952年和1953年超过战前
水平，1954年实现人均国民生产总值超过战前最高水平的目标。
如果假定1934—1936年的平均值为100，那么1955年的实际国
民生产总值为136，其中工业生产为158，农业生产为148。
1955年的人均国民生产总值为105，其中人均工业和农业产值依
次是122和115。

表2-4　1955年主要经济指标和战前最高水平比较表

|  | 1955年水平 | 达到战前最高水平时间 |
| --- | --- | --- |
| 实际国民生产总值 | 136 | 1951 |
| 工业生产 | 158 | 1951 |
| 农业生产 | 148 | 1949 |

续表

| | 1955年水平 | 达到战前最高水平时间 |
|---|---|---|
| 出口额 | 75 | 1959 |
| 进口额 | 94 | 1957 |
| 人均实际国民生产总值 | 105 | 1955 |
| 人均工业产值 | 122 | 1953 |
| 人均农业产值 | 115 | 1952 |
| 人均个人消费 | 114 | 1953 |

资料出处：内野达郎.战后日本经济史[M].新华出版社，1982：118.

虽然日本政府声称日本经济已经不再处于战后状态，但和同时期的欧美发达国家相比，日本经济明显处于弱势。以国民生产总值为例，1955年日本的国民生产总值是美国的1/15、是联邦德国的1/2，人均国民收入仅有220美元，在西方发达国家中位列第35位。[①]因此，日本要在经济上实现追赶甚至超越欧美发达国家的目标，任重而道远。然而，伴随着1955年年底鸠山一郎政府以实现充分就业和经济自立为目标制定的经济自立五年计划，日本的经济由此开始迈入起飞阶段。从此时起的31个月时间里，日本国内出现由民间设备投资高潮引发的经济繁荣，洗衣机、电冰箱和黑白电视机等家用电器开始进入一般家庭，社会上掀起了一股家用电器的消费热潮。截至1957年，日本实际经济增长率达到7%左右，高于经济自立五年计划中预定的5%的年经济增长率，这段时期被称为"神武景气"时代。

步入20世纪60年代，池田勇人上台组阁。作为一名经济型政治家，池田勇人首相将提高国民收入视为新政府的头等大事。

---

① 刘昌黎.现代日本经济概论[M].东北财经大学出版社，2002：13.

1960年12月制定了一项宏大的经济发展计划——《国民收入倍增计划》。该计划力图在接来下的十年时间（1961—1970）使日本国民生产总值翻一番。其实施重点是：充实社会资本，发挥公共事业部门的作用，改革公共设施落后于生产发展和生活改善的状况；大力推进产业结构的合理化；扩大国际经济交往，促进贸易，特别是出口贸易。为此，池田勇人内阁每年都要制定规模庞大的财政预算以便扩大积累。在政府计划引导下，从1959年4月到1962年10月，日本便进入以重化工业为中心的经济发展新周期，钢铁、石化、机械、造船、汽车、机械、化纤等得到空前发展，出现了持续42个月的第二次经济发展高峰，史称"岩户景气"。这段时间的经济增长率高达10%以上。1963年7月以后，池田内阁又出台了加快中小企业发展的一系列政策，促使中小型企业开始了以技术进步为中心的现代化进程。为了准备1964年东京奥林匹克运动会，日本社会出现奥林匹克景气时代，东海道新干线、东京高架单轨车、国内高速公路网络以及地铁等相继开通运营，日本经济再现繁荣景象。1964年，接替池田勇人上台的佐藤荣作组阁，继续推行《国民收入倍增计划》。佐藤荣作时期，日本企业界出现大规模的合并浪潮，从而形成了许多实力强大的联合企业集团，如钢铁公司6家，造船公司、汽车公司、石油公司等各10家，这对扩大再生产、促进产业结构合理化、增强日本产品在国际市场的竞争能力具有重要意义。在政策带动下，日本的钢铁、化学、电力等重化工业得到快速发展。1960年至1965年，日本的电力增长1.6倍，钢铁增长1.8倍，硅酸盐增长1.6倍，化工增长1.8倍，造纸增长1.7倍，1965年至1970年，上述部门依次增长1.8倍、2.3倍、

1.8 倍、2.0 倍和 1.8 倍。①佐藤荣作执政期间，特别是从 1965 年
11 月至 1970 年 7 月，日本经济以年均 11% 的速度增长，出现了
持续 57 个月的超长景气，史称"伊奘诺景气"。增长率之高，远
超同时期的联邦德国（10.7%）、意大利（10.3%）、法国
（9.7%）、美国（7.4%）和英国（4.6%）。正是在这段时间，日本
的国民生产总值实现了量的飞跃，相继在 1966 年、1967 年、
1968 年依次超过法国、英国、联邦德国，1968 年，日本在资本
主义世界中成为仅次于美国的世界第二经济大国。至此，日本
经济达到了辉煌的顶点，并长期保持世界第二大经济体的地位。
表 2-5 是日本和美国、联邦德国、英国四国在 1950 年至 1975 年
期间的国民生产总值和经济增长速度的比较。

表 2-5　1950—1975 年主要资本主义国家的国民生产总值（单位：亿美元）和
实际经济增长率（单位：%）一览表

| 年份 | 日本 | | 美国 | | 联邦德国 | | 英国 | |
|---|---|---|---|---|---|---|---|---|
| | 总值 | 增长率 | 总值 | 增长率 | 总值 | 增长率 | 总值 | 增长率 |
| 1950 | 110 | 12.2 | 2862 | 8.7 | — | — | 415 | 3.2 |
| 1955 | 240 | 10.8 | 3993 | 6.7 | 430 | 11.9 | 542 | 3.7 |
| 1960 | 430 | 12.5 | 5060 | 2.3 | 721 | 8.5 | 720 | 4.7 |
| 1965 | 891 | 5.7 | 6881 | 5.9 | 1146 | 5.5 | 1009 | 2.5 |
| 1970 | 2042 | 8.3 | 9824 | −0.3 | 1855 | 5.9 | 1237 | 2.3 |
| 1971 | 2313 | 5.3 | 10634 | 3.0 | 2166 | 3.3 | 1405 | 2.9 |
| 1972 | 3060 | 9.7 | 11711 | 5.7 | 2594 | 3.6 | 1595 | 2.1 |
| 1973 | 4170 | 5.3 | 13066 | 5.5 | 3443 | 4.9 | 1812 | 7.9 |
| 1974 | 4633 | −0.2 | 14129 | −1.4 | 3814 | 0.4 | 1966 | −1.2 |

---

① 张宝珍.日本经济高速增长时期的环境污染问题[J].世界经济，1985（9）.

| 年份 | 日本 | | 美国 | | 联邦德国 | | 英国 | |
|------|------|------|------|------|----------|------|------|------|
| | 总值 | 增长率 | 总值 | 增长率 | 总值 | 增长率 | 总值 | 增长率 |
| 1975 | 5013 | 3.6 | 15288 | -1.3 | 4206 | -1.7 | 2336 | -0.7 |

说明：1.英国1950年栏内数据为1951年统计。2.实际经济增长率按照实际国民生产总值（1975年价格）计算，其中英国是按照当年实际国内生产总值计算。

资料出处：矢野恒太纪念会.日本100年[M].时事出版社，1984：77-79.

总之，日本经济高速增长的时期集中出现在1955年到1972年。这段时间日本经济增长率年均9.7%，其中1955年到1960年平均8.5%，1960年到1965年平均9.8%，1966年到1970年平均11.6%。除个别年度外，日本的经济增长率均高于其他主要资本主义国家。特别是在20世纪60年代，日本经济平均增速高达11.1%，是法国的1.9倍、联邦德国的2.3倍、美国的2.7倍、英国的4倍；这段时间日本工业年均增长14.1%，是法国的2.3倍、联邦德国的2.4倍、美国的3.1倍、英国的5倍。[①]到经济增速达到顶点的1973年，日本国民生产总值增加到4170亿美元，相当于联邦德国的1.21倍、英国的2.30倍，美国的35%。日本经济总量在资本主义世界排名第二的状况得到巩固。

从国民生产总值的指标看，日本最终在20世纪60年代末期赶超了多数资本主义强国，成为资本主义世界中仅次于美国的第二大经济体。从产业结构的指标来衡量，战后日本的结构水平也进入了资本主义先进国的行列，属于一种现代化的产业结构。具体情况见表2-6。在就业结构上，1947年，日本第一、

---

① 刘昌黎.现代日本经济概论[M].东北财经大学出版社，2002：23.

二、三产业的就业比例分别为53.4%、22.2%和23.0%。此后，第一产业的就业比重便开始呈现下降趋势，第二产业和第三产业的就业比重均呈现不断上升趋势。在生产结构上，1947年，第一、二、三产业的生产比重依次为38.8%、26.3%和34.9%。此后，第一产业的生产比重迅速下降，第二产业和第三产业的生产比重稳步上升。

表2-6  日本产业结构演变一览表（%）

| | 产业 | 1947 | 1955 | 1960 | 1970 |
|---|---|---|---|---|---|
| 就业结构 | 第一产业 | 53.4 | 41.0 | 32.6 | 19.4 |
| | 第二产业 | 22.2 | 23.5 | 29.2 | 34.0 |
| | 第三产业 | 23.0 | 35.5 | 38.2 | 46.6 |
| 生产结构 | 第一产业 | 38.8 | 19.2 | 12.8 | 5.9 |
| | 第二产业 | 26.3 | 33.7 | 40.8 | 43.1 |
| | 第三产业 | 34.9 | 47.0 | 46.4 | 50.9 |

资料出处：［日］小滨裕久.经济发展和结构变化[J].经济共同研究，1998（9）.

（二）战后政府的消极作为

在日本政府生产优先的政策支持下，日本国内的京滨、中京、阪神和北九州四大工业区呈现出一片火热的繁忙景象，日本经济最终实现了腾飞。截至20世纪60年代末70年代初，无论是国民生产总值，还是产业结构状态，日本都是当之无愧的发达的资本主义国家。能够在短时间之内取得如此耀眼的成就，离不开政府的政策支持。但也恰恰是因为政府政策过于偏向经济、未能兼顾环境保全的缘故，这段时间日本国内出现了许多环境公害事件，不仅给众多日本普通国民的生活生产带来不便，更严重的是，给他们的生命健康带来直接或者间接威胁。

20世纪50年代，日本富山县已经出现零星的痛痛病病人。不久，熊本县水俣湾附近也出现水俣病病人，足尾矿毒引发的环境问题依然在持续中。面对这些环境公害问题，战后组建的历届政府未能高度重视，将经济增速置于各项工作的首位，片面追求国民生产总值的增长，对环境公害采取消极应对的态度，从而在政策的实际执行过程中未能处理好经济发展和环境保护二者的关系，使得政府成为环境保护问题的作壁上观者。特别是20世纪60年代，仍然是"单纯增长主义"的十年，环境问题的重要性还只为少数有关的科学家和直接受其影响的居民所认识[①]，因此便出现了政府用于环境公害方面的各种经费不高的情况。1960年政府用于环境公害治理方面的预算仅占国民总产值的0.2%，1970年虽增加到0.5%，但增幅并不大。同时，政府投入环境公害方面的研究经费也明显不足，1970年为300万美元，仅占科研总费用的0.4%，而同期美国用于防治环境污染的研究费用为3.19亿美元，占科研总费用的2%，远高于日本。[②]经济增速至上的发展理念和如此低的经费投入足以表明政府对环境公害的轻视和漠视，因此导致战后的日本多次出现环境公害问题。

在震惊世界的熊本水俣病事件中，政府千方百计维护企业权益，时刻强调发展经济的重要性，置当地受害民众的呼声于不顾。在熊本县水俣市，"没有氮肥就没有水俣"不仅是宣传口号，也是历史事实。1959年，熊本县知事就当地的水俣病问题

---

① ［日］都留重人.日本经济奇迹的终结[M].商务印书馆，1979：83.

② 张宝珍.日本经济高速增长时期的环境污染问题[J].世界经济，1985（9）.

如此表态，"在熊本县，工厂和渔业都是工业。相比以前，工厂的污水处理工作已经做得不错了。我希望市民们能够考虑到这一点并且配合各方面工作，以便让问题以一种合理的方式得到解决"①。从中央政府看，1959 年 11 月 13 日，在得到食品卫生调查会提供的调查结论前提下，厚生大臣渡边良夫在内阁会议上提出水俣病是某种有机汞化合物所致的观点后，旋即遭到通商产业大臣池田勇人的反驳。后者认为有机汞是从工厂排出的结论过于草率。内阁会议上没有取得共识。不仅如此，还以仅靠厚生省难以探明水俣病病因为由，将主管权转交给经济企划厅，解散了设在厚生省食品卫生调查会中的水俣病特别部会。虽然经济企划厅负责水俣病问题的水质保护课中的部分人士也认为水俣病和工厂排放的污水有关，如借调自通商产业省的汲田卓藏课长助理便持此种观点。但他经常被通商产业省叫回去接受强硬的指令："要顶住！""现在停止排放试试？氮肥公司这样的产业停产了就不可能有日本的高速发展。"②因此，一直到1969 年水俣乙醛工厂关闭，都没有对工厂排水进行有力的限制。此外，在当时的日本，污染企业水俣氮肥厂厂长多次当选水俣市的行政首长，一些污染企业更是坐拥财团和政治力量的支持和庇护。例如，后来担任首相的池田勇人在担任通商产业大臣的时候，就曾在1959 年 11 月警告内阁同僚不许承认汞污染和水俣氮肥厂的关系。1960 年 7 月，池田勇人接替岸信介成为日本首相，此前他所提出的国民收入倍增计划终获内阁同意，政府

① Timothy S. George. *Minamata Pollution and the Struggle for Democracy in Postwar Japan.* Harvard University Asia Center，2001：96.

② ［日］南川秀树.日本环境问题：改善与经验[M].社会科学文献出版社，2017：32.

在未来若干年将把日本打造成一个消费型社会。至于水俣病问题，由于政府视氮肥厂这样的企业为日本经济高速发展的重要支点，所以政府将着力通过政治手段将水俣病问题演变为一种经济层面的赔偿问题，几乎没人去追究水俣病的责任问题。政府的这种态度成为熊本水俣病问题迟迟难以解决的重要原因。[①]

政府不仅在水俣病环境公害事件中千方百计维护企业利益，在其他环境公害事件中，政府同样无视或者轻视受灾居民的呼声，反将保障企业生存发展置于各项政策的优先地位。20世纪50年代，日本阪神工业区尼崎市出现较为严重的大气污染问题，引起当地居民的不满。1957年，以市长为部长的尼崎市大气污染对策本部成立，开始调查大气污染情况。让人意想不到的是，政府在1958年发布的调查结果中将大气污染的成因归结于天气，认为当地经常出现较低高度的强对流层和刮东南风，是造成尼崎市大气污染的重要原因，对事实上造成大气污染的以当地尼崎发电厂为首的数家工厂只字未提。

政府在环境保护问题上的消极作为还体现在《公害对策基本法》制定的相关细节上。20世纪60年代，在受害居民反对公害的强大压力下，政府被迫制定《公害对策基本法》，并于1967公布实施。该法明确主张，"在保护生活环境的同时，必须照顾到它与健全发展经济的协调"。因此，《公害对策基本法》的制定和实施是以不影响经济高速增长为前提的，其指导思想依旧是典型的"增长主义"。正如日本前首相佐藤荣作所说："考虑防止公害的时候，要紧的事情首先是不损害经济成长而获得防止公害的结果。"与在立法原则上倾向经济发展相适应，在法律细

---

① 日本科学者会議編.環境問題資料集成・第6卷.旬報社，2003：247.

节上同样体现了经济优先而非治理环境公害优先的思想。比如，在法律制定过程中曾有专家提议将二氧化硫的日环境标准设定为0.05ppm以下，结果遭到经济界和政府的强烈反对，后来政府将该标准提高了一倍，变更为日环境标准0.10ppm以下，年平均环境标准为0.05ppm以下。此外，日本政府制定该法的出发点仅仅是公害对策，属于事后补救，而不是防止公害，不属于事前预防。

## 第三节　民间力量的孱弱

明治政府成立之后到20世纪60年代，日本多次出现环境公害。除了企业的唯利是图和政府强调经济优先的政策偏颇，日本民间环保力量的孱弱在一定程度上助推了环境公害的发生。

### 一、国民环保意识的缺失

在相当长的一段时期内，除了公害发生地居民对公害明确表示反对外，日本国内其他地区的居民缺少环保意识，没有形成一支有力的制约环境公害发生的力量。

在经济发展过程中，绝大多数日本人认为工厂的滚滚浓烟是城市发展的象征，是社会繁荣的标志，对发生在身边的环境污染采取漠视态度，在这种氛围下，环境治理无从谈起。这种情况从19世纪60年代起一直持续到20世纪60年代初期，绝大多数日本人对环境保护的关注度总体不高。在第二次世界大战之后，很多日本人依然持有19世纪末期的观点，看重经济增速。他们认为从工厂烟囱冒出的滚滚浓烟和黑色煤尘一直是"繁荣的象征"，1962年的明信片中甚至特意描绘了从烟囱飘出来的浓烟。此外，市民之间还流传着这样的逸闻趣事，即如果煤灰染黑了米饭，他们不仅不生气，反而会朝着工厂的方向双手合十表达谢意。另外，许多居民家的壁龛也是朝向工厂的。当时社会科的教材上对"被烟所包围的八幡城"如此描述，"红红的天空，持续燃烧的高炉，每个人都生机勃勃。八幡被称作钢铁之都"[①]。七色烟作为经济高度繁荣的象征被人们广泛熟知。

## 二、 科研机构对环境保护的轻视

在整个社会全力追求经济高速增长的大环境下，日本科研院所的研究重心主要侧重如何增产而非保护环境方面。这种情况在第二次世界大战结束之后表现明显。根据美国1948年对日本科研院所的调查统计，几乎所有国立大学都开设了和提高工业产量相关的化工课程，而和保护环境相关的卫生工程学方面课程仅有两所大学在讲授。[②]如此鲜明的对照说明了当时社会对经济发展的重视和对环境保护的漠视。

## 三、 环境非政府组织的姗姗来迟

环境领域的非政府组织，俗称环保NGO，是最重要的一支民间力量。该组织具有非营利性、非政府性、自愿性和专业性等特点。欧美许多发达国家在进入工业文明时代以后，均成立

---

① ［日］南川秀树.日本环境问题：改善与经验[M].社会科学文献出版社，2017：141-142.

② Jun Ui. *Industrial Pollution in Japan*. United Nations University Press，1992: 4.

了环保NGO，但在较长一段时期里环保NGO并未发挥出应有的作用。例如，美国环保NGO最早出现于20世纪五六十年代。英国虽然是世界上第一个工业化国家，也是第一个环保NGO形成的国家，但在20世纪80年代以前，环保NGO在整个国家的环境保护工作中影响甚微。[①]作为资本主义世界里步入工业文明时代相对较晚的国家，日本环保NGO的情况和欧美国家类似。虽然早在明治政府时期日本就以宪法的形式确立了以"地方公共团体"为载体的社会环境行政参与制度，但日本环保NGO出现时间较晚，大部分成立于20世纪70年代以后，也就是在日本国内普遍出现环境公害的背景下才得以建立。根据日本环境协会在1994年的调查统计，日本全国环保NGO的数量大约有1.5万个，平均每8000人口就有1个环保NGO。比较著名的环保NGO有1951年成立的"日本自然保护协会"、1971年成立的"世界自然保护基金会·日本"、1980年成立的"地球之友·日本"、1988年成立的"关注地球环境与大气污染全国市民会议"、1989年成立的"绿色和平组织·日本"以及日本可持续环境和社会中心等。这些环保NGO，绝大部分规模较小，成员一般为10人到100人不等，由此造成环保NGO力量弱小。[②]因此，在日本明治维新以来的百年工业文明进程中，直到20世纪70年代，环保NGO不可能发挥应有的作用。简而言之，在矿毒和各种产业公害接连发生之后，各种环保NGO才在日本社会出现，其活动更多的是偏向于环境公害发生后的补救而非环境公害的事前预防。

---

① 邢文杰.我国环保NGO介入环保的路径及方法研究[D].浙江工业大学，2017：19.

② 徐芳芳.日本生态问责制述评[J].中共青岛市委党校·青岛行政学院学报，2016（4）.

另外，随着日本环境状况的变化，特别是水俣病、痛痛病、哮喘病等环境公害问题得到明显缓解的背景下，环保NGO的活动重点便从早期的反环境公害运动转向推动构建循环型社会①，从而推动日本社会实现可持续发展。

总之，由于大多数日本环保NGO成立于20世纪70年代之后，是伴随着第二次世界大战以后公害问题的出现而发展起来的，当时日本国内的环境公害问题频频发生，因此这些环境非政府组织只能对环境公害问题进行事后补救，不可能做到事前预防。同时，这些环保NGO人员较少，力量偏弱。所以，这样的现状决定了环保NGO在很长时间未能发挥应有的作用。

## 第四节　国际社会的沉默

从国际范围来看，先于日本步入工业文明时代的英美等国均发生过环境公害问题，但很长一段时期国际社会对此未加重视，从而在一定程度上助推了日本国环境公害事件的出现。这种局面直到20世纪60年代以后才有改观。

作为最早进入工业文明时代、实现工业革命的国家，英国的煤烟污染和水体污染都十分严重。19世纪末期和20世纪初期，美国的芝加哥、匹茨堡、圣·路易斯和辛辛那提等工业中心城市，煤烟污染也相当严重。至于后来崛起的欧洲强国——德意志帝国，其环境污染问题也很突出。19世纪、20世纪之交，

---

① 郭印.中日韩三国开展环保NGO交流与合作的探索[J].生态经济，2009（3）.

德国工业中心的上空长期为灰黄色的烟幕所笼罩，时人抱怨说，严重的煤烟造成植物枯死，晾晒的衣服变黑，即使白昼也需要人工照明。[①]但是，面对工业化过程中出现的环境污染，在很长一段时间里，没有任何一个国家会对其采取根治措施，也没有任何一个国家会为了保护环境而放缓经济发展的速度。世界著名的八大环境公害事件中，除了发生在日本的四起，另外的四起主要发生在英国和美国等发达的资本主义国家。尽管这段时间的欧美国家发生了一系列的环境保护运动，政府也有针对性的回应，但这种回应带有明显的应景、妥协、应付的色彩，欧美国家并未真正认识到环境污染问题的严重性和残酷性。

## 一、20世纪60年代之前欧美国家的环境污染

### （一）英国

在英国，19世纪中后期因为水体污染而发生了多次霍乱，包括著名的泰晤士河也一度被严重污染。作为对环境污染问题的一种回应，政府于19世纪中后期到20世纪初期颁布了许多部关于食品饮料标准、环境卫生、健康和居住条件方面的法令，如1863年的《碱业法》、1876年的《河流防污法》、1890年的关于解决工人住房问题方面的法律、1909年的《住房与城市规划法》，等等。[②]环境污染问题貌似会在政府颁布的法律法令面前迎刃而解，实则不然。第二次世界大战结束后，英国就发生了一次"闻名"世界的公害事件——伦敦烟雾事件。1952年12月

---

① 梅雪芹.工业革命以来西方主要国家环境污染与治理的历史考察[J].世界历史，2000（6）.

② 梅雪芹.19世纪英国城市的环境问题初探[J].辽宁师范大学学报，2000（3）.

5日至8日，大量燃煤导致伦敦城二氧化硫和粉尘严重污染，加之伦敦上空出现逆温现象，空气处于十分稳定状态，迟迟不散的烟雾造成全城5000多人直接死亡，8000多人之后相继死亡。[①]这也从一个侧面证明环境污染问题的长期性和严重性。人们在生产活动过程中，思虑不周便很有可能造成环境污染。

## （二）美国

美国的情况比英国更具代表性。第一次世界大战之前，美国国内曾发生过一次非常著名的事关环保问题的大辩论，这便是1905—1913年发生在加利福尼亚州的赫奇赫奇争论。这是一场美国人就是否在加利福尼亚州旧金山市附近的赫奇赫奇山谷修建水库而展开的激烈辩论。争论主要在资源保护主义和自然保护主义两种力量之间进行。前者以吉福德·平肖等官方人士和专家为主，主张为了使用而保护，强调科学使用，以减缓有限自然资源的枯竭；后者则以约翰·缪尔等民间有识之士和自然爱好者为主，提倡对自然的保护应尽量保持其原貌，强调自然具有独立于人类而存在的审美价值和道德意义。双方通过各种报纸杂志进行公开大范围的辩论，乃至在国会上双方也都发生了激烈争论，该争论最终以前者的胜利而告终。1913年12月，众议院和参议院先后通过了《瑞克法案》，旧金山市最终根据《瑞克法案》，以供应生活用水为名，取得了在赫奇赫奇山谷修建水坝的权利。[②]尽管自然保护主义者依然强烈反对在此修建

---

① 邢文杰.我国环保NGO介入环保的路径及方法研究[D].浙江工业大学，2017：10.

② 胡群英.资源保护和自然保护的首度交锋———20世纪初美国赫奇赫奇争论及其影响[J].世界历史，2006（3）.

水坝，但山谷最终未能逃脱被破坏的命运，成为"一片证实了人的昏庸创造的不毛之地"。[①]由此足见此时期政府和多数居民对环保问题的漠视。

20世纪中叶前后，随着现代化工、冶炼等工业的迅速发展，工业"三废"排放量剧增，美国国内的环境污染事件频频发生。1943年5月—10月，美国洛杉矶发生光化学烟雾事件，当地炼油厂等石油工业在燃烧石油时排放的废气和汽车排放的含有大量的烯烃类碳氢化合物和二氧化氮的废气，二者在紫外线作用下生成光化学烟雾，给当地居民尤其是60岁以上老年人的身体健康带来严重伤害，有400余人死于这次光化学烟雾事件，该城市75%以上的市民患上了红眼病。不幸的是，这种情况在1952年和1955年又再次发生。[②]1948年10月底，美国宾夕法尼亚州多诺拉镇发生烟雾事件，工厂排放的含有二氧化硫等有毒有害物质的气体及金属微粒严重污染了大气，导致全城14000人中有6000人眼痛、喉咙痛、头痛胸闷、呕吐、腹泻，20多人死亡。

## 二、 20世纪60年代以来国际社会环保意识的觉醒

从国际范围来看，虽然欧美等工业化国家早在日本之前便出现过严重的环境问题，但整个国际社会开始重视环境问题却是第二次世界大战结束之后的事情。20世纪60年代起，随着蕾切尔·卡逊撰写的《寂静的春天》一书的问世，国际社会对环

---

① 侯文蕙.征服的挽歌：美国环境意识的变迁[M].东方出版社，1995：97.
② 刘向阳，王晶苹.美国加州空气污染治理的历史演进及其实质[J]，河北师范大学学报(哲学社会科学版)，2016 (3).

境污染问题才逐渐重视，并采取相应行动保护生态环境。

1962年，美国著名海洋生物学家蕾切尔·卡逊所写的《寂静的春天》一书正式出版。该书的问世，在环境保护领域引起了轩然大波，越来越多的包括政府官员在内的人士对环境问题有了真正重视。据说，该书发行当天就卖了4万册，在全国引起巨大反响。赞成者有之，反对者亦有之。时任美国总统肯尼迪后来也开始关注此事，指示科学咨询委员会设立了农药委员会。1963年，农药委员会提出报告，赞同蕾切尔·卡逊在书中所提出的观点，即长期大量使用以DDT为代表的杀虫剂会给环境造成危害，以及人类对于自然环境的傲慢与无知。1964年，美国议会通过了"联邦杀虫剂·杀菌剂·灭鼠剂法修正案"。因此，《寂静的春天》被称为"改变了美国的书"之一。[①]该书也被称为现代环保思想的开端。受此影响，1970年4月22日，大约有2000万美国人走上街头，举行了声势浩大的游行示威，借此表达他们对美国环境的关注和不满。这成了现代环保运动的开端。后来，4月22日便成为"世界地球日"。美国政府则在1970年12月2日成立环保局。受美国环境保护运动的影响，联合国于1972年6月5—16日在瑞典斯德哥尔摩召开了"人类环境会议"，并由各国签署了"人类环境宣言"。这次会议上还成立了"国际自然和自然资源保护同盟""世界野生生物基金会""人与生物圈计划""联合国环境规划署""国家公园和环境教育委员会""保护区委员会"等诸多国际性环境保护组织，世界层面的环境保护活动正式开启。这是联合国就环境问题召开的第一次世界

---

① ［日］岩佐茂.环境思想的先驱——蕾切尔·卡逊[J].冯雷，译.马克思主义与现实，2005（2）.

性会议，是人类世界环境保护史上的一座丰碑，由此标志着人类对世界环境问题的高度重视。因此，世界范围内真正重视环境保护问题是从20世纪60年代中后期特别是70年代初期才开始的。

日本作为国际大家庭中的一员，继英国、美国等国之后步入工业文明时代，自明治维新以来的工业化过程中也发生了多次环境公害事件，这种情况一直持续到第二次世界大战结束之后的60年代。日本频频发生环境公害事件的时期，只是国际社会漠视环境问题漫长历史时期中的一部分。巧合的是，从20世纪60年代以来，日本各方力量开始重视环境公害问题，并以主动或者被动的形式采取了许多治理措施，这与国际环保氛围逐渐浓厚的国际背景恰巧吻合。从这个意义上而言，日本环境公害的屡屡发生，在某种程度上与国际环保氛围的淡薄有一定关系。


## 第五节　社会制度和百年之痛关系之辨

学界普遍认为，1868年开始的明治维新标志着日本步入资本主义社会，开始了工业文明的新时代。从世界范围看，日本步入资本主义社会的时间明显晚于荷兰、英国、美国、法国等老牌资本主义国家，与德国、俄国、意大利等国步入资本主义社会的时间基本持平。因此，作为一个19世纪中后期步入资本主义社会的国家而言，同时也是一个作为在国家建设和发展过

程中已经有经验可借鉴、有教训可汲取的国家而言，日本并未
充分利用后发优势，反而在社会发展的长期过程中重蹈老牌资
本主义国家覆辙，多次重演英法美等国出现的环境问题这一历
史悲剧。不仅如此，日本的环境公害问题持续时间较长，至少
有百年之久，而且程度更重、数量更多，人们所讲的世界八大
环境公害事件，日本独占半壁江山。因此，从这样的历史事实
中，我们似乎可以认为，资本主义制度是环境公害问题滋生的
温床。只要存在资本主义制度，那么政府会牺牲工业去减少环
境污染的情况就很少发生。[①]从理论上看，这个结论也能够成
立。按照马克思主义的观点，所谓资本主义国家，其最本质特
征是资产阶级掌握国家政权、资本家广泛占有生产资料、以雇
佣劳动制度为基础的私有制国家。虽然在资本主义制度下以机
器大生产代替了个体生产，由此导致资本主义社会的生产力水
平明显高于此前的封建社会、奴隶社会和原始社会，但由于生
产资料掌握在资本家手里，因此在该种社会形态下便存在生产
的社会化和生产资料的资本主义私人占有制之间的矛盾，即我
们通常说的资本主义国家的基本矛盾。该矛盾是资本主义社会
的痼疾，它的存在决定了资本主义社会在阶级关系上呈现为无
产阶级和资产阶级之间的对立和斗争，在经济活动中呈现为生
产的无政府状态背景下的经济危机，在社会生活中体现为大气
污染、水污染等一系列环境问题。因此，事实和理论都证明资
本主义制度和环境问题存在内在联系。每当人们提及环境问题
时，会潜意识地认为这是资本主义社会的"专利"。作为人类历
史上全新的社会制度，社会主义社会不应该出现环境问题。情

---

① Mitsuo Shono. *Tokyo Fights Pollution*. Tokyo Metropolitan Government，1977:219.

况果真如此吗？从理论层面而言，社会主义社会不应该出现环境问题，因为社会主义社会是无产阶级掌握政权、国家和集体掌握生产资料的公有制国家。在这样的体制下，不存在资本主义社会那样的基本矛盾，按理就不应该出现大气污染、水污染等一系列环境问题。但是，中央和地方各级政府在发展经济、增强人民福祉的过程中，所制定的政策如果没有涉及环境保护的内容，则很可能会出现各种环境问题。另外，即便制定的政策中涉及环境保护问题，但这样的政策在实际执行过程中是否能够完整、准确地予以执行和落实，也未可知。政策出现偏差后能否及时纠偏，也存在一定变数。不仅如此，从现实情况看，社会主义社会的确出现了环境污染问题。例如，作为一个社会主义国家，中国从20世纪50年代的三大改造开始至今，在70余年的时间里均出现过环境问题。在改革开放之前，中国就出现了程度不同的环境问题。随着20世纪50年代末开始的"大跃进"，尤其是全民大炼钢铁和国家集中精力开办重工业之后，毁林和工业"三废"乱排放等现象日益严重，由此造成较为严重的环境污染。当时，许多地方片面强调"以粮为纲"，毁林毁草、围湖造田现象十分普遍；经济建设强调数量，片面追求产值，忽视质量，导致资源浪费和环境污染。这种现象当时已经引起了中国高层的重视。同时，日本等国家发生的环境公害问题也加重了中国高层对生态环境问题的担忧。周恩来同志就多次在不同场合谈及环境保护问题。据不完全统计，"从1970年到1974年，这4年多的时间当中，我这里有案可查的，他对环境

保护作了 31 次讲话"①。对中国正在进行工业化过程中出现的
环境问题，中国高层领导不回避、不夸大。周恩来曾说："还是
实事求是嘛！我们也有环境问题，不好回避。西方环境不像你
们讲得那么差，我们这里也没有这么好，污染到处都有，一些
地区很严重。"②得悉联合国要举办人类环境会议，在极其困难
的情况下，周恩来总理决定派代表团出席这次会议，以便了解
国外环境保护的现状，汲取有益的经验。为此，中国政府派出
了以唐克为团长、顾明为副团长的代表团赴瑞典斯德哥尔摩参
加 1972 年 6 月联合国主办的人类环境会议。在这次会议上，中
国代表团开展了大量外交活动，阐明了中国在环境问题上的立
场。但是，当时中国对环境问题认识不够，以为环境问题仅仅
是废水、废气和废渣等工业"三废"污染，并没有意识到生物
圈、水圈、大气圈等更深层次上的环境问题；同时，过分强调
意识形态因素，忽略了环境保护领域客观存在的共同利益，认
为环境公害的产生主要是由于资本主义发展到帝国主义，垄断
资本集团为了追逐高额利润而任意排放有毒有害物质，污染和
毒化了环境，尤其是美国等超级大国推行帝国主义的掠夺政策，
对人类环境的破坏尤甚。

面对中国国内出现的环境问题，高层领导采取了一系列治
理行动。联合国人类环境会议闭会后不久，1972 年 9 月 8 日，周
恩来总理便邀请国家计划委员会成员和各省、市、自治区同志
汇报情况时对治理我国"三废"问题做出明确指示，"资本主义

---

① 曲格平.新中国环境保护工作的开创者和奠基者——周恩来[J].党的文献，
2000（2）.

② 刘东.周恩来关于环境保护的论述与实践[J].北京党史研究，1996（3）.

国家解决不了工业污染的公害，是因为他们的私有制，生产的无政府和追逐更大的利润，我们一定能够解决工业污染，因为我们是社会主义计划经济，是为人民服务的"[①]。1973 年 8 月5—20 日，第一次全国环境保护工作会议在北京召开，会上提出了"全面规划、合理布局、综合利用、化害为利、依靠群众、大家动手、保护环境、造福人民"的工作方针。会后，国务院颁布了《关于保护和改善环境的若干规定》，成立国务院环境保护领导小组。这次会议标志着中国环境保护事业正式拉开序幕。在抓好国内环境保护工作的同时，中国政府继续积极开展环境外交工作。1973 年，联合国环境规划署成立，中国当选为理事国，此后派代表出席了历届理事会会议。1976 年，中国在内罗毕联合国环境规划署设立常驻代表处。

改革开放以后，中国的生态环境问题依然存在。1999 年中国环境状况公报显示，全国环境形势仍然相当严峻，各项污染物排放总量很大，污染程度仍处于相当高的水平，一些地区的环境质量仍在恶化，相当多的城市水、气、声、土壤环境污染仍较严重，农村环境质量有所下降，生态恶化加剧的趋势尚未得到有效遏制，部分地区生态破坏的程度还在加剧。2001 年中国环境状况公报显示，松花江水系、辽河水系、海河水系、黄河水系、淮河水系、长江水系、珠江水系等七大江河水系均受到不同程度的污染，一半以上的监测断面属于 V 类和劣 V 类水质，城市及其附近河段污染严重；滇池、太湖和巢湖富营养化问题依然严重；东海和渤海近岸海域污染较重；城市空气质量基本稳定，颗粒物污染范围较广；酸雨区范围和污染程度稳定，

---

① 刘东.周恩来关于环境保护的论述与实践[J].北京党史研究，1996（3）.

南方地区酸雨污染较重，酸雨控制区内90%以上的城市出现了酸雨；多数城市受到轻度噪声污染。2001年，中国共发生1842次损失1000元以上的环境污染和破坏事故。其中水污染和破坏事故1096起，废气污染和破坏事故576起。死亡2人，伤185人。农作物受害面积2.2万公顷，污染鱼塘7338公顷。①

两相对照，虽然2001年的环境状况略好于1999年的环境状况，但从绝对层面而言，世纪之际的中国环境状况总体不容乐观。

跨入21世纪以来的20余年时间里，中国的环境污染问题依然很突出，治理污染的压力很大。以土地退化和沙漠化、生物多样性锐减、水资源短缺和水污染加剧、沙尘暴和雾霾为代表的大气污染、固体和有毒废弃物污染等各种环境问题不一而足。近十年的典型环境案例有千岛湖饮水保护区违规填湖、秦岭山麓生态屏障违规建别墅、祁连山国家级自然保护区违规开采矿产资源、新疆卡拉麦里保护区"缩水"给煤矿让路、甘肃敦煌阳关林场面积缩小等生态环境问题。

千岛湖位于浙江省，是当地非常著名的旅游景区。然而，千岛湖的面积逐渐缩小，优美的自然风光被破坏，这是因为有人在违规填湖造地，建起高档的酒店别墅和高尔夫球场，以便从中牟取暴利。2013年，媒体曝光此事，声称千岛湖饮用水水源受到污染。

违规建设别墅的情况不仅出现在千岛湖周围，更出现在秦岭山麓。早在20世纪90年代，秦岭山麓就出现过违规建设别墅

---

① http://www.mee.gov.cn/hjzl/sthjzk/zghjzkgb/201605/P020160526551374320882.pdf
http://www.mee.gov.cn/hjzl/sthjzk/zghjzkgb/201605/P020160526552473168912.pdf

问题。进入21世纪以来，这种情况越来越严重，特别是在秦岭北麓，频频出现违规占用大量农地、耕地建设别墅的情况。据不完全统计，违规修建的别墅多达1100余栋。这种违规建设严重破坏了当地生态环境。2014年以来，中央三令五申要求保护好秦岭生态环境，对秦岭北麓西安境内的违建别墅进行集中整治。从2014年5月至2018年7月，习近平总书记曾先后六次就"秦岭违建"问题做出批示指示，直到2019年，秦岭南麓的违规别墅群才开始拆除。

除了在景区、山脉违规建设别墅从而引发生态环境问题，在国家自然保护区内，违规开采煤矿的情况也引发了严重的生态环境问题。鉴于祁连山是我国西部重要的生态安全屏障，也是黄河流域重要的水源地，同时还是我国生物多样性的保护优先区域。因此，早在1988年，国家便批准设立了甘肃祁连山国家级自然保护区，希望通过此举来保护当地的生态环境。然而，21世纪以来，祁连山国家级自然保护区屡屡被曝出生态环境遭到破坏的消息。其中最重要的破坏因素是违规开采。位于祁连山国家级自然保护区内南麓、青海省的海西州天峻县和海北藏族自治州刚察县交接处的木里煤田，面积约400平方千米，由江仓、聚乎更、弧山和哆嗦贡马四个矿区组成。公开资料显示，木里煤田资源储量35.4亿吨，九成以上是炼焦用煤，有着品质高、煤质好的特点，是青海省目前唯一的一个焦煤资源地。四个矿区中以聚乎更矿区资源最为丰富，该矿区由七块井田组成，聚乎更一井田是其中面积最大、储量最多的井田，焦煤储量近4亿吨。然而，蕴藏量丰富、矿产质量上乘的木里煤田却屡屡被违规开采。早在2006年，一家名为青海省兴青工贸工程集团有

限公司的私营企业便在木里煤田从事非法开采,这种行为一直
持续到2020年。该公司涉嫌无证非法采煤2600多万吨,获利超
百亿元。由于长期违规露天开采、过度开采等,当地的高山草
甸、冻土层和湿地都遭到严重破坏,一经媒体曝光,便引起舆
论和党中央的高度关注。虽然青海省曾在2014年对木里煤田进
行过整治,但收效甚微。直到2020年8月,木里煤田的整治工
作才收到明显成效。青海省发布通报,认定涉事企业涉嫌违法
违规,两名厅级干部被免职并接受组织调查。涉事企业负责人
已被公安机关依法采取强制措施。

位于中国西部边陲的新疆卡拉麦里野生动物自然保护区也
难逃被破坏的厄运。该自然保护区是国家重点保护动物金雕、
猎隼、蒙古野驴、鹅喉羚等野生动物的栖息地。然而,据2015
年2月新疆维吾尔自治区环保厅网站消息,自治区计划调减保
护区面积达179.3平方公里,以便为开发煤矿、石材等提供
便利。

作为三北防护林组成部分之一的甘肃敦煌阳关林场在21世
纪初被曝出面积减少、防护质量下降等问题。2021年1月20日,
《经济参考报》发表题为《敦煌防沙最后屏障几近失守》的报
道,向公众直言不讳地指出中国甘肃省敦煌阳关林场防护林被
毁问题。1月26日,甘肃举行新闻发布会,对阳关林场采伐事
件的调查结果进行通报。通报指出:2000年以来,未发现林地
大面积减少情况,并表示阳关林场"防护林面积约6500亩""林
场范围长期以来只有6000余亩防护林"。综合相关情况分析,阳
关绿洲现状稳定,没有出现明显退化沙化现象,不存在威胁敦
煌生态环境情况。1月27日,新华社发文《"敦煌毁林案":

13300亩还是6000亩？有图有真相》。其中分别贴出1997年和
2005年国营敦煌阳关林场关于防护林改葡萄园及当年现存防护
林面积报告的文件，证实了敦煌阳关林场防护林面积在逐渐减
少，并且此说法与甘肃省调查结果不符。在中央领导同志的重
视下，自然资源部、生态环境部、国家林草局会同甘肃省政府
赴敦煌市实地调查，证实成立于1963年的敦煌阳关林场，面积
1.16万亩。目前存在的主要问题是防护林减少、防护林质量下
降等。

防护林面积减少的主要因素是违规占用防护林建设葡萄园、
枣园以及违规砍伐。2004年至2012年，敦煌市政府及林业局违
规批准敦煌葡萄酒业有限公司在阳关林场建设沙漠森林公园、
种植枣树、建设葡萄品种园等。2013年至2014年，该公司毁林
开垦567亩用于种植葡萄和枣树，其中葡萄园400亩、枣园167
亩。另外，2010年以来，村民砍伐破坏树木604株被立案查处。
防护林面积减少也与修建道路有关。2013年以来，阳关林场内
新修砂石道路等设施，违规占用林地99.85亩。在这些因素作用
下，与1990年相比，30年来阳关林场的乔木林地减少了3850.59
亩，灌木林地增加了518.93亩，葡萄园等园地增加了3547.5亩。

防护林质量下降主要是指部分树木因缺水枯损严重，乔木
林数量减少，导致防护林防风功能减弱。2008年以来，敦煌飞
天生态产业有限公司违规在西土沟上游围湖、修坝，控制下泄
水量，造成下游的生态用水紧张。2009年至2012年，敦煌市及
敦煌酒业公司先后在地势较低的沙丘中修建塘坝，影响周边区
域补水。经实地查看，林场靠近南边的近600亩杨树林因缺水而
林相残破，其中约200亩因缺水枯死。

　　从目前的调查结果看，由于违规用地以及乱砍滥伐等，致使阳关林场的护林面积减少、护林质量同期下降。这样的问题如果得不到及时纠正和治理，防护林的"防护"功能便会荡然无存，严重时会危及敦煌市的存亡，后果不寒而栗。一个值得注意的细节，是甘肃省政府和中央政府的调查结果存在一定程度的出入，原因何在，目前尚不明确。

　　上述环境保护领域的案例从一个侧面折射出中国环境问题的严峻性、复杂性和保护工作的紧迫性、艰巨性。这些问题的出现，不仅表明宏观政策的制定存在一定程度的瑕疵，更表明了政策的执行存在许多不足。

　　因此，环境公害问题绝不仅仅是资本主义社会的"专利"，也同样会出现在社会主义社会。

# *第三章*

# 文明的挽救：解决公害问题的举措

　　日本环境公害的出现，更多的责任在于历届政府经济至上的发展理念和各大企业的唯利是图。这在日本政府公报中可以得到证实："过分热衷于提高我们的生活标准和渴望赶上西方国家的物质财富，即使这种态度被认为不合理之后，大多数日本领袖人物仍然是经济增长狂热病的患者。除少数例外，各种企业都不注意它们的活动给环境造成的影响，学者们和记者们没有认识到环境的恶化程度，或者至少没有尽最大的努力去要求采取必要的预防措施。政府为生产投资花了过多的公共资金而忽视了社会服务事业。政府没有做出适当的地区计划，将居民区和工业区分开。除去危害明显的情况外，政府对污染企业几乎没有做出任何规定。在此期间，环境的破坏逐步蔓延起来，而在最初并未引起注意，随着战后技术的进展和城市化的加速，现已发展成了庞然怪物。"①因此，政府和企业要对环境公害问

---

　　① 　[美] 巴巴拉·沃德，雷内·杜博斯. 只有一个地球[M]. 吉林人民出版社，1997：
177–178.

题的发生承担主要责任，在环境公害的治理方面，政府和企业
也应该做出表率。然而，实际情况却是深受环境公害之痛的居
民率先行动，一度成为环境公害治理的急先锋，政府和企业在
环境公害治理方面长期处于缺位状态。受害民众在医生、科研
人员、媒体记者等多方力量的支援下，在公害问题上积极表态、
主动行动，迫使政府、企业被动呼应，最终在各方的共同努力
下，成功解决了日本的环境公害问题。虽然治理过程异常艰辛，
但治理效果还是令人较为满意。日本也由此摆脱了"公害大国"
的污名，成功转变为"公害治理先进国"。工业文明得以维系，
避免了夭折的命运。

## 第一节　先行一步：民间之作为

19世纪末，足尾矿山因为开采和冶炼铜矿而对当地生态环
境造成巨大破坏。学界因此将足尾矿毒界定为日本公害的原
点。[①]矿毒公害发生后，受害者首先行动起来，很快便向政府、
企业请愿，希望能够关停矿山、给予赔偿。但在国家安全的重
大政治诉求面前，足尾矿毒受害者的合理诉求长时期得不到满
足，维权之路漫长、艰辛，维权结果极其不尽如人意。但该矿
毒事件为后来别子矿山和日立矿山中的矿毒受害者提供了有益
的经验教训，也迫使这些矿山的经营者采取一定的局部措施保
护环境。

---

① 刘立善.日本公害的原点——足尾铜矿矿毒事件[J].环境保护科学，1993（2）.

20世纪初，随着日俄战争、日韩合并、第一次世界大战以及后来发生的侵华战争，日本的军事工业有了迅猛发展，由此带动铜矿开采业等相关产业迅速发展。由于战争的需要，环境污染问题游离出人们的视野，受害者反抗的声音以及相关民间人士的呼吁无法引起国内各个利益群体的高度重视，几乎所有的反抗污染运动都遭到了镇压。第二次世界大战结束后，随着解散财阀工作的不断推进，环境污染问题在一定程度上得到缓解。但很快日本又重新构建起自己的工业体系，水俣病等各种环境公害问题再次抬头，导致以受害居民为核心的民间力量再次登上历史舞台，成为治理环境公害问题的急先锋。

## 一、 第二次世界大战之前：被漠视的呼声

### （一） 足尾矿毒受害者斗争的失败

在第二次世界大战之前，日本的环境公害主要发生在采矿领域，而这又以足尾铜矿引发的矿毒为代表。在该事件中，栃木县等地的受害群众和医生、大学教师等多次联合起来向古河矿业和政府请愿，但没有达到预期效果。

1890年10月，在足尾矿毒事件发生后不久，栃木县、群马县和埼玉县的受灾群众便行动起来。他们在栃木县足利郡吾妻村长龟田佐平、群马县邑乐郡渡濑村长谷津富三郎、埼玉县北埼玉郡川边村长渡边茂助等人的带领下[①]，向县知事请愿，要求县医院对渡良濑川的水质进行检测，并希望可以关停足尾铜山，由此掀开了居民反抗足尾矿毒的第一页。迫于居民压力，1890

---

①　[日] 神冈浪子.近代日本の公害.新人物往来社，1971：150.

年12月和1891年3月，栃木县和群马县的县议会分别提议调查
足尾矿毒问题。1891年4月，栃木县政府责成农业大学调查农
业生态破坏的原因，并提出解决对策。在政府关注矿毒问题的
同时，受灾群众当然不会作壁上观。他们组建志愿团体，一方
面继续呼吁关停足尾铜矿，另一方面在社会上散发有关足尾矿
毒的研究资料，这些资料主要来自东京帝国大学农科大学（今
东京大学农学部）古在由直和长冈宗好教授等人的研究成果。
他们研究发现矿渣中含有大量污染农田的铜、铁、硫酸等成分，
认为渡良濑川被污染的原因在于足尾铜山，沿岸居民和农作物
深受矿毒污染之害。但是，这些研究资料却被当局禁止散发和
传阅。

在关停足尾铜山希望渺茫的情况下，受灾群众转变斗争目
标，转而要求矿山进行补偿。栃木县政府在1891年9月发表声
明，同意调解群众和矿山的矛盾。于是，关于矿毒问题的解决
路线从此前的是否关停转变为是否向居民补偿以及如何补偿等
相关问题。毫无疑问，新的解决思路可以缓和灾民和矿山的紧
张关系，但非常不利于从根本上解决矿毒问题。因为矿山方面
会以补偿为挡箭牌，继续排放废水、废渣、废气。另一方面，
当时日本的政治体制也不利于受害民众维护自身权益。刚刚于
1889年通过的《大日本帝国宪法》赋予天皇至高无上的权力，
帝国议会和人民的权力相对弱小。在帝国议会内部，贵族、官
僚、大土地所有者、工业资本家组成贵族院，众议院由人民选
举的议员组成。这种政治结构和政治运作模式使底层民众的声
音难以到达上层。更重要的是，明治政府的施政重心在于富国
强兵，在于在资本主义列强构成的世界中拥有立足之地。对政

府而言，铜是一种重要的赚取外汇的商品，借此可以购买武器和机械设备。因此，这种政治结构和政策取向决定了政府会支持足尾铜山，对其产生的矿毒问题不可能有彻底解决的决心。另外，作为足尾矿山的经营者，古河市兵卫对群众的反抗运动采取了行之有效的应对措施，那就是选择和政界、商界建立起紧密的关系。为此，他和后来被称为"日本企业之父""日本金融之王""日本近代经济的领路人""日本资本主义之父"和"日本近代实业界之父"的涩泽荣一建立起紧密关系；同时，他以自己子嗣不多为理由，收养了陆奥宗光的次子陆奥润吉，而陆奥宗光在1890年成为农商大臣。通过这样的方式，古河市兵卫和陆奥宗光建立起近乎血缘的关系。另外，陆奥宗光的秘书原敬在1905年成为古河矿业的副主席，1907年成为内政大臣。正是原敬下令毁掉了谷中村。原敬于1902年成为众议院议员，1918年至1921年任日本首相。所以，无论从哪一方面看，彻底解决足尾矿毒问题的可能性在这一时期都显得极其渺茫。

虽然希望渺茫，但接二连三的洪灾持续给渡良濑川沿岸居民带来重大伤害，迫使他们奔波在维护自身权益的道路上。尤其是1896年9月的洪灾，更是给栃木县、群马县、埼玉县、茨城县、千叶县等多地带来重大损失，受灾人口达到517343人。[1]灾民除了继续向政府和矿山请愿，再无良策。1897年，著名的基督教人文主义者内村鉴三就足尾矿毒问题发表这样的看法："足尾铜山矿毒事件乃大日本帝国之污点……如果不将其消

---

① [日]神冈浪子.近代日本の公害.新人物往来社，1971：146.

除，吾国上下无荣耀尊严可言。"①同年2月，得知众议院议员
田中正造会在第十届帝国议会上就足尾矿毒问题再次发声。为
了支援田中正造，栃木县等地约2000名群众决定向东京请愿。
这是足尾矿毒事件中首次出现的群众集会。虽然沿路不断遭到
军警阻拦，但仍有800多人成功抵达东京。这次行动取得了一定
效果。在警察的介入下，大约60名农民见到了农商务大臣榎本
武扬。后者被农民的诉求所打动，在亲赴栃木县足尾矿山视察
之后，对当地的污染状况表示震惊。随后，榎本武扬与大隈重
信经过协商，决定在3月24日的临时内阁会议上提议设立"足
尾铜山矿毒调查委员会"，彻底调查相关污染事件。一个18人的
足尾矿毒调查委员会很快组建并开始工作。一方面，调查委员
会要求支持农民的长冈宗好等人和支持足尾矿山的政府部门讨
论协商，另一方面要求古河矿业开展治理污染的预防工程。许
多报纸也先后报道了政府拟关停足尾矿山的消息。足尾矿毒问
题的解决似乎指日可待。

　　然而，从后来情形看，事情远非想象的那么简单和顺利。
首先，在调查委员会工作期间，日本发生权力更替。农商务大
臣榎本武扬辞职，由外相大隈重信兼任。其次，1897年5月，
政府责令足尾矿山采取保护环境的行动。迫于各方压力，矿山
耗资104万日元安装冷凝塔，以便减少硫酸气体的排放。另外，
矿山也对堤坝设施和排水的石灰中和处理设施等进行了完善。
但在实际运行中，受制于技术的不成熟，上述措施并未取得理
想效果。因此，1898年再次发生洪灾时，预防工程的沉淀池决

　　①　[美]布雷特·L.沃克.日本史[M].贺平，魏灵学，译.东方出版中心，
2017：202.

口，污染状况反而更加严重。再次，也是最重要的原因，明治政府富国强兵的目标并未实现，虽然足尾矿毒愈演愈烈，但政府还是不可能在矿毒问题上出台有利于当地群众的政策。政府愿意做的事情，是尽最大努力缓和矿山和当地群众的紧张关系而已。

1898年9月，洪水再次光顾栃木县等地。受矿毒影响的灾民再次踏上赴东京请愿之路。26日，一支11000余人组成的队伍奔赴东京，这是他们第三次大规模地向中央政府请愿。最终有2500余人成功冲破各道关卡，抵达东京。1900年，在第十四届帝国议会召开期间，足尾地区的居民再次进京请愿。这是矿毒事件中的第四次群众集会。2月，警察和这些居民发生正面冲突，有100多人被捕入狱。此事件史称"川俣事件"。

1901年12月10日发生了田中正造面谏天皇一事。虽然没有取得成功，但却将日本公众的视线成功引向了足尾地区。同年12月27日，来自40所大学和中学的约800名学生和部分群众一道奔赴足尾矿区，实地了解足尾矿毒的现状。他们被看到的景象所震惊。越来越多的日本国民开始关心和关注足尾矿毒。

虽然群马县和栃木县的数千农民多次向工厂和政府抗议，并与警察发生冲突。虽然众议院议员田中正造试图将此事直接面谏天皇，在日本国内引起了足够大的反响。但是，足尾矿毒问题在第二次世界大战之前依然存在。

（二）别子矿毒受害者斗争的失败

同样的情形也出现在别子铜山引发的环境污染事件中。

1893 年 9 月，当地受害农民向爱媛县提起烟害诉讼，要求赔偿，但未获成功。这直接导致部分居民采取极端措施来达到自己的目的。他们手持竹枪袭击了提炼铜的新居浜冶炼厂。不仅如此，农民们继续要求该冶炼厂搬迁或者安装净污设施。截至第二次世界大战结束，从最终结局看，这些行动都没有达到受害者的预期，以失败告终。

## 二、 第二次世界大战之后：卓有成效的呼声

在足尾矿山为代表的矿毒事件中，受害民众多次组织反公害行动，但在政府和企业的联合打压下，收效甚微，受害民众的正当权益并未得到维护，工业文明的前景并不乐观。然而，多次大规模的反公害运动却引起了越来越多日本国民的关注和重视，尤其是使政府官员乃至天皇也开始关注足尾矿毒。公害问题由地方性事件逐渐演变为全国性事件，这与日本受害民众的先行努力密不可分。

如果说，受害民众在二战之前的公害原点事件中，以其先行努力仅仅是警醒更多的人关注和重视公害问题而已，那么，在二战之后的公害焦点问题上，受害民众则以其先行努力，积极有效地推动政府以立法等各种方式治理环境公害，以直接谈判和法庭诉讼的方式使排污企业给公害受害者提供了相当数量的赔偿，并成功迫使排污企业采取措施治理公害。同时还有效地阻止了政府和企业的部分破坏环境的行为，为日本从"公害大国"转变为"公害治理先进国"做出了积极贡献。此外，医生、科研人员、媒体等众多民间力量也为环境公害问题的解决

做出了应有的努力。

## （一）受害民众和文明的挽救

### 1. 受害民众推动政府立法

第二次世界大战结束后，日本不仅很快摆脱了战败国的身份，并且在经济上取得了奇迹般的成就。1955年至1973年的近20年被称为日本经济的"高速增长期"，其中1956年到1960年的日本经济年均增长率约为9%。[①]但是，这种经济飞速发展的背后却是愈演愈烈的公害问题，并最终出现许多非常严重的公害病，如富山县痛痛病、熊本县水俣病、新潟县水俣病和四日市哮喘病等。日本律师坂东克彦曾就水俣病问题做出如下评论："水俣病是世界上无以类比的产业公害，是大量的杀人、伤害事件。"[②]面对泛滥成灾的公害，受害者一次次走上街头，游行、抗议、申诉和请愿活动此起彼伏。大规模的全国性反公害运动迫使政府重视环境公害问题，并开始公害立法，尝试用法律武器来安抚受害民众，进而解决日益严重的环境公害问题。

1949年，在群众运动的压力下，东京都率先制定《工厂公害防止条例》，开地方政府立法解决环境公害之先河。

20世纪50年代，受害民众的反公害运动不断高涨。据日本通产省统计，1956年由于水体污染，受害渔民提出抗议的有476起，受害渔民达7万。[③]另据厚生省环境卫生科统计，1958年大气污染引起的申诉事件达2968起，噪声和振动引起的申诉事件

---

① ［日］土志田征一.経済白書で読む戦後日本経済の歩み.有斐閣，2001：62.

② ［日］坂東克彦.水俣病五十年に寄せて[A].//水俣病の50年.日本福冈：海鸟社，2006：378.

③ 綦文正.日本水体污染的现状及对策[J].世界环境，1988（2）.

达 8246 起。[①]1958 年，本州造纸江户川工厂排放的污水污染了当地环境，给当地居民的生活带来严重影响。在多次沟通无果的情况下，同年 6 月，千叶县的受害渔民闯入该工厂，抗议该厂排放污水。在此过程中，渔民和厂方人员发生肢体冲突，引发流血事件。政府以此事件为契机，1958 年 12 月制定了有关水体保护的第一批法律——《水质保全法》《工厂排水控制标准法》，统称"水质二法"。

20 世纪 60 年代，日本多地也多次发生反环境公害运动，迫使政府采取一定的应对行动。

随着三重县四日市联合石化工厂的建成运营，当地哮喘病病人猛增。不堪忍受哮喘病折磨的四日市盐滨地区居民不得不奋起抗争。1960 年 4 月，盐滨地区居民就联合工厂的煤烟、噪声、振动等问题向四日市政府接连投诉，迫使政府调查当地哮喘病病人激增的原因并采取相关的解决措施。

1963 年，静冈县政府拟在三岛市、沼津市、清水町建设热电厂和联合石化工厂。担心自身健康的三地居民在 1963 年至 1964 年期间多次发生抗议运动，迫使政府于 1964 年做出反对建议联合企业的决议，并有力推动了 1967 年《公害对策基本法》的问世以及 1970 年 12 月临时国会一次性通过 14 部公害方面的法律。

步入 20 世纪 60 年代末、70 年代初，日本民众反对环境公害运动的声势更加浩大，典型事件是保护濑户内海运动。濑户内海是本州、四国、九州三岛间的内海，地处阪神、北九州两大工业地带之间，沿岸有大阪府、兵库县、爱媛县、和歌山县、

---

① ［日］庄司光，宫本宪一. 可怕的公害 [M]. 中国环境科学出版社，1987：6.

冈山县、广岛县、德岛县、山口县、香川县、福冈县、大分县共11个府县。由于此地海陆交通便利，又是浅海地带，易于填海造地建造工厂，所以密集了纤维、造船、化学、汽车、造纸、钢铁、石油化学等工业。随着这些企业的建立运营，濑户内海的环境公害问题不断加重。以水质状况为例，1953年，海水透明度为9.27米，1972年降至6.33米。[①]水质的恶化，不仅导致赤潮现象越来越频繁，1955年为5次，1965年增至44次，1971年骤升为136次[②]，而且给当地渔民带来巨大损失。在经济损失方面，1970年超过54亿日元，占同年全国此类渔业受害总额的42.5%。1974年12月发生在冈山县水岛地区的原油泄漏事件不仅使濑户内海海域近1/3面积出现污染，更是给当地渔民造成高达151亿日元的经济损失。[③]从渔业从业人员看，1965年濑户内海渔业就业者约85000人，1970年减至近78000人。另外，渔业从业人员的比例结构也出现了老龄化、女性化的现象，渔业的经济地位受到严重削弱。[④]严重的污染，既损害了濑户内海地区居民的经济利益，也破坏了他们赖以生存的优美环境。于是，濑户内海周边受害民众便掀起了反公害运动，多次成功阻止有损濑户内海生态环境的决议和行动。例如，1969年4月至7月，大分县的渔民妇女掀起了反对大阪水泥在当地填海造地的行动。1969年6月，德岛县居民1000余人闯入县政厅，呼吁政府停止在当地建立石油工厂，以便保护濑户内海。两地的抗议行动都

① 環境庁編：環境白書[M].大蔵省印刷局発行，昭和50年：203.

② ［日］星野芳郎.瀬戸内海汚染[M].岩波書店，1972：46.

③ 中国科学技术情报研究所.出国参观考察报告：日本环境保护情况[M].科学技术文献出版社，1976：33.

④ 宋德玲.70—80年代日本濑户内海的公害治理[J].日本学论坛，1999（4）.

取得了重大成功。

简言之，濑户内海沿岸的反公害运动频频发生，其中大分县风成和佐贺关渔民、德岛县居民、兵库县津名町居民和爱媛县伊方町居民等反公害斗争影响广泛。各地遥相呼应，形成了一股股十分强劲的居民反公害斗争风潮，对日本政府出台防止公害立法，起到了十分有力的推动作用。1973年政府颁布的《濑户内海环境保护特别措施法》，正是在濑户内海沿岸居民强烈的反公害斗争的直接推动下问世的。

2. 受害民众迫使企业赔偿

二战结束以后，日本的环境公害事件不减反增，国民的反公害运动也愈演愈烈。无论是栃木县足尾矿毒的灾民，还是水俣病、痛痛病病患，他们先后进行了多次反公害运动，持续向政府和企业请愿。受害民众坚持不懈的努力，不仅迫使政府通过了一系列治理公害的法律法令，同时在受害赔偿问题上，他们也通过和企业直接谈判、法庭诉讼等方式获得了数额不等的赔偿。

（1）和企业直接谈判争取赔偿

足尾矿毒给附近居民带来了非常大的伤害，致使受害灾民长期奔走在向企业索赔的道路上。1958年5月30日，足尾铜山用于存放有毒废渣的池塘突然决堤，殃及大约6000公顷的农田。受灾村民再次走上反对矿毒、要求赔偿的请愿之路。1971年，足尾地区种植的水稻镉含量超标，导致水稻销路受阻。农民们组织起来向古河矿业索赔39亿日元。在此形势下，1973年2月足尾铜矿最终关停。1974年5月11日，受灾村民和古河矿业达成妥协，后者向前者赔付15.5亿日元。这是古河矿业历史上支付的第一笔正式赔偿款。①

足尾矿毒受害者在为赔偿问题积极奔波的同时，熊本水俣病的病人、水俣渔业合作社、熊本县渔业合作联盟各方也在为赔偿问题奔走呼号。

作为水俣病事件的当事人，病人们的生活和生产变得非常艰难。许多人因为患了怪病而无法从事捕捞作业，家属在工作之余还必须照顾生病的病人，整个家庭突然陷入灾难之中。面对水俣病这种怪病，水俣氮肥厂却百般推诿，不愿承担任何责任，政府方面的主流声音也是站在工厂一边，维护工厂权益。在此状态下，1957年8月建立了由渡边荣藏②为主席的水俣病患者家庭互助会，病人走上了联合维权索赔之路。然而，索赔之艰辛超乎人们想象。直到1959年年底，水俣病人才从工厂方面获得部分赔偿。

1959年11月16日，渡边荣藏带领协会成员，先后向水俣市和熊本县政府请愿，主张关闭工厂，但未得到正面回应。在和政府交涉没有取得积极成果的情况下，水俣病患者家庭互助会决定效仿水俣渔业合作社的做法，直接与工厂接触。11月25日，双方会面。水俣病患者家庭互助会指出，"从1953年至今，共有78名水俣病病人，需赔偿23400万日元，人均300万日元"③，并要求工厂在11月30日前给予书面答复。虽然双方在水俣病的病因问题上存在分歧，但工厂方面同意在11月30日前

---

① Jun Ui. *Industrial Pollution in Japan*. United Nations University Press，1992:61.

② 渡边荣藏（1898-1986），曾是一名小商贩，后从事渔业，1969-1973年的水俣病诉讼案件中，他是原告一方的领袖。

③ Timothy S. George. *Minamata Pollution and the Struggle for Democracy in Postwar Japan*. Harvard University Asia Center，2001:107.

给予书面答复。在此期间，为了给工厂施加压力，水俣病患者家庭互助会选择在工厂门前静坐。为了静坐的需要，协会曾向水俣工厂工会借来帐篷一顶，但不久工会以静坐者吸烟弄脏帐篷为由收回了帐篷。静坐行动不久也宣告失败。此事充分证明水俣病人在维权斗争中孤立无援之窘境和艰难。

1959年12月1日，51名水俣病患者家庭互助会成员开始赴熊本县静坐请愿。在从车站到县政府驻地长约3公里的路途中，他们一手举牌一手持毛毯，以静坐方式迫使知事接见他们。除了静坐，一部分成员还向行人散发传单，传单上写有"从发现水俣病以来已有六年时间，这段时间内有30多人死亡。这是一种可怕的疾病。水俣氮肥厂却不愿给那些直接的受害者提供补偿。我们呼吁挽救这些受害者"等内容。12月26日，在多方努力之下，加之天气转凉，静坐在坚持近一个月后宣布结束。

这次静坐收到了一定效果。比如扩大了水俣病事件的影响，越来越多的水俣市以外居民开始了解并关注水俣病。因为静坐期间，过往的行人、工厂的工人以及火车站进进出出的人都可以目睹静坐的情形。从12月4日起，陆续有人给静坐者无偿捐助。第一天他们收集到捐款9620日元，第二天有26000日元。12日当天则募集到35000日元及200件衣物。此外，水俣氮肥厂在政府以及静坐者的压力面前，于1959年12月30日和水俣病患者家庭互助会的代表在市长办公室举行签字仪式。签字仪式结束不久，水俣病患者家庭互助会便收到了工厂方面支付的2350万日元的赔偿，其中最大的一笔赔款是支付给两个病故、一个病中的家庭的1205000日元，最小的一笔赔款是支付给一个孩子的15000日元。该赔款协议不仅规定了较低的赔偿数额，而且条款中还出现了"即使将来确定水俣病起因于氮肥公司的废水，患者也不再要求任何赔偿金"等字样。深受病痛、社会歧视等折磨的病患不得不接受此苛刻协议。该协议被定性为"慰问金协议"，后被熊本地方法院批评为"违背公序良俗"而被废除。

20世纪60年代初，受国内其他公害病患者斗争等影响，水俣病患者家庭互助会就赔偿问题再次和水俣工厂交涉，并在1963年年底和水俣工厂进行正式谈判。水俣病患者家庭互助会力图避免1959年谈判的覆辙，但事实证明这只是他们的一厢情愿。水俣病患者家庭互助会没有取得公众的支持，新闻媒体对此也几乎没有报道。在双方的谈判陷入僵局时，水俣病患者家庭互助会建议提交法院。工厂方面态度极其傲慢，"如果你能，你就去法院告我们。厚生省还没有就病因形成最后的意见。我们能做的就是为你挥手送别。没有人会相信你，律师不会，法官也不会。我甚至怀疑你是否有足够的去法院起诉我们所需的资金"[①]。1964年4月17日，双方谈判结束。按照病情将成年病人分为轻度和重度两类。前者获赔100000日元至105000日元不等，后者获赔115000日元。1959年协议中给予儿童患者每年3万日元的赔偿，未考虑他们长大成人的情况。新协议规定，在25岁前支付5万日元，此后支付8万日元。此外，为死者支付的30万日元和2万日元的安葬费，在新旧协议中没有变化。

水俣病除了给病人及其家属的生产、生活带来重大打击，还给水俣当地的渔业市场带来灾难性打击。因为水俣病导致鱼价不断下跌，渔民的生活变得非常艰难。同时，当地的鱼类捕

---

① Timothy S. George. *Minamata Pollution and the Struggle for Democracy in Postwar Japan.* Harvard University Asia Center，2001: 152.

获量也呈现递减趋势。1950年至1953年，大约能捕获32656公斤的鱼类，1957年降到2884公斤。伴随着渔业市场的不景气，越来越多的渔民不得不改行从事其他行业。1957年，水俣湾有300多户人家从事渔业生产。1961年，从事渔业生产的人家下降至150户左右。

在水俣市场上，即便出售的鱼来自水俣湾以外，售卖的情况依然不乐观，因为人们无法分辨这些鱼有无污染。在饭店和寿司店门口，人们经常看到"本店所用鱼是安全放心的"之类的提示。在大街上，人们也能经常看到零售商们手持高音喇叭，向市民庄严承诺，"我们绝不售卖来自水俣湾的鱼，请放心食用"。即便如此，消费者依然敬而远之。1959年，部分鱼店不得不关门歇业。

鉴于渔民家庭和渔业市场的悲惨境况，加之水俣氮肥厂不愿承担责任的态度，为了挽救当地的渔业经济，水俣渔业合作社不得不采取维权行动，从最初的请愿逐步升级为反抗游行、暴力运动。其实，早在水俣病确诊之前的大正年代，水俣渔业合作社便曾就赔偿问题和水俣氮肥厂进行过直接谈判。当时，渔业合作社就曾要求工厂补偿由于工厂排放的废水而给当地渔民带来的损失，公司的解决措施为后来的争端解决奠定了基调。当时渔业合作社承诺获赔后不再提起诉讼，工厂方面以补偿的名义在1926年4月6日给前者支付了1500日元。这笔资金的支付意味着工厂不用承担责任，而且还含有上级体恤下级的意味。

第二次世界大战之后，随着水俣病病人的不断增加，渔业市场越来越不景气，水俣渔业合作社做了多次维权努力。1958年9月1日，水俣渔业合作社在支持熊本县政府制定的禁止在水俣湾从事捕捞作业的条例的同时，提出补偿渔民、迅速查明水俣病的病因、补助病人的医疗费用、清理受污染的渔业作业区等诸多请求。但上述诉求并未得到熊本县县知事的正面答复，水俣市市长也未明确答复。在此情况下，1959年8月6日，约400名渔业合作社成员决定直接和工厂接触。他们一路游行，进入工厂，占领总务室外面的大厅，击碎门窗玻璃，要求会见工厂经理。不久，在两名助理和总务室领导的陪同下，西田荣一经理出现在示威群众面前。双方随后在工厂的会议室进行谈判。远处，许多警察面向工厂大门在密切关注事态的进展，示威的群众在工厂进进出出，不时和工人扭打在一起。

在会谈中，渔业合作社方面提出让对方支付渔业损失费1亿日元，工厂方面承诺会在8月12日之前就对方所提的索赔数额进行答复，理由是需要向东京的公司总部进行汇报。合作社方面表示同意，并威胁工厂如果不能满足他们的要求，他们会继续斗争直到工厂方面完全同意。

双方的这次正面交锋初步形成了一种解决问题的模式，即工厂在受到较大压力时才会同意谈判，而且不会为水俣病承担责任，但相对乐意赔偿合作社的损失。合作社也乐意搁置水俣病问题，尽管也提出停止污染、清理水俣湾等主张，但这属于细枝末节的问题。从短期来看，拒绝在水俣病问题上直接给工厂施加压力有助于合作社实现自己的斗争目标，但会让渔业合作社在将来的水俣病问题上不断被边缘化，妨碍了自己和病人群体的合作，反而有助于工厂实施"分而治之"的斗争策略。

8月12日，工厂回应只提供300万日元的赔偿费，而且以水俣湾为公共水域为由拒绝清理其中的淤泥。不过，工厂许诺在建的污水处理设施会在10月完工。

渔业合作社决定继续斗争，双方在13日重启谈判。工厂方面将赔偿数额提高到1000万日元，如果合作社接受这笔钱并且将来不再索赔，工厂承诺赔款会迅速到账。由于渔业合作社依然不同意，双方在8月17日再次谈判。西田荣一同意在1000万日元的基础上增加300万，并称这是赔偿底线。无法接受此方案的渔民冲进会议室，双方发生肢体冲突。两名工厂员工和一名渔民被玻璃划伤。会谈一度陷入僵局。

在此情况下，以水俣市市长中村为首包括副市长等人在内的调解委员会组建，负责协调渔业合作社和水俣氮肥厂的谈判问题。8月26日下午，调解委员会公布调解方案，让工厂一次性支付2000万日元，建立一笔1500万日元的渔业振兴基金等，并告知双方29日是听取双方意见的最后期限，如果某一方拒绝此方案，调解委员会将终止工作。最终双方接受了该方案。

不久，渔业合作社组建一个分配赔偿委员会。有8人人均获得23万日元，40人人均获得1万日元，其余人获得16万、13万、11万或者4万日元不等的赔偿。大多数人将这笔赔款用于偿还贷款，部分人的债务超过200万日元，所以，最大的一笔23万日元的赔款甚至还无法支付高额债务的利息。

1959年11月发生了轰动一时的"渔民暴动"。受此影响，1960年2月15日，水俣渔业合作社成员开始在水俣氮肥厂大门前静坐示威，以便获得工厂合理的赔偿。4月7日，渔业合作社的30多名成员来到东京，并于9日来到水俣氮肥厂的东京总部大楼前静坐。4月14日，10名头裹白毛巾、身穿工作服的抗议者和东京技术所的清浦雷作①教授进行会谈。两天后，清浦雷作教授有意识地向媒体透露他的"胺论"——水俣病是胺中毒而非汞中毒，该观点将会削弱水俣渔业合作社谈判的力量。愤怒的人们对此难以接受，表示将会给他提供新鲜的样品供其进行试验。

静坐抗议引起了东京市民的注意。许多过往的行人为抗议者捐钱，附近的一家餐馆则为他们提供食物。水俣市的官员发现事情难以掌控，于是想方设法让这些抗议者回家。4月20日，在工厂、水俣市官员以及国会议员的共同努力下，渔业合作社停止静坐示威，接受调解。不久，他们便乘坐火车返乡回家。第一次在新氮肥厂总部的静坐示威，熊本水俣病事件中的第一次东京谈判，以渔业合作社的失败告终。渔业合作社最终被迫接受他们最初拒绝的调解。

调解过程进展得很不顺利，渔业合作社和工厂方面各执一词，互不相让。1960年5月初组建调解委员会，10月12日公布强制性仲裁方案。该方案除备忘录外，主要有四点内容：工厂支付合作社750万日元作为复兴基金；水俣氮肥厂雇佣30~50名渔民进厂工作，子公司拟雇佣20人，未被雇佣的渔民家的子女有优先进入工厂技校的权利；在水俣市拟建设对虾养殖场问题上，工厂需注资500万日元；即便未来确定水俣氮肥厂所排废水是水俣病的病因，渔业合作社也不能进一步向工厂索赔。备忘录中提出，为了促进水俣市的发展，工厂出资1000万日元购置330000平方米的土地。

渔业合作社最初提出的索赔数额至少是28000万日元。按

---

① 清浦雷作（1911—1998），日本工业化学教授。

216名成员计算，折合人均130万日元。但调解委员会提供的仲裁方案只赔偿1750万日元，其中包括1000万日元的土地补偿费，因此给渔民的赔偿折合人均约81000日元，是合作社所提数额的6%。

对此调解方案，合作社和工厂方面被要求最迟于10月17日进行答复，并将于10月20日签署协议。工厂表示赞同该方案，合作社主张将方案进行局部修改，如把雇佣工人的人数从30~50名改为50多人、缩小工厂购置的土地面积等。调解委员会没有同意合作社提出的修改意见，但以非正式的方式同意合作社可以自行决定赔偿费的分配问题。

这段时期，昭和天皇正在熊本县考察，其间曾问及水俣病进展等问题。这使工厂和合作社得以再度谈判。10月25日，工厂方面同意将购置面积缩减至298320平方米，并同意将其中的27921平方米的土地转给合作社。于是，双方最终签署协议。

然而，该协议的实施效果非常不尽如人意。水俣市拟建设的对虾养殖场，由于需要从鹿儿岛县等地购置虾苗，运输成本非常高，而且水俣湾附近的水质和食物等因素也不太适合对虾生长，如果一定要饲养对虾，需要专门修建水池，这至少要花费3000万日元甚至更高。所以，对虾养殖的事情因为代价太高、难度太大而夭折，工厂当然无须注资500万日元。至于雇佣工人一事，合作社向工厂方面递交的53份求职申请中，共计有44份申请获批，低于合作社方面所设想的50多份。所以，总体而言，渔业合作社的斗争虽有成效，但并不让人满意。

水俣病病人、水俣渔业合作社就赔偿问题和水俣氮肥厂多次交涉的过程中，出现了一个新情况。那就是水俣病病人的分布范围在逐渐扩大，正突破水俣湾的地区限制，蔓延到八代海附近。这一事实的发生，和水俣工厂有密切联系。因为早在1958年9月，水俣氮肥厂把曾排向水俣湾百间港的废水向北改道排往了八代海，由此造成水俣病病人空间范围的扩大。这对水俣氮肥厂而言，将会面临着更大的赔付问题。《熊本每日新闻》便如此报道，"8月29日，与水俣病相关的渔业损失方面的赔偿问题得到解决。从那时起，问题的重心便转移到如何帮助水俣病人和减少新发病例""在水俣湾附近发现了新的病人，芦北、狮子岛、出水、长岛等地的猫不断死亡……"[1]事实上，水俣病正在蔓延，田浦等地的群众不仅担心鱼肉而且也担心鸡肉和猪肉的安全，津奈木的群众只食用罐装的鱼类食品，这些事情预示着工厂将会遇到更严重的问题。9月23日，水俣市以外出现首例水俣病患者。同月28日，津奈木村渔业合作社决定向政府寻求帮助，并寻求和工厂的谈判来获得赔偿。当地的妇女协会也通过向渔民家庭分发稻米、上街演出等形式来支持渔业合作社。但熊本县政府对这些民间行为并未给予积极回应。

由于水俣病的发病范围蔓延到水俣市之外，所以熊本县渔业合作联盟决定采取行动。1959年，当得知熊本大学提出水俣病的病因是有机汞的消息后，10月17日，渔业合作联盟中的1500名渔民乘坐60艘渔船来到水俣氮肥厂门前静坐。他们要求水俣氮肥厂立刻停止污染，完善工厂排水净化装置，在污水处理设施安装到位之前不能排放污水，并向受损失的渔民以及水俣病人提供赔偿。此外，渔业合作联盟敦促政府迅速公布病因、

---

① Timothy S.George. *Minamata Pollution and the Struggle for Democracy in Postwar Japan.* Harvard University Asia Center，2001: 81.

通过严格的污水防治法等。由于8月30日与工厂达成的协议中有禁止向工厂进一步索赔的条款，水俣渔业合作社没有参加此次活动，这使该组织在未来几年的斗争中孤立无援。与水俣渔业合作社和工厂交涉的情况类似，渔业合作联盟和工厂的交涉同样很不顺利，双方的激烈冲突至少造成7名保安受伤。

在与工厂协商未果的情况下，渔业合作联盟决定奔赴东京向中央政府请愿。10月20日，代表团一行在东京同劳工部、厚生省、渔业代理处的官员逐一会面，并拜见了水俣氮肥厂在东京的总部。10月21日，代表团又同众议院中的农林渔业委员们会谈。深受触动的众议院成员们一致认为，有必要制定处理水俣病的特别法令，并决定派人赴熊本县和水俣市实地调研。

在国会议员实地调研之前，1959年10月31日，熊本县县知事寺本首次就水俣怪病问题调研水俣市。他们在调研了田浦、汤浦、津奈木、芦北等地后到达水俣市，并在市政府同当地官员以及水俣渔业合作社的代表等进行座谈。此后，县知事一行探望了市医院的水俣病病人，最后和工厂方面座谈。

11月1日，国会调查团抵达熊本县。当天下午召开意见听取会。县、市主要政府官员、熊本大学以及县渔业合作联盟的主要代表与会。在意见听取会上，调查团批评了政府官员的消极作为。会后，他们考察了医院，探望了病人，决定次日考察水俣氮肥厂。

在国会议员调研期间，熊本县渔业合作联盟的1000多名成员来到水俣氮肥厂门前，再次要求和工厂方面谈判。在被拒绝后，他们强行冲进工厂，袭击保安室，攻占办公楼，将打字机等各种办公设备一通乱砸，和工厂方面的200多名警员发生激烈肢体冲突。初步估计，约30名或者40名渔民受伤，包括工厂经理西田在内的3名公司成员和64名警员受伤，公司方面损失约800万日元。后来，公司方面将损失提高到1000万日元，受伤警员数为80名。这成为轰动一时的"渔民暴动"。受此次暴力事件的影响，工厂加强了安保措施。防暴警察现身工厂，警察局则加大了对渔民的惩治力度，主张逮捕一些"邪恶分子"。和田中正造面谏天皇类似，对渔民而言，这次行动虽然没有收到预期效果，但经媒体报道之后，水俣病问题逐渐引起全国国民的关注和重视，这在很大程度上推动了该问题的解决。

11月3日，调查团抵达水俣氮肥厂，对工厂的净化装置迟迟未能安装到位等问题表示不满。当天下午，调查团返回东京。

受渔民暴动和国会议员调研的影响，11月4日，水俣氮肥厂召集紧急会议。他们强调发现水俣病因的必要性，主张帮助那些因此面临生活困难的渔民们，同时也表达了对渔民暴力行为的不满，因为这种暴力行为影响了工厂工人正常的工作和生活，最后建议双方慎重考虑各自的行为。在随后召开的工人大会上，大家一致同意，渔业合作联盟不能采用暴力手段，工厂积极配合调查水俣病病因，尽快安装污水处理设备，工厂和渔民方面应真诚谈判，县知事要严惩凶手，保护公司财产免遭进一步损害。工人大会上没有提及帮助水俣病患者的事宜，证明这次大会的最终目标是保护工厂、工人和水俣市。

11月5日，水俣市对近期发生的渔民暴动事件公开表态，认为工厂需要同各地科学家共同查找病因；虽然渔民正遭受痛苦，但这不应成为暴力行为的说辞，双方应该有和平的谈判；如果工厂停止运转，后果会很严重，因此要求工厂尽快安装污水处理设施。

11月6日，3400名成员组成的水俣氮肥厂工会通过了与水俣市类似的应对方案。建议政府不要关闭工厂，因为工厂停工会危及工人、工厂所依赖的中小型企业、众多水俣市市民的切身利益；建议县里尽快查明病因并帮助病人及渔民；要求工厂尽快安装净化设施，同渔民和平谈判，同各种专家密切合作以查明病因。方案最后认为，工会虽然同情渔民的遭遇，但他们应考虑自己极端的暴力行为是否合适。

值得注意的是，除了水俣氮肥厂工会，小型制造企业、汽车公司、教师等行业组成的水俣地方劳工协会也站在工厂一边，呼吁不能关闭工厂。有数据表明，在水俣市18000万日元的税收中，水俣氮肥厂占比50%，如果工厂停工，毫无疑问会影响到5万居民的生活。县知事则如此表态："在熊本县，工厂和渔业都是工业。相比以前，工厂的污水处理工作已经做得不错了。我希望市民们能够考虑到这一点并且配合各方面工作，以便让问题以一种合理的方式得到解决。"[①]

在这种形势下，一方面，1959年12月19日，在通商产业省的指示下，氮肥公司水俣氮肥厂完成絮凝沉淀处理装置，加快了污水处理设施的完善步伐，并于12月24日举行竣工仪式。在仪式现场，公司总经理吉冈喜一上演了一场喝"处理水"的戏，饮用后高度赞扬水质的优良。事实上，该处理装置仅能降低水的污浊程度，根本不能净化污水中的有机汞。这一点氮肥公司心知肚明。另外，乙醛生产工序中的排水根本就没通过该设施，

---

① Timothy S. George. *Minamata Pollution and the Struggle for Democracy in Postwar Japan.* Harvard University Asia Center，2001: 96.

而是直接排放到八幡蓄水池。颇具讽刺意味的是，1968年，氮肥公司第一工会（新日氮工会）公开披露当年吉冈喜一喝的"处理水"事实上是自来水。然而，从当时情况来看，不明底细的人们却对这一改变表示赞赏和接受，包括渔民、广大市民，甚至包括县知事、研究人员和媒体。他们都认为从此开始水俣病再不会发生。另一方面，1959年12月25日，氮肥公司和熊本县渔业协同工会联合会签订合同，30日又和水俣病患者家庭互助会签订赔偿协议。渔业从业者在1959年获得了工厂支付的1.4亿日元补偿金，公害诉讼结束后分别于1973年和1974年共获得了39.3亿日元的补偿。[①]但是，随着净水设备的竣工和一纸协议的签字，以及氮肥公司内部工会分裂事件曝光，水俣病问题慢慢淡出了人们的视野。

1959年11月的渔民暴动发生之后不久，来自熊本县的205名警察，搜查了包括水俣渔业合作社的办公场所及私人住宅等26个地方，旨在搜集与渔民暴动相关的证据。警方曾公开宣称，"我们充分意识到渔民们的悲惨处境，但在一个法治国家，暴力是绝对不被允许的"[②]。1960年1月12日，县警署在水俣设立调查总部，随后逮捕了7名渔民，并问讯了另外15名渔民。1月16日，又有6人被捕，10人被问讯。这种状态一直持续到1月26日，共逮捕25人。警方宣称，已经被捕的多名渔业合作社领导拒不承认和暴力的关系，如果他们拒不坦白，警方将会逮捕更多人。

---

① 地球環境経済研究会編著. 日本の公害経験：環境に配慮しない経済の不経済. 合同出版，1991：40.

② Timothy S. George. *Minamata Pollution and the Struggle for Democracy in Postwar Japan.* Harvard University Asia Center，2001：126.

1960年4月30日，熊本检察官对55名渔民提起公诉。他们在1961年1月31日被全部指控有罪。考虑到家庭的损失以及渔业合作社已经向工厂支付1000万日元的损失补偿费，法庭对其中的3名领导缓期宣判，对另外52人分别处以15000~25000日元不等的罚金。

从1959年12月30日至1969年6月14日，即水俣病病人和工厂签署赔偿协议到100多名水俣病人及其家属将工厂告上法庭期间，由于新潟水俣病、四日市哮喘病和富山县痛痛病等相继发生，整个日本社会关注熊本水俣病问题的人数相对较少，氛围相对薄弱，所以这段时间被称为"沉默的十年"。尽管如此，包括渔业组织在内的各种受害群体在这十年仍旧坚持在抗争第一线，希望能够通过自身努力得到工厂方面的赔偿。

和足尾矿毒以及熊本水俣病受害者一样，哮喘病事件的受害者也走上了索赔之路。

在三重县四日市哮喘病事件中，当地联合石化工厂的运营污染了附近的伊势湾渔场，深受其害的渔民在1960年组成"伊势湾污水对策渔民同盟"，向三重县和联合工厂索赔30亿日元。面对来自渔民的压力，三重县成立以今三重大学吉田克己教授为首的污水对策推进协议会，着手调查伊势湾鱼虾发臭问题。经过调研，吉田克己工作组认为，鱼发臭是联合工厂排放的废水被鱼吸收所致。原因已经查明，在三重县政府的调解下，1964年，联合工厂向当地渔民支付3600万日元作为补偿。由此，伊势湾渔民的抗议活动暂时告终。

鉴于水俣病、哮喘病等环境公害问题的复杂性和艰巨性，受害方的索赔问题并未随着一纸协议的签字而结束。如熊本水俣病事件中的病人和渔民，他们选择了继续斗争。在接下来的近十年时间里，在和企业直接谈判不能达到理想预期的情况下，水俣病病人等受害者最终通过诉讼的方式解决了和企业的冲突。

（2）以法庭诉讼方式争取赔偿

除了上述受害者临时获得赔付的案例，更多的赔偿出现在20世纪70年代法庭对环境公害诉讼的判决。典型的环境公害诉讼包括新潟县水俣病（居民因昭和电工鹿濑工厂排放含汞废水引起中毒）、四日市哮喘病（当地居民因联合工厂排放有毒气体污染大气而患病）、富山县痛痛病（当地居民因三井金属矿业神冈矿山排放的含镉废水污染稻田而引起中毒）、熊本县水俣病（因水俣氮肥厂排放的废水污染水俣海湾致使当地渔民中毒）中的受害者向法院提起请求赔偿的诉讼。70年代初，这些公害诉讼经过法院审判，最终均以受害者全面胜诉告终。

首先，新潟县水俣病病患索赔。1963年，新潟水俣病发生。因为此前出现了熊本县水俣病，故新潟县水俣病又被称作"第二水俣病"。在有先例可循的背景下，制造水污染的昭和电工鹿濑工厂的责任，不仅仅是单纯的行为过失，而是明知故犯。不经任何处理就把含有机汞的废水排入阿贺野川，这无异于过失杀人。为此，受害者组织在一起进行维权斗争，并影响到其他地区受害者的维权行动。大家彼此声援，互相帮助，共同斗争。在此情形下，1967年6月，新潟县水俣病受害者及家属70多人首先向法院提起诉讼，将昭和电工鹿濑工厂送上了被告席。1971年9月，日本法院做出裁决，判决被告向原告支付赔偿金两亿七千万日元。首起公害诉讼以原告全面胜诉而收场，鼓舞了更多的受害者提起诉讼。

其次，四日市哮喘病病患索赔。继新潟县水俣病受害者提起诉讼三个月后，即1967年9月，四日市哮喘病患者也将当地的联合化学工厂告上法庭，请求赔偿。1972年，法院判决六家被告企业败诉，支付巨额赔偿金。原告之一藤田一雄，得知判决结果后泪光闪闪："官司赢了，我就心满意足了。因为哮喘，光打针就打了一万多只，疼得直打滚，那叫一个苦啊！我们是不行了，盼着孙辈能看到蓝天！"[1]

再次，富山县痛痛病病患索赔。1968年3月，富山县痛痛病患者将排放含镉废水的当地大财阀——三井企业告上法庭，请求立案调查，并要求对方支付6100万日元。1971年，富山地方法院判决原告全面胜诉，赔偿总额5700万日元。[2]三井公司随后提出上诉。在四大公害诉讼中，唯此一家上诉。但二审法官完全支持一审判决，唯一的不同是将赔偿金总额提升到15000万日元。对于这样的审判结果，原告代表小松美代笑逐颜开："我们的苦恼和痛恨都被承认了。我太高兴了，太高兴了。就是身体再也找不回来了，而且可恶的三井也不会赔罪。"[3]从患病到取得诉讼胜利的19年时间里，小松美代全身五处骨折，个子也缩短了三十厘米，成了外形丑陋的驼背之人。

最后，熊本县水俣病病患索赔。1969年6月，熊本水俣病患者终于拿起法律武器，提起诉讼。这是二战后环境公害诉讼中最艰难的一起。原告有渡边荣藏等一百多人，被告为熊本县水俣市的支柱产业——水俣氮肥厂。经过三年零九个月的漫长

---

① 俞飞.四大公害诉讼,改写日本司法[N].人民法院报，2013-2-22（7）

② 日本科学者会议编.環境問題資料集成·第8卷.旬报社，2003：91.

③ 俞飞.四大公害诉讼,改写日本司法[N].人民法院报，2013-2-22（7）

审判，1973年3月，在全体日本国民的注视下，熊本地方法院判决患者胜诉，斋藤次郎法官在其历史性的裁决中认定，氮肥公司因"企业的疏忽"而被判有罪，责令氮肥厂向受害者赔偿。胜诉后被认定为水俣病的患者得到了氮肥厂一次性支付的1600万~1800万日元的慰问金，此外还有年金、医疗费、看护费等。未被认定为水俣病但有身体障碍患者也得到了月额16000~22000日元的补偿。死亡者一次性领取了260万日元的补偿费。

至此，公害病受害者的索赔以诉讼方式而获得解决。这种解决问题的方式也为未来日本治理公害廓清了视阈，扫清了障碍，树立了氛围，而这恰恰源自受害者的"先行"实践。

3.受害民众迫使企业治理环境

在九州岛，反对环境公害的市民运动声势浩大。进入20世纪50年代后，北九州市的大气污染问题日益严峻，煤燃烧后产生的降尘进入室内，弄脏衣物，染黑榻榻米，庭院的树木开始枯萎甚至死亡。主妇花在清洁的时间及劳动量大大增加。为此，北九州市的妇女会行动起来，她们把床单和衬衫晾在屋外3个月左右，通过此方法开展污染调查，搜集相关证据。1951年，妇女会将调查结果提交给市议会。在强有力的证据面前，市议会和市政府承诺要求工厂安装集尘装置和相关卫生设备。

1960年，不堪忍受煤烟污染的北九州市户畑区的妇女会也举行了反对污染的运动。虽然她们的丈夫在工厂工作，但她们依然选择了保护环境优先。妇女会组织了各种各样的活动，如制作以北九州市空气污染为主题的影视片《还我蓝天》、请大学教授举办公害学习会、去工厂调查煤烟发生状况、与政府沟通等。后在大学科研人员的协助下，1965年，妇女会内部设立煤烟问题专门委员会，从煤烟排放量、硫氧化物浓度、患者的受害情况、小学生因病请假状况等多个方面进行自主调查。根据调查结果，妇女会再次和工厂交涉，要求后者采取治理煤烟污染的措施。在市、县调停下，工厂最终同意采取保全环境之措施。

4. 受害民众阻止破坏环境行为

1963年，静冈县政府拟在三岛市、沼津市、清水町建设热电厂和联合石化工厂。鉴于当时静冈县当地的国立遗传研究所和沼津工业高等学校的调查研究报告认为建设石化工厂会产生大气污染和水污染等环境公害，从而危及当地居民的身体健康，所以三地居民在得知政府的决定后，以上述调查报告为根据，先后召开了300多次公害方面的会议，同时派人赴三重县四日市的石化联合企业进行实地调查，最终认为在三地建设热电厂和石化工厂产生环境公害的可能性非常大，而且后果很严重。为此，三地的渔民、农民、工人、家庭主妇等各行各业人士联合起来阻止政府在当地的建设计划。1963年至1964年，静冈县多次发生民众抗议运动，规模一度达到2万多人。1964年，抗议行动最终改变了政府决定，上述两市一町的地方议会做出了反对建设联合企业的决议，从而中止了建设联合企业的计划。这是二战结束以来居民第一次成功阻止破坏环境行为，也是日本政府第一次因为居民反对公害运动导致经济增长计划夭折。这一事件也为其他地区的反污染运动树立了榜样。

在德岛县，县议会多次提出要在阿南市橘湾临海部地建立石油工厂和贮油基地，引起当地居民反对。1969年6月，当地居民与渔民联合行动，1000余人闯入县政厅，以示抗议，迫使县议会撤回了建设计划。

1969年4月,大分县臼杵市市长宣布招徕大阪水泥的决定,在市民中引起轩然大波,直接招致臼杵市风成地区渔民妇女的反抗斗争。尽管如此,1971年1月,大阪水泥仍旧派人在海上进行测量,以便填海造地。风成的家庭主妇们随即出动,在木筏静坐以阻止测量,坚持三昼夜,反抗斗争异常坚定。7月20日,大分县地方法院做出决定,取消大阪水泥建设地的填海造地许可。风成妇女最终赢得了胜利。

值得注意的是,虽然环境公害的受害者在各方力量的支持下推动了政府立法、企业治污和赔偿工作的进行,但这个过程的艰辛程度难以想象。在最严重的熊本水俣病公害事件中,当水俣病病人向熊本地方政府、东京中央政府和水俣氮肥厂反映问题时,他们的合理要求屡次被拒绝,因为这有可能减缓战后日本经济的恢复速度和破坏亟须的就业机会。在律师的介入下,水俣病病人的多年抗争最终在1973年的法庭诉讼中得到了满意的答复。虽然熊本水俣病患者最终在法庭上胜诉,但后续的落实法庭判决等工作并非一帆风顺,受害者和加害者在法庭上屡屡针锋相对,上万水俣病病人力图得到患病的认证并进而寻求补偿,但直到2001年,仅有2265名受害者得到认证,更多的人则是获得了某种形式的补偿,而其中大部分人已经离世。①这充分说明了索赔的艰辛。

---

① [美] 布雷特·L.沃克.日本史[M].贺平,魏灵学,译.东方出版中心,2017:267.

## （二）　医生、科研人员和文明的挽救

### 1.调查确认富山县痛痛病病因

无论是矿毒公害还是产业公害，实质上都是一种工业污染。然而，让企业主动且正式承认公害病和自身存在关系绝非易事。这在富山县痛痛病的病因调查问题上表现得很明显。值得庆幸的是，仰仗着有良知的医生和科研人员的坚守，病因问题终于得以解决。自1946年起，位于神通川中游的富山县妇负郡妇中町的荻野医院接收了许多患者，因为疼痛是病患的共同特征，所以荻野升医生（1915—1990）便将这些患者称为"痛痛先生"或"痛痛女士"。1955年，随着当地记者在报道时首次使用"痛痛病"的称谓，该提法便逐渐在当地传播开来。事实上，该病早在大正时代（1912—1926）就出现过。当时，同样是位于神通川中游的当地居民就曾罹患上述情形的怪病，但因为规模不大，所以很少有人重视此事。二战结束后，病患持续出现在神通川流域，促使人们不得不重视此病。当地居民和医生最初怀疑该病是营养不良、过度劳累、气候变化等所致，但荻野医生怀疑是神冈矿山的矿毒所致。为此，他开始了一系列认真调查。一方面，1958年，荻野医生获准实地参观神冈矿山。经过细心观察，他发现矿山工作人员将石灰倒入山谷周围的矿渣中，待石灰表面附着的矿物质沉淀后，就把澄清的水排放进神通川支流。虽然该种处理矿渣的方式得到通商产业省的认可，但由于洪涝灾害和地震等会引起大坝决堤，从而造成矿毒污染。他认为矿山处理矿渣的方式极易引发和足尾矿毒类似的问题。另一方面，荻野医生经过流行病学调查发现，这些痛痛病患者均

集中居住在神冈矿山排水经过的神通川流域。鉴于这些调查结果，荻野医生从最初怀疑矿毒导致痛痛病转为确信矿毒导致痛痛病。但是，由于当时的检测技术不成熟，检测人员的水平也不高，因此未能从神通川水质的分析中得出强有力的证明，结果导致荻野医生的判断被企业批评为造谣中伤、无稽之谈。

尽管没有足够的证据证明矿毒和痛痛病二者的关系，尽管被批评为造谣中伤，但荻野医生坚信自己的判断，在困难面前并未退缩。他和另外两位对痛痛病问题颇有研究的小林纯教授[1]、农业经济学家吉冈金市[2]合作，研究发现痛痛病患者的增加与神冈矿山生产量增加之间呈明显正比例关系，由此验证了自己提出的痛痛病与神冈矿山有关系的结论。于是，1961年，他和冈山大学的小林纯教授联名发表文章，明确指出痛痛病的根源在于神冈矿山排放的含镉废水。文章公开发表后引起了很大反响，赞同者有之，反对者更有之。同年，富山县成立地方特殊疾病对策委员会，以便应对当地出现的所谓怪病。但该委员会和企业站在一起，拒绝主张"镉说"的荻野升等人参加。由此，荻野升和小林纯等人便无法得到政府资助的经费，进一步展开研究的难度大大提高。在此情况下，他们设法争取到美国国立保健所研究机构的资助，在进行的动物实验中，确认食用了含镉食物的小白鼠会排出大量的钙，再次印证了此前他们提出的有关痛痛病根源的观点。

在医生、科研人员和受害者群体等的共同努力下，痛痛病

---

① 小林纯：1909—2001，毕业于东京帝国大学农学部农艺化学科，痛痛病公害发生时任冈山大学附属大原农业研究所教授。

② 吉冈金市：1902-1990，毕业于京都帝国大学农学部农林经济学科，痛痛病公害发生时任名古屋私立同朋大学教授。

起源问题在20世纪60年代中后期出现重大转机。1966年，日本国会讨论了痛痛病问题。第二年，厚生大臣园田直向痛痛病患者致歉，"这么长时间，大家受苦了，真对不起！"[①]至此，痛痛病病因终于得到政府认可。在足够充分的证据面前，神冈矿山也最终承认了痛痛病和自身的关系。

2. 调查确认两次水俣病病因

相比富山县痛痛病的调查确认工作，熊本水俣病和新潟水俣病的调查确认工作则显得尤为艰辛和曲折。

（1）熊本水俣病病因调查确认

1956年5月，熊本水俣市出现首例水俣病病人。此后，调查该病的起因以及如何治疗等问题便成为医生、政府等多方力量的重要工作。

1957年3月，厚生劳动省曾发表官方研究报告，认为"现在最可疑的原因是……吃了在水俣港湾捕获的鱼虾类而中毒。污染鱼虾类的中毒性物质是什么还不清楚，估计可能是某种化学物质或金属类物质"。大家猜测这些可疑物质有可能是硒、锰、铊等。当时众说纷纭，莫衷一是。

水俣病的调查确认工作在1959年出现了转机。这和水俣氮肥厂附属医院细川院长的努力有很大关系，同时也和熊本大学医学部科研人员的辛勤工作密不可分。不可否认的事实是，在调查研究期间，以细川医生为代表的医学从业人员，承受了巨大的工作压力，同工厂、政府甚至同行进行了各种各样的斗争。

作为水俣氮肥厂附属医院的院长，细川医生业务能力突出，富有同情心，是一名非常称职的医生。他曾经营过一家朝鲜医

①　[日]南川秀树.日本环境问题：改善与经验[M].社会科学文献出版社，2017：28.

院。战争期间是一名陆军医生，战后他研究南九州的疾病，成为享誉日本的著名脑科专家。他也领导着水俣氮肥厂附属医院，在1953年水俣市医院落成之前，这是当地唯一的综合型医院。他被认为是当地最好的医生。按照政策，细川医生可以在1956年秋季退休，但1956年5月水俣病的突然发生中断了他的退休进程。在此后的很长一段时间里，他在水俣病研究上取得了突破性进展，贡献颇大，而且在熊本水俣病公害诉讼期间，病床上的他于1970年选择出庭作证，最终打破了公众的沉默，有力地促使法庭做出了有利于水俣病受害者的判决。这些行为使得细川医生尤其受到水俣病患者的敬重。

1956年5月1日，细川医生在接诊了首例水俣地区怪病后便向水俣保健所报告了这一特殊情况。5月1日也被定为"水俣病正式认定日"。此后，他便和同行对该病进行了一系列调研工作。经过研究，他们认为该病虽然严重，但不具备传染性。可是，水俣市政府的官员并不这样认为，他们派人给患病家庭进行消毒，人为地制造紧张气氛，使包括医生在内的许多市民惴惴不安。

1957年1月，细川医生等人的研究报告在附属医院出炉。该报告主要从疾病发生的区域、患病者的家庭情况、与水俣病相关的猪、猫、狗等陆地动物以及鲻鱼、褐虾、章鱼、蟹等水生动物的生存情况等方面进行调研总结。此外，该报告还提到视野狭窄是该病的一种典型特征。这成为后来辨别疾病的关键特征。

1957年5月，即水俣病发生的次年，细川医生开始用猫进行实验，着手调研水俣怪病问题。他将这些猫命名为"400#"。

对猫的尸检结果表明，7只猫中有5只患了水俣病。因此，细川
医生断定，距离揭开水俣怪病真相的日子不远了。不过，工厂
技术部的领导不仅阻止细川医生公布实验结果，而且表示要停
止彻查水俣病病因的相关研究。得此消息的细川医生为了能够
继续实验，冒着失去工作的巨大风险，连续三天和水俣氮肥厂
厂长西田荣一沟通交流。虽然工厂方面大部分人仍然反对细川
继续实验，但拗不过细川的西田厂长，最后只得妥协，同意细
川继续在工厂开展病因方面的调查实验。

　　1959年7月，细川在水俣氮肥厂技术部的市川正次部长的
协助下得到了水俣氮肥厂的排水样本。他把使用水银的乙醛制
造工序和氯化乙烯树脂制造工序中的废水直接倒入猫食进行实
验，并用掺入废水的海水养鱼，让猫食用，即给猫饮用不同位
置的废水。三个月后，这些猫均出现了运动失调、手脚颤抖等
汞中毒的典型症状。因此，细川医生得以确认乙醛废水中汞化
合物的大部分是甲基汞，猫吃了含有甲基汞的鱼虾后出现了水
俣病患者的各种症状。据此，细川医生提出了著名的猫400#理
论，也就是说，当猫身体内汞含量超过400ppm时，猫便会死
亡。从细川医生的研究结果看，水俣病的病因调查工作在1959
年年底取得质的突破。无独有偶，熊本大学医学部的科研人员
也在1959年得出水俣病是有机汞中毒的结论。

　　细川医生在水俣氮肥厂进行水俣病病因调查的同时，熊本
大学医学部水俣奇病研究班（即熊大研究班）的研究人员也在
从事相关工作。1957年1月25日，他们经过调研认为，该病可
能是由于积聚在鱼和水生贝壳类动物体内的重金属所致。至于
是何种重金属，当时尚未查明。因此，从此时起的两年时间，

熊本大学医学部便成为水俣病病因调查工作的主力军。

从水俣湾所含的众多重金属中甄别出导致水俣病的重金属并非易事，况且工厂方面根本不愿配合调查研究。工厂方面宣称他们是在通商产业省的监管下合法经营的，因此没有它的允许，工厂不会给研究人员提供废弃物样品。后来，熊本大学的研究人员得到了通商产业省的授权，但工厂方面又拒绝他们进入工厂收集样品，而是由工厂方面为其提供样品，这便无法保证样品的真实性。在研究过程中，熊本大学医学部曾罗列了包括汞在内的64种可能的有毒物质，但当初人们普遍认为锰金属是致病因。这主要是基于如下两个判断：其一，水俣病的症状和1939年发生在平冢①的锰中毒有相似性。其二，研究人员几乎全部来自医院，与工业部门的联系不多，对工厂的操作规程也不熟悉。他们只是从理论上进行假定，认为工厂方面不会随意排放贵重的汞物质。

然而，1958年的一段插曲有力地推动了熊本大学的研究进程。该年春天，英国神经病学家道格拉斯·麦卡尔平考察熊本大学及水俣市，在诊治了22位病人后，于同年9月在英国医学杂志《柳叶刀》上发表文章，认为在日本的这些病人症状和甲基汞中毒的症状极其类似。这一结论在很大程度上推动了熊本大学的研究人员发现水俣病的致病因。此前他们还在研究硒中毒、铊中毒等几种理论。

1959年，熊本大学的研究人员将重心移至有机汞。3月，医学教授武内忠男发表文章，表明水俣病和有机汞中毒的相似性。然而，他并不知道水俣湾中是否含有有机汞。实验表明，有机

---

① 日本本州东南部城市，在神奈川县境内。

汞的两种类型甲基汞和乙基汞在猫身上都表现为水俣病症状。
研究人员还发现，工厂在制造乙烯基氯化物和乙醛时使用无机
汞，无机汞如何转变为有机汞，研究人员对此无法做出科学解
释，只能假定为在海水中或在鱼体内发生了变化。1959年7月，
熊大研究班水俣病研究小组得出报告，"导致水俣病的物质是汞
化合物，最有可能是有机汞"。该结论后来发表在11月11日召
开的全国"水俣食物中毒对策各省联络会议"上。但通商产业
省不赞同该观点。时任轻工业局局长的秋山武夫在会议上援引
东京工业大学清浦雷作教授的报告，认为"水俣病的水银浓度
和其他地区城市和工厂地带所在的海湾的海水没有大的差别，
认为原因在于有机汞的论据不当"。同时秋山武夫还认为，日本
国内其他同类化工厂的排水没有引发同样的病症，而且无机汞
转化为有机汞的机理尚不清楚，因此否认水俣病的原因在于有
机汞中毒。

综合细川医生和熊本大学的研究成果，1959年是水俣病病
因调查取得突破的关键年份，双方初步认可水俣病乃有机汞中
毒所致。但是，在研究取得进展的关键时刻，水俣工厂方面却
百般阻挠，想方设法干扰调查，竭尽所能地反对细川医生和熊
大研究班的研究工作。

作为污染源，工厂方面明确反对有机汞论，认为有机汞论
和锰论、硒论、铵论等一样充满着各种问题，将工厂排放的废
水和有机汞联系在一起非常不合适。此外，1959年7月至10月
工厂方面还连续发行了四份小册子，希望以此来彻底驳倒熊本
大学和细川医生等人所主张的有机汞论。第一份小册子认为，
工厂排放了小剂量的无机汞，这不可能转为有机汞；并未在水

俣湾的鱼类动物体内发现有机汞；农业化学产品也是有机汞的来源。其他国家的工厂也使用了类似的生产工艺，但没有类似的报道。事实上，瑞典和德国的研究人员曾在1930年和1933年各自发表文章描述了生产乙醛时有机汞导致工人中毒的事情。不过，当时熊本大学的研究者尚无法解释工厂的无机汞是如何在海水里转变为有机汞。直到1961年，熊本大学的研究人员才最终确认有机汞是工厂在生产过程中本身产生的。虽然这一情况工厂方面早在1950年便很清楚。在第二份小册子里，工厂方面认为1945年日本军队扔进海里的炮弹是水俣病的罪魁祸首。虽然该观点没有明显的证据，但有机汞论的提出者和支持者却不得不花费时间和精力来推翻该观点。第三份小册子由于遭到科学家的严厉批评而被束之高阁。1959年10月，第四份小册子发行。该册子认为日本国内其他制造乙醛和乙烯基氯化物的工厂附近并未出现类似的病例。事实上，在不到5年的时间内，新潟县乙醛工厂下游便出现了"水俣病"。小册子提出的最后一个挑战是食用工厂废水的猫身体内没发现有机汞，这些猫也未患水俣病。工厂废水和有机汞之间没有必然联系，有机汞和水俣病的关系也令人怀疑。册子援引附属医院院长细川医生用猫做实验的数据来支持自己的观点，但故意忽略了某些重要数据。事实上，从细川的实验结果中，工厂方面已经知道生产乙醛时排放的废水导致了水俣病。

除了工厂方面不配合甚至明确阻挠调研，政府的主流观点也是不支持熊大研究班得出的不利于水俣氮肥厂的观点。这从下面的事实中有明显表现。1959年11月12日，日本食品卫生学调研委员会向厚生省提交了一份临时性报告，认为熊本水俣病是人大量食用来自水俣湾及附近区域的鱼类及水生贝壳类动物的结果。这是一种侵袭中枢神经系统的食物中毒，主要原因是有机汞混合物。厚生省接受了委员会的临时性报告，准备发表官方声明。然而，在13日的内阁会议上，当时通商产业省的池田勇人怒斥厚生省，认为目前断定汞来自水俣氮肥厂过于草率。农林大臣福田赳夫提议让渔民改养珍珠，以此作为解决问题的办法。他们之所以如此决定，是因为这段时期日本的经济增长日益依赖本国工业的增长，所以池田勇人等官员非常在意任何伤害水俣氮肥厂的行为。这样的政策取向势必不会过多关注受害者，也就决定了在水俣的政策取向。水俣病的解决将以不伤害公司及其他化学工业的发展为前提。为了经济的高速增长，厚生省的官员也最终妥协了。他们认为，就健康保险、废物处理系统以及补偿民众等所需资金而言，经济增长是关键的。

不仅如此，细川医生和熊大研究班的科研人员还要和专业人士进行学术争锋，维护自己所主张的有机汞论。比如，1959年11月，东京技术研究所最著名的水质研究专家清浦雷作起草了一份报告，提出和有机汞论不同的观点。该报告认为，考虑到在水俣及日本其他地方检测出的鱼类及海水中汞的含量，以及在汞含量更高的地区未出现水俣病的情况，所以水俣病和汞没关系。这也意味着水俣的汞指标很正常。因为清浦雷作在日本国内颇具人气，所以该观点具有很大的影响力。1959年12月，发表在《水》杂志上的一篇文章，认为与其将废水问题交由熊本大学医学部这样不入流的机构去处理，倒不如交给权威的专家去解决。1960年4月，《水》杂志高度认可的权威专家清浦雷作在文章中提出了"胺论"，认为鱼腐烂时产生的胺是水俣病的致病因。为了证明其观点的正确性，清浦雷作以老鼠为实验。他将含汞的液体和腐烂的鱼类产生的胺的液体分别注入老鼠体内，结果发现前一种情况下老鼠依然存活，但后一种情况下老鼠会死亡，而且其症状颇似水俣病。该观点对长期以渔业为生的人们不具有吸引力，但对长期从寿司店或其他商店购买鱼的东京的权威们而言却有很大的吸引力。1961年，爱知县东邦大学的药物学家常田发表了长达67页的文章，就他和另外12人组成的研究团队用猫做实验的情况进行了阐释。一部分猫喂食水俣湾的腐烂的鱼类，另一部分喂食含汞食物。研究者观测两组实验中猫的心跳、大脑、血液等的变化，并最终进行尸检。结果表明，喂食烂鱼的猫和得了水俣病的猫很相似，因此，鱼体内胺是致病因。但常田从未证明有机胺是如何导致水俣病的。尽管如此，他的研究成果得到了反对有机汞论的清浦雷作、通商产业省以及工厂等的支持。1963年2月，《熊本每日新闻》刊发文章，提出有机汞是工厂在生产乙醛时产生出来的观点。这意味着熊本大学研究者试图证明无机汞是如何在鱼体内转变为有机汞的所有努力都付诸东流。事实上，该观点在1962年6月便由《熊本医学杂志》以英文形式刊出。1963年2月，该成果的日文版最终公布。水俣氮肥厂的科研人员验证了上述结论，但工厂执行部门将这些报告秘而不宣，就和他们对待细川医生的猫400#的结论一样。

面对外界对有机汞论持有的强烈怀疑情绪，熊大研究班的研究工作并未停止，反而推动了他们加速工作的决心和信心，并最终赢得了这场"战争"的胜利。1959年7月14日，《朝日新闻》报道了熊本大学医学部研究人员的"汞论"，即有机汞是水

俣病的罪魁祸首的观点。1960年2月，熊本大学公布了毛发中
汞含量的检测结果。一些水俣病人在发病之初毛发中汞含量为
700ppm，三个月后降至300ppm。来自熊本市民的检测均值为2~
3ppm，但一些来自水俣湾沿岸的所谓"健康"居民的检测值为
100~150ppm。虽然精确判定引起水俣病的ppm值不太现实，但
医学界普遍认为毛发中汞含量达到50ppm是危险的，日本人的
正常水平不超过10ppm。1961年，熊本大学查明有机汞的致病
机理和制造有机汞的场所等细节问题，1963年公布相关结论。
1968年9月26日，中央政府最终就水俣病的病因等问题做出官
方说明，认为水俣病是一种中枢神经系统疾病，是由于人们长
期、大量食用水俣湾的鱼类及水生贝壳类动物所致，致病原是
甲基汞。它是水俣氮肥厂在制造乙醛时将其排放在废水中，进
而积淀在水中的鱼类等生命体内……最后一些水俣病人出现在
1960年，疾病的蔓延已经结束。这是基于如下根据：其一，
1957年秋季起，禁止食用来自水俣湾的鱼类及水生贝壳类动物；
其二，1960年1月，工厂方面已经安装完毕污水净化设施。报
告同时附带了水俣病发生的时间表，1953年（1例），1954年
（12例），1955年（14例），1956年（51例），1957年（6例），
1958年（5例），1959年（18例），1960年（4例）。在确诊的
111例中，死亡42例，住院治疗12例。从1958年至1967年，厚
生省提供了862万日元的医疗补助费和217115000日元的医疗设
备维护费。[①]不过，上述官方报告存在明显纰漏。其一，水俣病
未必是长期过量使用被污染的鱼类所致，有可能是短期内食用

---

① 　Timothy S. George. *Minamata Pollution and the Struggle for Democracy in Postwar Japan.*
Harvard University Asia Center，2001:187.

了高剂量的汞或长期食用低剂量的汞的结果，报告未提及这些可能性；其二，报告仅认为水俣湾内的鱼类是危险的，殊不知污染已经不再局限于水俣湾；其三，生产乙醛和乙烯基氯化物都会释放甲基汞，但后一种情形直到1971年才发现；其四，水俣病在1960年远未结束，禁止食用来自水俣湾的鱼类的条令并未真正贯彻，工厂的污水净化设施并不能将废水中的有机汞析出。事实上，官方报告的真实用意在于极力保护政府和工厂的利益，同时力图将水俣病的解决方式排除在法律之外，而且这份报告最终有意无意地将水俣病人及其家属在是否诉诸法律的问题上分为两派。虽然存在诸多弊端，但报告毕竟以官方的身份确认了病因，认可了此前熊大研究班所提的水俣病是水俣氮肥厂排放的含有甲基汞的废水所致的观点，这对水俣病人及其支持者而言终究是一种肯定的答复。

简而言之，在水俣病病因调查取得实质性突破的1959年，细川医生和熊大研究班都得出了水俣病是甲基汞中毒的观点。但细川医生的观点在水俣工厂的压制下未能及时公布。1962年，细川医生在退休前将该实验结果汇报了工厂，但工厂方面并未听取他的意见。同年4月，细川医生退休，其研究成果也未公布。相反，熊大研究班的研究成果公布较为及时。1959年，熊大研究班向外公布了有机汞是水俣病的罪魁祸首的观点，尽管遭到了包括通商产业省、工厂等各方力量的反对和批驳，但事实证明，熊大研究班的观点是正确的。1961年，有机汞的致病机理和制造有机汞的场所等问题也水落石出，相关结论也在1963年正式公布。在此形势下，1968年9月26日，日本政府最终宣布水俣氮肥厂排放的含汞废水是水俣病之源。至此，熊本水俣病的病因问题彻底查清查实。

（2）新潟水俣病病因调查确认

在新潟水俣病事件中，1967年4月，设立在厚生省的新潟汞中毒事件特别研究班经过调研后认为，患病原因是昭和电工排放的废水。面对医学界的判断和厚生省的报告，昭和电工起初百般抵赖，认为汞中毒乃是农药所致，和工厂没任何关系。通商产业省也出面维护昭和电工权益，反对把昭和电工鹿濑工厂作为污染源。但后来随着熊本水俣病病因调查的深入，昭和电工鹿濑工厂不得不承认自己在新潟水俣病中的责任。

无论是熊本水俣病还是新潟水俣病，其病因调查确认工作极其艰辛曲折。但在医生、专家等群体的不懈努力下，1968年6月，经济企划厅长官宫泽喜一委托厚生大臣园田直，希望可以像解决痛痛病问题一样，以厚生省意见的方式给水俣病问题做个定论。9月，厚生省向外界公布政府意见，认定熊本水俣病是日本氮肥公司水俣氮肥厂乙醛、醋酸设备生产的甲基汞化合物造成的。承担新潟水俣病调查研究的科学技术厅也发布研究报告，认为昭和电工乙醛制造工序中被复制的甲基汞化合物是阿贺野川汞中毒的根本原因，并将这一观点作为政府统一意见向外公布。至此，日本政府对于两次水俣的病因终于达成共识。

（三）国外民间力量和文明的挽救

除了日本国内民间力量积极掀起反对环境公害运动，一些国外民间力量也推动了日本环境公害的解决。在熊本水俣病事件中，1958 年 9 月，英国神经病学家道格拉斯·麦卡尔平在《柳叶刀》上发表的文章，有力地推动了熊大研究班研究人员发现水俣病的致病物质。

1959 年 12 月，日本厚生省终止了对熊大研究班研究工作的经费支持。在这种情况下，熊本大学及其医学部积极争取到了美国国家卫生学会的经费支持，此后三年熊本大学医学部研究水俣病所需资金均来自该学会。20 世纪 70 年代初，摄影师尤金·史密斯①凭借其对不知火海沿岸患病村民的摄影，记录了当地渔民坚持不懈地向中央政府和氮肥公司伸张正义的种种努力，引起了国际社会对熊本水俣病的广泛关注。

综上所述，在日本环境公害原点——足尾矿毒事件中，受害民众通过自身的先行努力，让更多的人开始重视公害、关心环境；在第二次世界大战后出现的以熊本水俣病为代表的环境公害焦点事件中，受害者通过自身积极主动的努力，在医生、律师、媒体等各方力量的积极支持下，成功推动政府从法律等层面治理公害，在迫使排污企业为自己的行为付出沉重的经济代价的情况下，不得不采取一定的措施来治理环境公害，同时还有效阻止了政府和企业的部分破坏环境的行为。

---

① 尤金·史密斯：1918-1978，生于美国堪萨斯州，著名的新闻摄影大师。他在日本拍摄的关于熊本水俣病患者的照片是他最著名的作品之一。鉴于尤金·史密斯在摄影领域的卓越成就，纽约国际摄影中心专门设立了"尤金·史密斯奖"，以此表彰他对人性的信念和对他工作的高度肯定。

## 第二节　顺势而上：地方政府之作为

在日本，和受害民众自始至终对环境公害持反对态度且奋起抗争不同，地方政府和中央政府对环境公害的认识和治理存在明显的转变过程。总体而言，在20世纪六七十年代之前，日本政府对国内出现的环境公害认识不深，思想麻痹，态度不端，因而也就无从谈起真正解决公害问题。但在此之后，尤其是面对国内不断高涨的居民反公害运动以及环境公害诉讼企业的纷纷败诉，日本政府在思想上开始真正重视环境公害问题，进而在行动上采取了一系列切实可行的解决措施，从最初的被动解决环境公害转向主动预防环境公害的出现。实践证明，日本政府态度和行动上的双重转变收到了明显成效。环境公害得以治理，日本成功蜕变为"公害治理先进国"。

### 一、　第二次世界大战之前：疲于应付

在第二次世界大战结束前，日本地方政府非常重视本地经济增长，对中央政府特别是明治政府制定的殖产兴业、富国强兵、文明开化政策持积极拥护的态度，因此对于当地出现的各种环境公害并没有真正重视，所采取的应对措施更多的是为了安抚受害居民举行的反公害行动，因此无从谈起切实解决公害问题。不仅如此，地方政府为了增加税收收入，在给企业划拨工业用地方面门槛较低，在城市规划以及建设方面考虑不周，时常将住宅区和工厂区混杂在一起，城市排水设施也很滞后。这样的现状无形之中增加了环境公害发生的风险，也加大了环境公害治理的难度，不利于环境的保护和修复。

　　在足尾矿毒事件中，面对多次洪灾引发的矿毒问题，1910—1927年，政府斥资1200万日元整治渡良濑川，希望可以防止洪灾给当地造成更大规模的伤害。就解决足尾矿毒问题而言，此方法治标不治本，在解决足尾矿毒问题上作用十分有限。因为足尾矿山作为最重要的污染源，依然持续向大自然排放有毒的废气、废水和废渣，在这种情况下，即便政府能够在一段时间内彻底整治渡良濑川，确保该河川对周边居民的生产和生活不再构成危害，但在污染源持续存在的前提下，这种局面能够持续多长时间尚未可知。因此，在解决足尾矿毒问题上，政府的解决思路不够全面和科学，应该想方设法从根本上首先解决工业"三废"问题，然后才是治理渡良濑川的问题。舍本逐末花大力气去治理渡良濑川，颇有得不偿失的意味。

　　此外，20世纪上半叶，面对阪神工业区出现的大气污染问题，由于当时日本政府正在狂热地发动对外侵略战争，急需后方重工业为战争提供稳定的资源，所以民众要求防治煤烟、煤尘污染的声音都被军部压制而无果。地方政府只能要求老人、儿童等体弱者以及肺结核病患者尽快离开市区，到郊区或者空气洁净的老家进行疗养。这种解决问题的思路像极了政府在足尾矿毒问题上的立场。因此，综合这样的事实，政府在第二次世界大战之前解决环境公害问题的态度不够端正，方式不够科学合理，效果自然不尽如人意。

## 二、第二次世界大战之后：积极主动

　　第二次世界大战结束后，伴随日本经济飞速发展的同时，产生了四日市哮喘病、熊本县和新潟县的水俣病、富山县痛痛病、爱知县米糠油事件等严重的环境公害问题。这些环境公害无一例外地给当地居民带来了严重伤害。面对日益严重的公害问题，对地方政府尤其是本地区拥有大型工业的地方政府而言，不得不采取一定的措施治理环境污染。于是，日本地方政府逐渐改变了第二次世界大战之前疲于应付的态度，特别是从20世纪60年代起，地方政府纷纷行动起来，开始以主人翁的姿态来直面环境公害问题，在此基础上，积极主动地采取各种行政、经济和科技手段，加强环境公害的监测和治理，收到了非常理想的效果。

（一） 直面环境公害问题

二战之后，地方政府开始直面水俣病等各种环境公害问题，尽管期间也发生了地方政府和公害病人正面冲突的不幸事件，如1959年11月发生的"渔民暴动"，熊本县政府基于国家安全考虑，最终以武力镇压了水俣渔民的抗争。但总体而言，地方政府已经转变了执政理念，正在着力从根本上解决环境公害问题。

1. 水俣病问题

1956年，在得知水俣市出现一种奇怪疾病后，水俣市很快成立对策委员会，熊本县也委托熊本大学医学部人员进行调查，希望能够尽快查明病因，从而采取针对性的治疗。在前期工作的基础上，1957年，熊本县成立"熊本县水俣奇病对策联络会"，协调疾病调查、治疗以及实施渔业危害救济等相关问题。1958年，县政府为疾病调查和患者治疗拨出部分经费。1959年，食品卫生协会向日本厚生大臣提出水俣病的发病机理，认为该病是某种有机汞化合物通过鱼贝类传播而引起的中枢神经系统中毒，但当时尚不清楚是何种有机汞。1962年，熊本大学的入鹿山教授将水俣氮肥厂排放的废渣进行监测后发现了甲基汞，由此基本断定水俣病和工厂的内在联系。六年后，即1968年9月，政府正式发表声明，指出水俣病的病因在于水俣氮肥厂排放的含有甲基汞的废水。

在调查水俣病出现原因的同时，地方政府还在着手水俣病病人的确诊工作。1957年，水俣市怪病对策委员会负责确诊水俣病；1958年和1959年，该工作转由熊本大学的医生负责；从1959年12月25日起，该工作则上交给厚生省的特别委员会负责；1961年9月14日，特别委员会被熊本县公共卫生部成立的特别委员会取代；1964年3月31日，熊本县知事领导下的新的水俣病调查委员会接管此工作；1969年年末，确诊工作则由熊本—鹿儿岛县污染受害证明调查委员会负责。截至1971年10月，水俣病确诊病例总数达到150例。1971年12月16日，又有29人被确诊为水俣病患者。1972年6月3日，新增水俣病病例21人，总计202例；7月27日，新增41例；10月6日，新增49例；12月5日，新增52例。1972年年末，熊本县确诊328例水俣病，鹿儿岛县确诊16例。[1]

随着水俣病病因调查和病人确诊工作的不断推进，政府也将水俣湾的治理工作提上日程。1973年和1974年，日本环境厅先后公布了《关于去除含汞底泥的暂行标准》《关于底泥处理处

---

[1]　Timothy S. George. *Minamata Pollution and the Struggle for Democracy in Postwar Japan.* Harvard University Asia Center，2001:237–238.

置的暂行方针》等行动指南，对水俣湾等含汞底泥的去除工作
进行了安排部署。为了处理151万平方米总汞含量在25ppm以上
的水俣湾底泥，从1974年开始，在中央政府的支持下，熊本县
政府和水俣氮肥厂共耗资485亿日元，挖除了水俣湾的部分底
泥，在靠近陆地处建成58公顷的填埋场。整个工程历时15年，
到1989年结束。工程结束时水俣湾底泥中的总汞浓度降至
4.65ppm，符合国家标准。

2. 痛痛病问题

20世纪50年代，富山县神通川流域出现一种以妇女为主
的地方病，患者普遍感到全身剧烈疼痛，甚至会出现骨折。因
此，人们将这种疾病称为"痛痛病"。50年代末期，特别是
1959年，有人认为该病属于镉中毒，但未获得政府认可。1961
年，富山县政府开始着手调查该病的病因，并出台相关的防止
对策。

地方政府最终认可此前荻野升医生等人所提的痛痛病的病
因在于神冈矿山排放的含镉废水的观点。从1968年1月起，富
山县政府对痛痛病患者采取医疗救助措施，决定由公费承担痛
痛病患者一半的治疗费用，剩余一半的治疗费用则由相关市町
村负担。

3. 哮喘病问题

从1964年开始，日本四日市市政府便着手治理当地的大气
污染问题，为此迁移了部分住宅，在住宅区和工厂区之间设置
缓冲地带，同时进行相关的大气监测工作，后又督促工厂安装
高烟囱，以便加快有毒有害气体的扩散，希望通过这些措施可
以减轻大气污染的程度，从而减缓哮喘病的发病速度。

4. 固体废弃物污染问题

固体废弃物主要分为工业垃圾和生活垃圾两大类，其中城市生活垃圾与国民的生活息息相关，由此引起的环境污染问题备受日本国民关注。为此，日本政府制定了严格翔实的垃圾分类政策，不仅使日本的垃圾分类工作走在世界前列，更重要的是此举在很大程度上减轻了生活垃圾引起的环境污染问题。不同的城市根据各自城市的实际情况，采用了不同的分类方法，对居民生活垃圾实施了精细化分类。这些分类方法主要有二分法、三分法、四分法和五分法。二分法就是把生活垃圾分为可燃垃圾和不可燃垃圾两种。三分法是把生活垃圾分为可燃垃圾、不可燃垃圾和可回收垃圾三种。四分法是把垃圾分为可燃垃圾、不可燃垃圾、可回收垃圾和大件垃圾四种。五分法则把垃圾分成可燃垃圾、不可燃垃圾、可回收垃圾、大件垃圾和有害垃圾五种。毫无疑问，垃圾分类越细致，越有利于环境污染的治理和环境保护，当然也对国民的垃圾分类知识和落实垃圾分类政策提出了挑战。第二次世界大战之后，上述五种分类方法普遍存在于日本各大城市。但由于粗糙的分类方法存在诸多弊端，所以目前已经没有了实行二分法的城市，实行五分法的城市已超过56%，并不断增加。在对固体废弃物进行精细化分类的基础上，地方政府对其进行积极利用，如供热发电、开发垃圾再生制品等。对生活垃圾的精细化管理，为日本环境质量的改善发挥了重要作用。地方政府在此项工作中扮演了重要角色。

（二） 行政举措：签署协定、条例和规划

20世纪60年代以来，为了治理环境公害，日本地方政府首先从行政入手，配备了专业的环境保护公务人员，并将其不断充实壮大。1961年日本地方政府环境部门公务员人数仅有300人，1974年公务员人数猛增至12317人，而且设立了专门的环境部门，在都道府县和大城市成立了公害对策研究机构。政府部门发生如此剧变是前所未有的。在此前提下，各地方政府先于中央政府独自开展环境政策，先后通过适合本地情况的各种公害防止协定、条例、规划，有力推动了环境公害的治理工作。

1. 公害防止协定

在地方政府采取的治理环境公害的微观举措中，政府和企业签署的公害防止协定是最大的亮点。该协定促使污染大户——企业采取保护环境的措施，从而有效解决了日本环境公害问题。所谓公害防止协定，是指污染性或生态破坏性设施者或行为者，与厂址地或行为涉及地的环境行政机关或当地的居民团体，就环境影响的设施或行为在有关的技术规范、标准、补偿措施、社区关系以及环境纠纷处理等事项，共同约定并遵守的书面协议。①依据协定当事人的不同，可以将公害防止协定分为所在地居民或民间组织（如农会）与企业签订以及地方政府与企业签订两种类型。其中，第二种类型更能彰显地方政府在环境公害治理中的角色，发挥的作用也更为明显。

在日本，地方政府在将公有地作为工厂用地转让时，会和新进入的企业签订公害防止协定。在此基础上，逐渐发展成地

---

① 台湾研究基金会.环境保护与产业政策[M].前卫出版社，1994：118.

方政府和有公害发生危险的已进入企业之间也签订此种协定。因为公害防止协定最早产生于横滨市，故该协定又被称为"横滨模式"。但在美英等西方国家，一般称为环境行政合同制度。

早在1952年，日本岛根县政府曾与山阳纸浆公司江津工厂、大和纺织公司益田工厂就公害问题签订过备忘录，明确约定两家公司在建厂时必须遵守地方政府的行政指导，配备较为完备的废水处理设施，因排污问题而造成的损害，则必须根据县政府所认定的赔偿额度进行赔偿。但它只规定了废水处理设施的完善和损害发生的补偿方法，还不是综合性的关于公害预防对策的协定，而且对双方的约束力不强，实施的效果亦不尽如人意。1964年，横滨市政府让进入该市跟岸湾进行人工造地的企业都承诺采取措施以防止公害的发生。同年12月，横滨市政府与东京电力公司签订日本第一份公害防止协定，要求后者必须制定并执行高于国家标准的地方排污标准，涉及排烟、排水、噪声等诸多方面。这种通过协议来约定企业采取公害防止对策并对企业进行约束的做法即为"横滨模式"。该模式很快就成为日本全国各都道府县和市町村模仿的对象。包括电力公司在内，其他一些污染较重的企业也必须与当地政府签订公害防止协定，才可以被允许在当地投资建厂。[①]如北九州市先于日本国政府于1971年成立了地方环保局，并很快和当地企业签订公害防止协议书，采取了改善污水处理系统、建设绿地等一系列治理污染的措施。

随着1964年第一份公害防止协定的问世，越来越多的地方政府和企业相继签署此类协定。1968年仅有30家企业与政府签

<hr>

① 宋丽平.论环境行政合同制度[D].东北林业大学，2004：1.

署协定，到了70年代，特别是从1975年至1979年，则分别有
8923家、10899家、12978家、14730家、16499家企业和当地政
府签署污染控制协议。虽然上述协议不具备法律效力，但大部
分签署双方均将其视为君子协议，都会认真履行。协议的主要
部分事关污水处理，另外也涉及烟尘、噪声、恶臭等的管控。
以1979年签署的16499份协议为例，事关污水处理的有9359份，
占比56.7%，事关烟尘、噪声和恶臭的分别有6128份、7023份、
5086份，分别占比37.1%、42.6%、30.8%。[①]到80年代末，协
议数量则突破3万份。[②]另据日本环境厅2000年出版的《环境白
书》统计，截至1999年，日本地方政府和企业共签订了54379
个公害防止协定。[③]短短35年的时间，公害防止协定的数量出
现了迅猛增长。

通过研读地方政府和企业签署的公害防止协定，我们不难
发现，在20世纪90年代以前，公害防止协定的重心在于治理污
染，解决环境公害问题，偏向于环境治理中的末端补救。在20
世纪90年代之后，随着日本环境公害问题的明显缓解，公害防
止协定的重心在于保全环境，偏向于环境治理中的事前预防。

从20世纪五六十年代起到20世纪90年代，由于此时期的公
害问题相对严重，所以公害防止协定的重点内容在于治理污染、
解决公害。日本第一份公害防止协定主要涉及企业排烟、排水、
噪声等公害问题。虽然该协定是在当时中央法令对公害防止还

---

① Industrial Pollution Control Association of Japan. *Industrial Pollution Control: General Review and Practice in Japan Volume 1 Air and Water*. Tokyo:Industrial Pollution Control Association of Japan, 1981:156–157.

② 李忠浩.环境协议制度研究[D].中南林业科技大学，2008：20.

③ 李玲.日本公害防止协定制度研究及其借鉴[D].中国政法大学，2007：7.

没有具体规定的背景下产生的，但该协定事实上成了未来众多协定的蓝本。燃料原料规范管制、废气规范管制、排放水规范管制、噪声与振动规范管制、恶臭规范管制便是协定的重要内容。以1980年签订的41072份公害防止协定为例，包括燃料原料规制（3694）、烟雾规制（6539）、排水规制（10167）、噪声和振动规制（7733）、恶臭规制（5467）、其他规制（7472）。[①]具体而言，在燃料原料规范管制方面，由协定双方协商决定重油含硫成分的数值，并将其作为应遵守的义务；在废气规范管制方面，以协定的形式令企业承担防止大气污染的义务；在排放水规范管制方面，根据水质污染防止法的规定按照每个企业的能力签订公害防止协定，可以更好地执行比法律更加严格的水质标准；在噪声与振动规范管制上，如果以协定的方式，按照地区的实际情况规定比用法令所规定的音量标准更加严格的标准是允许的，否则便是不允许的。此外，公害防止协定文本中一般还包括发生公害时企业义务和损害赔偿的内容。就企业义务而言，文本中一般做如下描述，"乙（企业）以诚意采取必要措施""乙采取最妥善的措施"，或者规定："在甲乙协商的基础上，乙的责任是采取必要的措施"等。但这类规定都是原则性的，只有规定明确的条款才具有约束力。例如，四日市与大协和石油化学有限公司等于1969年签订的公害防止协定规定："在甲判定可能发生公害灾害或已发生时，乙按照甲的指示，乙有义务迅速采取必要的措施。甲如判定上述对策，在实际上可能损害居民健康时，可以指示乙暂时全部或部分停止操作以及采取其他必要的措施，乙必须服从甲的指示。"关于对被害者的

---

① 乌力吉图.日本地方政府的环境管理制度与能力分析[J].管理评论，2008（5）.

损害赔偿问题，在公害防止协定中都规定是在双方意见一致情况下进行。但在许多实例中，这种规定没有实际意义，仅仅是一种原则性规定，或者仅仅是对不法行为的确认而已。只有像名古屋市与朝日麦酒有限公司于1969年签订的公害防止协定规定"造成甲方和第三者的损害，起因于乙的废水水质和汲取地下水，乙负有赔偿损失的责任"，将无过失责任作为特别约定规定下来是具有约束力的。①

在20世纪90年代后，随着日本国民环保意识的不断增强，特别是日本环境公害问题的逐步缓解，日本中央政府在环境问题上的理念逐渐从"公害对策"转向"环境管理"。在此背景下，人们对公害性质的注意力开始从公害损害的预防与治理转向良好区域环境的保全。因此，协定内容也随之从针对污染防治扩大到适用于环境恢复整治，从限于污染控制发展到作为土地开发利用协议、土地买卖合同的条件等。②可以说，日本公害防止协定已从单纯治理公害向环境保护转型，在环境问题上更多地注重未然预防，而非末端治理，旨在在新世纪实现循环型社会。20世纪末期，日本某些地方自治法已明确将其改称为环境保护契约（如日本佐贺市），而且企业更视签订协议为荣耀。仅在1996年，就有1913项新的环境保护协议签署。③简言之，这段时期公害防止协定的重心正在逐步转向构建以3R——Reduce（减量化）、Reuse（再利用）、Recycle（再循环）为核心的循环型社会。

从1964年第一份公害防止协定问世到20世纪末，日本地方

---

① 郭红欣.环境保护协定制度的构建[D].武汉大学，2004：16-17.

② 吴霞.探析环境行政领域中的契约方式——以日本公害防止协定为进路[J].法制与社会，2007（5）.

③ 郭红欣.环境保护协定制度的构建[D].武汉大学，2004：5.

政府和企业共签订了54000多份公害防止协定。签订数量出现了突飞猛进式的增长。更重要的是，在治理环境公害方面，该协定也发挥了巨大作用。

从理论看，以非强制性行为为基础的公害防止协定，对治理公害会有较明显的作用。首先，从政府角度看，公害防止协定的出现填补了地方政府在公害管制方面"欠缺行政权限"的空白；其次，从企业角度看，该协定在确保能约束企业排污行为的前提下，能使企业的活动得到地方政府和当地居民的信任，从而更好地促进企业生产；再次，该协定的非强制性特点，使协定双方可在不违反法律法规的前提下，就具体方案共同协商，实现双方利益的共赢，并最终实现政府、企业和居民三方利益的多赢。

从实践看，公害防止协定对治理公害起到了至关重要的作用。这主要是因为在文本中明确规定了有关违规协定内容的处罚制度，而且在实际操作中能够很好地贯彻此种处罚制度。如果企业在生产实践中违规协定内容，或者在规定的时间内没有完成环境治理项目，就要按照其当时做的承诺进行赔偿或者接受停产处罚。表3-1显示的是1975年至1980年企业因为违规而受到各种处罚的情况。此表表明，在各种处罚措施中，历年违规企业接受停产并负责赔偿处罚的比例达到30%以上，在所有的处罚措施中占较大比重。因此，公害防止协定能真正起到治理公害的作用。

表3-1　1975年至1980年企业受处罚情况

| 年份 | 1975 | 1976 | 1977 | 1978 | 1979 | 1980 |
|------|------|------|------|------|------|------|
| 总数 | 8923 | 10,899 | 12,978 | 14,730 | 16,499 | 19,040 |

| 年份 | 1975 | 1976 | 1977 | 1978 | 1979 | 1980 |
|---|---|---|---|---|---|---|
| 停产并赔偿损失制度 | 2,808 | 3,940 | 5,113 | 6,010 | 6,290 | 6,598 |
| 对无意识事故造成的损失进行赔偿制度 | 510 | 859 | 1,135 | 1,333 | 1,530 | 1,738 |
| 进入调查制度 | 6,062 | 7,170 | 8,508 | 9,532 | 10,545 | 11,280 |
| 制裁制度 | 1,985 | 2,516 | 3,244 | 3,537 | 3,884 | 4,230 |

资料出处：乌力吉图.日本地方政府的环境管理制度与能力分析[J].管理评论，
2008（5）.

在环境保护领域，公害防止协定通过限制企业的活动来调整环境资源的利用，从而起到使人们安居乐业的作用。因此，"公害防止协定与法律和条例并列，成为第三种公害防止行政上的强有力的控制手段……如果没有公害防止协定，地方公共团体的公害控制简直就无从谈起，这就是今天的实情。"①事实证明，公害防止协定的广泛应用，最终使得日本在短短几十年就由"公害大国"转变为"公害治理先进国"。由于公害防止协定在治理公害过程中功不可没，因此协议双方的作用也非常重要，正是有了1964年横滨市政府的首创之举，才造就了后来公害防止协定遍地开花的壮观景象。因此，在公害治理问题上，从政府层面看，日本地方政府起到了很好的引领作用。

2.类型多样的条例

作为对公害防止协定的补充，地方政府还制定了各种条例，涉及管辖权集中在当地的公害防止条例、环境影响评价条例、环境保护条例和管辖区涵盖多地的统一条例。

---

① ［日］原田尚彦.环境法[M].于敏，译.法律出版社，1999：114-115.

（1）公害防止条例

虽然部分地方政府在第二次世界大战之前就开始了这方面的工作，如大阪府和京都府曾分别于1932年、1933年制定《大阪府煤烟防止条例》《京都府煤烟防止条例》，但绝大多数地方政府是在第二次世界大战之后才开始为保护环境制定各种条例的，如东京都于1949年制定《东京都工厂公害防止条例》、1954年制定《东京都噪声防治条例》、1962年制定《东京都环境污染控制条例》、1972年制定《东京都公共清扫条例》和《东京都自然保护与修复条例》，与东京都同处关东地方的神奈川县于1951年制定《神奈川县企业公害防止条例》，地处关西的大阪府于1950年制定《大阪府企业公害防止条例》、福冈县于1955年制定《工厂公害防止条例》。到了60年代，日本各都道府县纷纷加快了公害防止条例的出台步伐。特别是在1967年《公害对策基本法》颁布时，已经出台公害防止条例的都道府县达到18个，1968年增长到23个，1969年又增至32个，1970年再增至44个，截至1971年，日本47个都道府县均制定了公害防止条例。到1974年，在所有都道府县均已制定公害防止条例的基础上，日本346个市町村也制定了公害防止条例。其中，这段时期制定的《东京都防止公害条例》，将二氧化硫的环境标准设为日平均0. 05ppm以下，并要求企业最大限度地履行防止公害的义务。因为这样的规定明显高于《公害对策基本法》中的二氧化硫环境标准日平均0. 10ppm以下，曾一度被中央政府认为违法而发生争执。

（2）环境影响评价条例

在1970年公害国会闭会后不久，日本各地方政府又先于中

央政府开始制定环境影响评价方面的条例。继 1976 年神奈川县
川崎市制定《环境影响评价条例》后，1978 年北海道、1979 年
滋贺县、1980 年神奈川县和东京都、1985 年宫城县均纷纷制定
当地的环境影响评价条例。

（3）环境保护条例

到了 20 世纪 90 年代，在日本整体环境保护意识高涨的背景
下，各地方政府又先后出台了多部和环境保护相关的条例。
1990 年兵库县颁布《淡路地区良好地域环境形成条例》；1999 年
神奈川县川崎市制定《川崎市公害防止等生活环境保全相关条
例》，同时废止 1972 年制定的《川崎市公害防止条例》；2000 年
东京都制定《东京都环境确保条例》；2004 京都府制定《京都市
地球温暖化对策条例》。

（4）统一条例

上述公害防止条例、环境影响评价条例和环境保护条例更
多地面向单个都道府县。然而，一个众所周知的情况是，大气
污染、水污染等环境问题均具有明显的跨地域特点，单靠一两
个地方政府无法真正解决问题。因此，在地方色彩明显的条例
无法解决环境问题时，日本相关地方政府会采取联合方式，即
通过制定内容相同的条例来协作解决跨地界的环境公害问题。
这种形式的条例就是统一条例。比如菊池川流经区域各地方政
府共同签署的《河川美化条例》。菊池川位于九州岛熊本县北
部，是菊池川水系的干流，属于一级河川。该河发源于阿苏外
轮山，流经熊本县的菊池市、山鹿市、玉名郡和水町，最后注
入玉名市南部的有明海。从 20 世纪 80 年代开始，菊池川的水质
出现恶化，污染现象日益严重，位于入海口的玉名市不堪忍受

菊池川的污染，决心进行治理。但鉴于自己位于菊池川的入海口位置，如果仅仅从下游进行河流治污，效果肯定不佳。只有联合菊池川上游、中游的所有行政体进行集中整治，才有可能取得实效。为此，玉名市积极行动，动员熊本县境内的20多个市町村齐心治理河流污染。经过多方工作，1989年，上述20多个市町村终于成立"菊池川流域同盟"，在治理污染问题上达成共识。不久，每个市町村制定了内容相同的《河川美化条例》，规定地方行政长官有义务设定水质保护目标，各市町村的居民有责任安装净化设备、使用无磷洗涤剂等。除了菊池川流经区域的行政体签署《河川美化条例》，日本多地也出现了类似情形。1993年，松浦川流经的10个市町村以佐贺县最下游的唐津市为核心制定了河川净化方面的条例；1994年，大淀川流经的宫崎县和鹿儿岛县的15个市町村也制定了净化河川方面的条例；2000年，四国岛高知县境内的四万十川流经区域的8个市町村为了治理需要同样联合制定了相关条例。

3. 公害防止规划

1969年2月，三重县以制定二氧化硫环境标准为契机，敦促位于四日市石化区的企业使用低硫重油，同时采取了强化法律规定的大气排放控制标准。1970年12月，三重县四日市制定了以综合的硫氧化物对策为主要内容的公害防止规划，并从1972年4月起，在全国率先采取对每个工厂实行硫氧化物总量排放控制制度。为此，四日市于1973年3月引进了对当地16个主要工厂的煤烟发生源进行持续监测的煤烟监测系统，后在《大气污染防止法》的基础上制定了总量削减规划和控制标准，并最终在1976年度实现大气二氧化硫达标。

（三） 经济措施：加大环境保护投资

20世纪60年代以来，地方政府在环境保护方面的投资呈现明显递增态势。1961年日本地方政府环保预算额为140亿日元，扣除下水道费后的环保预算仅有2亿日元。1974年日本地方政府的环保预算增长到9537亿日元。1975年政府与民间的公害治理经费达到国民生产总值的2%，成为世界最高水平，[①]到了20世纪90年代，地方政府在环保方面的预算额度依然呈现增加态势。从1990年度的37218亿日元增至1996年度的61751亿日元，环保投资占地方财政支出的比重也从1990年度的4.5%升至1996年度的5.9%。[②]

（四） 科技手段：环境监测

第二次世界大战之后，为了更好地治理环境公害，环境监测工作便显得非常重要。为此，日本47个都道府县纷纷承担起所辖地区的环境监测重任，建立公害监测中心或者研究所，负责环境监测，重点调查大气污染、水污染以及噪声污染等各种环境情况。在大气污染监测方面，日本全国47个都道府县均设置了自动化的大气监测点。鉴于大气污染问题的严重性和污染物的移动性，日本的大气监测点数量众多，而且类型多样。粗略统计，截至20世纪70年代，日本的大气污染监测点有1000多个，另外还有70多个可移动的大气监测点、200多个汽车废气监测点。在水质污染自动监测方面，以东京都公害研究所的水

---

① ［日］宫本宪一.日本公害的历史教训[J].财经问题研究，2015（8）.

② 刘昌黎.90年代日本环境保护浅析[J].日本学刊，2002（1）.

质连续监测中心为代表，日本各都道府县也均设置了水质污染
监测系统。

1. 大阪府的环境监测

在47个都道府县监测中心中，位于大阪府的公害监测中心
成立较早。因为该监测中心拥有较多的监测设备，政府投入了
较充分的经费，所以工作成绩在各都道府县中较为出色。该监
测中心主要包括庶务课、监视课，以及大气、水质和噪声检查
课、调查室等科室，拥有大气污染监测车、光化学烟雾移动监
测车、公害巡逻车多辆，数字式粉尘计、重油含硫量测定装置、
大气污染自动测定记录装置、大气污染监测用遥测装置、噪声
振动分析装置、微量热分析装置、质谱仪、液相色谱仪、气相
色谱仪、总碳氢化合物分析器、总需氧量自动测定装置和核磁
共振仪等多部监测设备。从经费投入看，从1968年开始的连续
七年时间里，该检测中心的经费总体呈现增加趋势，分别是
0.84亿日元、2.45亿日元、3.65亿日元、3.21亿日元、4.70亿日
元、5.19亿日元和4.23亿日元。[①]在具体工作中，为了科学监测
大气质量，大阪府监测中心使用了大气污染连续监测系统。这
是当时日本最早使用的监测系统，也是世界上第一个自动化大
气污染监测系统。简而言之，该系统利用无线电技术每隔十分
钟自动向公害监测中心发送气象数据，经过电子计算机测算后，
如果出现严重污染，则会向大阪府境内的工厂以无线电方式发
出整改指令，比如使用低硫燃料或者降低开工率等。此外，该
监测中心在淀川下游设立水质监测站，自动监测水温、浊度、

---

① 中国科学技术情报研究所.出国参观考察报告：日本环境保护情况[ M ].科学技术
文献出版社，1976：43.

电导度、溶解氧、PH值以及有害物质铬、氰化物等。

2.神奈川县和鹿岛的大气环境监测

在大气污染监测方面，除了大阪府的自动化大气污染连续监测系统较有影响，神奈川县和鹿岛的大气污染连续监测系统在日本众多的监测系统中也颇有知名度。表3-2是神奈川县大气污染类型和预报、注意报、警报和重大警报法令标准。鉴于大阪府、神奈川县和鹿岛三地监测系统的运作模式类似，不再赘述。

表3-2 神奈川县大气污染类型和法令标准

| | | 预报 | 注意报 | | 警报 | 重大警报 |
|---|---|---|---|---|---|---|
| 发令标准 | 二氧化硫 | 预测将达到注意报的水平 | 平均时间 | 浓度值 | 平均时间两小时浓度值为 0.5ppm | 平均时间两小时浓度值为 0.7ppm |
| | | | 48小时 | 0.15ppm | | |
| | | | 3小时 | 0.2ppm | | |
| | | | 2小时 | 0.3ppm | | |
| | | | 1小时 | 0.5ppm | | |
| | 光化学氧化剂 | 预测将达到注意报的水平 | 平均1小时浓度 0.15ppm | | 平均1小时浓度 0.3ppm | 平均1小时浓度 0.5ppm |
| 对策 | 二氧化硫 | 减少污染物的排出量 | 减少排出量25% | | 减少排出量55% | 减少排出量80% |
| | 光化学氧化剂 | 注意汽车行驶，外出注意，不进行激烈运动 | 同左，减少20% | | 同左，减少25% | 同左，减少40% |

资料出处：中国科学技术情报研究所.出国参观考察报告：日本环境保护情况[M].科学技术文献出版社，1976：48.

3.东京都的水环境监测

在水环境监测方面，东京都的表现较为突出。1971年，东京都建成整个日本影响力最大的水质污染连续监测系统，同时也是日本最早建立的水质自动监测系统。该自动监测系统平时主要监测水温、溶解氧、浊度、氯化物、电导和PH值等各项指标，在特殊时期还可监测氧化还原电位、氰化物、化学耗氧量、铵、酚等指标。另外，水位、流速等水文数据也属于该系统监测的对象。伴随着该监测系统的投入使用，东京都政府对当地水环境的监测步入科学化轨道，水污染治理水平也随之提高。

## 第三节 宏观统筹：中央政府之作为

作为日本最高的行政中心，中央政府在环境公害的产生及治理等问题上负有重要责任。明治政府成立以后出现的多次环境公害事件，中央政府均难辞其咎，但在这段时期的环境公害治理问题上，中央政府闪烁其词，不愿担责。第二次世界大战结束之后，特别是在20世纪60年代日本全国上下多次发生公害病的情况下，日本各受害国民和各地方自治体等力量纷纷行动，开始重视并采取切实可行的措施解决环境公害问题，在这一过程中，中央政府最终担负起了自己该承担的责任，履职尽责，在全国层面起到了较好的宏观统筹效果。

### 一、第二次世界大战之前：消极应对

从19世纪中后期到第二次世界大战结束这段时期，日本国内的环境公害主要表现为以足尾矿毒为代表的矿业公害。由于

当时的中央政府急于摆脱被英法美俄等西方老牌资本主义国家殖民的命运，因此将发展经济、实现富国强兵作为政策制定和实施的核心，对足尾铜矿、别子铜矿等众多矿山实施保护政策，对在开发矿山过程中出现的矿毒等各种环境公害问题虽非置若罔闻，但也是敷衍了事，从未引起足够重视。不仅如此，中央政府反而将矿毒受害者掀起的多次请愿、抗议等活动视为"对国家的背叛乃至敌对"行为，进行残酷的政治打压。[①]正是由于中央政府消极应对矿毒等环境公害问题的态度，直接造就了来自栃木县的众议院议员田中正造的坎坷维权之路，即便后者犯颜直谏，依然未能将矿毒等环境公害问题彻底解决。

作为日本环境保护运动的先驱，1841年出生于渡良濑川流域的田中正造，1890年在日本举行的第一次国会选举中被选为代表栃木县的国会议员。1891年12月，也就是足尾地区发生严重洪灾的次年，田中正造便在召开的第二届帝国议会上高举宪法，就足尾矿毒问题发表演讲，"足尾铜矿的有毒污水……自从1888年以来，已经给渡良濑川两岸的所有村庄造成了沉重的损失与苦难""当农田遭受毒害，饮用水被污染，甚至堤坝上的树木与植被也受到威胁，没人能够说清楚未来会有怎样灾难性的后果"。田中正造在议会上呼吁明治政府应该关停足尾矿山。此外，他还质询当时的农商大臣陆奥宗光，认为他应该为矿毒造成的损失负全责。除了议会演讲，田中正造还以文章的形式谴责明治政府未能履行保护环境的责任。他将农商务省和内务省分别比作"古河金钱操纵下的罪犯俱乐部""一群妖孽"，认为

---

① 傅喆，寺西俊一.日本大气污染问题的演变及其教训———对固定污染发生源治理的历史省察[J].学术研究，2010（6）.

明治政府"已被操控在那些叛徒的手里。当古河蹂躏那些赋予这个国家生命的田地时，他们却还在给他歌功颂德"。①

但是，由于陆奥宗光的次子润吉被过继为足尾铜山的所有人古河市兵卫作养子，两家存在利益输送和官商勾结，加之财政预算等方面的问题，第二届帝国议会很快解散。尽管如此，田中正造的呼吁还是引起了政府一定程度的重视。时任农商务大臣陆奥宗光对田中正造的质问做了答复，认为足尾矿山附近农业出现损失的原因尚未查明，目前仍在调查中，但认为企业应该安装除尘设备。综合来看，政府应该意识到问题的根源，因为他们立即否认足尾矿山的责任，并建议矿山方面应该安装相关除尘设备。之所以如此表态，主要是将受害群众的斗争重心引向赔偿而非关停矿山方面。1892年2月，尽管还有受害群众呼吁关停足尾矿山，但更多的民众开始按照政府的意思，走上了争取赔偿之路。灾民和矿山之间的第一次调解会议持续到1893年。甲午中日战争打响后，又开启了第二次调停会议，一直持续到1896年。

虽然日本取得了甲午中日战争的胜利，但随后发生的俄国、法国和德国三国干涉归还辽东半岛之事，使战胜的日本深深地认识到国家的强大在列强环伺的世界中的重要性。因此，着力发展工业尤其是军事工业的政策不断被强化，由此导致明治政府在足尾矿毒问题的处理上不断偏袒古河市兵卫，而对受害群众仅采取局部性、象征性的安抚性处理。比如，对受灾土地的赔偿从先前的每10公亩赔偿1.4日元缩减为0.4~0.25日元。

1896年3月，在第九届帝国议会召开期间，众议院议员田

---

① [美]布雷特·L.沃克.日本史[M].贺平，魏灵学，译.东方出版中心，2017：202.

中正造再次就足尾矿毒问题质询政府，但依然没得到满意答复。1896年9月，受洪灾影响，足尾矿毒给当地生态环境带来更大破坏。以此为契机，田中正造领导当地群众继续向政府和矿山抗议，认为明治政府不应该再向受灾地区征收国税。由此掀起日本国历史上第一次大规模的群众示威运动。同年11月，农商大臣榎本武扬派专家奔赴受灾严重的栃木县、群马县、茨城县等地调查、评估灾情，12月成立了一个5人组成的第一届矿毒调查委员会。

1897年2月，在第十届帝国议会上，田中正造继续就足尾矿毒问题发表意见，再次提议关停矿山。1898年9月，生病在家的田中正造亲自接见了进京上访的约2500名灾民。他建议留下50名代表，其余群众回家，并信誓旦旦地向这些群众表示，如果灾民的请求得不到满足，田中正造愿意为之战斗至死。

1899年3月，田中正造在第十三届帝国议会上再次表达灾民的诉求。

1899年11月至1900年2月召开第十四届帝国议会，田中正造继续就足尾矿毒问题大声疾呼。不久发生了川俣事件，即赴东京请愿的足尾矿毒受害居民被警察逮捕入狱的事件。1900年12月，法庭判决川俣事件中29人有罪，22人无罪。人们不服判决，将其上诉至东京地方法院。1902年，东京地方法院裁定川俣事件中的群众不属于大规模的暴力行为，但裁定3人触犯法律，其余47人无罪（1人已去世）。[①]该案件后被移送至东京高等法院。对于川俣事件，田中正造明确谴责警察的暴力执法，同时鼓舞灾民士气，希望他们可以继续战斗，不屈服于政府的

---

① ［日］神冈浪子.近代日本の公害.新人物往来社，1971：60.

高压统治。由于在帝国议会上多次呼吁没有取得理想效果，为推动足尾矿毒问题彻底解决，田中正造决定孤注一掷，寻找机会直接面谏明治天皇。为此，田中正造在 1901 年 10 月 23 日辞去众议院议员，并写好诉状，准备在适当的时机面谏天皇。在诉状中，田中正造态度诚恳，声情并茂地如此陈述：

您的谦卑之臣田中正造胆战心惊、虔诚恭敬地向您递交诉状。虽为草芥平民，然位卑胆敢越界犯法靠近皇室车辇，犯冒死之罪也。然而，无论是顺从屈服，还是只考虑国民之困境，忽又明白时下事态不可再忍。

臣虽位卑，但敢请陛下您大发仁爱怜悯之心，恕臣之冒犯，屈尊批阅此状。

恕臣冒犯，足尾町铜矿位于东京以北四十里开外。近来，铜矿开采已经造成有毒废水聚集河谷，流入河水，经河水流入渡良濑川，沿河直下，两岸生物无不受其灾难性影响。加之过度开采，毒水已有恶化之势。去年，源头森林被有毒排放物无情摧毁。现在，河流混杂着秃山上的有毒泥土，水色泛红。河流已经发生了巨大的改变，有毒沉积物的填塞致使河水水位上涨。洪水频发，土地被淹，毒物向下四面扩散至茨城、栃木、群马及埼玉四县，造成大面积农田受损。整条河鱼种群已经灭绝，乡村破败不堪，成为废墟。成千上万的人失去健康，民不聊生。丧失劳动能力，缺吃忍饥挨饿，生病无药可医，路边老人孩子的尸体到处可见；年轻人被迫流离失所，外出谋生。就这样，过去二十年间曾经一望无际的肥沃土地，一下子变成了一片令人苦恼的无边无际的枯黄芦苇和白色灯芯草。

臣亲眼看见百姓身处悲惨之困境，这种无时无刻无处不在的破

坏让他们受尽折磨。切其之痛，臣不能再坐视不管，听之任之。臣
为众议院议员，第二次开会就对此事曾向政府提出质问。此后，每
逢开会，几近呐喊，强烈要求采取救灾措施。至今十年过去了，然
政府官员的回应含糊其词，态度不明，没有采取任何恰当的补救措
施。更糟糕的是，甚至连地方当局也漠不关心。因此，百姓对此再
也忍无可忍，便集结请愿要求得到保护。官员则令其警察将民众当
作暴徒押入狱中。这种糟糕的情况延续至今，决不夸张。结果，财
务省的收入由于土地贫瘠征不了税收而减少了几十万日元，这一损
失未来肯定会多达几百万。且百姓的公民权利也因此被剥夺。无数
村镇为此而丧失自治权。百姓死于贫穷、疾病和毒害。死亡人数也
会逐年上升。

因此，臣想，皇室一直有同情日本百姓的传统美德，这样做百
姓定会敬仰您。即便当下，离这里不远就可以看见数十万极度贫穷
的百姓哭天喊地，请求您的仁慈保佑。啊，这难道不是对你开明之
治的玷污吗？然而事实上，玩忽职守的是政府的领导官员。

四县的土地，莫非皇土？四县的百姓，莫非子民？政府官员让
您的土地和子民陷于困境。虽处此等境地，政府仍未反思此事，故
臣不能再沉默不语了。

臣认为，政府官员应为此事承担罪责。除此之外，陛下您还要
施以皇室的大恩大德。渡良濑川必须重新治理干净，此其一。受损
的河域必须修复，河流必须恢复原样，此其二。严重污染的土地必
须清理干净，此其三。两岸丰富多样的生物必须恢复如初，此其四。
许多退化的村镇必须重建，此其五。造成污染的铜矿必须关停，这
样就可以从源头上永远切断污物污水的排放，此其六。只有这样，
无数的生命才会免于死亡，得到拯救。人口增长了，村庄就可以避

免因死亡和逃难而造成的没落。那时，我们会目睹日本帝国宪法法律的全面实施；那时，公民权利得到保障，无数的财富不再损失，权利不再丧失，而财富和权利正是国家未来实力之基础。然而，若无所作为，一切听任于流动的毒水，臣恐灾难将不可估量。

臣寿六十有一，暮年不远矣。臣之阳寿屈指可数。若有幸上诉成功，绝不思虑一己私利。臣冒杀头之险，只为大业。臣伤心落泪，有口难辩，遂诚挚地恳求陛下您以圣贤之智慧，体察请求之要旨。臣恳请陛下结束此难。

明治三十四年十二月十日

胆战心惊、谦卑之臣田中正造[①]

1901年12月10日早上，在主持完第十六届帝国议会会议后，明治天皇从国会议事堂走向回皇宫的马车。在外等候多时的田中正造手持早已写好的诉状直奔马车而去，准备向天皇直谏。已经做好冒犯天威甚至可能被赐死的田中正造力图以此举将足尾矿毒的危害告知日本国最高领导人，无奈遭到警卫阻挡而跌倒，马车扬长而去，留下捶胸顿足的田中正造。虽然田中正造旋即当场被捕并被羁押，天皇也没有看到诉状。但该事件经媒体报道后，引起了全国关注。田中正造本人当晚即被释放，政府对矿毒问题的重视程度有所提高，不久成立了第二届矿毒调查委员会。更重要的是，足尾地区以外的居民开始关注足尾矿毒问题，社会上呼吁保护环境的声音越来越高涨。

1903年上半年，受田中正造直谏天皇事件的影响，第二届矿毒调查委员会对外公布了题为"论矿毒受害者的生活与工作

---

① 日本科学者会議編．環境問題資料集成·第6卷．旬報社，2003：19–20.

状况"的报告。该报告依然站在矿山立场，在确保矿山可以正常运转的情况下，将矿毒问题淡化处理。报告建议矿山安装防洪排涝设施，建议政府减免受灾群众的赋税，甚至建议将足尾矿山附近包括栃木县的谷中村在内的数个村庄夷为平地，将当地居民搬迁到北海道岛佐吕间町，以便腾出地方为矿山建立蓄水池。由于这样的措施并不能从根本上解决矿毒问题，所以，田中正造将此称之"政府与子民为战"。为反对政府的强制搬迁计划，田中正造于1904年搬迁到谷中村居住，誓与该村共存亡。谷中村由此成为田中正造反抗明治政府的象征性中心。在和政府抗争过程中，田中正造多次就爱护生态环境、保护大自然发表自己的观点。"爱护山，你便必须心系于山，爱护河，你便必须心系于河。"他将自己的生命存续和日本生态环境的存亡联系在一起，认为"如果它们死去了"，自己也"必然如此"。他以第三人称写道："他若倒下，必是因为阿苏郡与足利市的森林河流正在死去，而日本亦然……若有人前来问候，希望自己康复，那就让他们首先恢复那些被破坏的山河森林，那样正造便会恢复健康。"[①]1909年，政府成立第三届矿毒调查委员会，在矿毒问题上不顾田中正造等人的抗争，依然坚持强制搬迁谷中村等地的村民。在多次抗争无果之后，1913年9月，田中正造含恨去世，享年72岁。他留下遗言，"真正的文明，应该是不破坏山林，不破坏河川，不破坏村庄，不杀人"[②]。国会议员田中正造在维护足尾受灾居民权益方面所经历的坎坷曲折，恰恰说明中央政府对环境公害问题的冷漠和不负责任。

---

① 　[美]布雷特·L.沃克.日本史[M].贺平，魏灵学，译.东方出版中心，2017：203.

② 　[日]南川秀树.日本环境问题：改善与经验[M].社会科学文献出版社，2017：7.

## 二、 第二次世界大战之后：有所作为

第二次世界大战结束之后，日本经济很快实现腾飞。面对经济腾飞过程中出现的水俣病等各种产业公害，在受害民众等人的多次抗议下，尤其是在20世纪60年代末期70年代初期环境公害诉讼企业均败诉的形势下，日本中央政府逐渐改变了对环境公害漠不关心的态度，在积极采取措施治理水污染和大气污染的同时，更从政治、外交、司法、经济和文化等多个方面开展了宏观层面的环境公害整治工作。日本中央政府的这些行为使其在治理环境公害问题上有效地发挥了中央政府的指导作用，同时在国际环境外交舞台上也发出了日本自己的声音，为保护世界环境贡献了自己的力量。

（一） 微观行为：直面公害

日本中央政府开始直面痛痛病等各种环境公害问题，并从自身立场出发采取了一定的应对行为。与此同时，中央政府也对日益严重的大气污染等问题采取了颇有针对性的措施。

1. 治理水污染

（1） 富山县痛痛病问题

20世纪60年代末期，中央政府终于正式认可富山县痛痛病病因的观点，即镉中毒说。1963年，厚生省、文部省等中央机构开始调查研究痛痛病的发病原因以及救治措施。经过多方努力，受厚生省委托的日本公众卫生协会"痛痛病原因调查研究班"向内阁提交研究报告，认可了此前荻野升医生等人所提观点，即痛痛病的发生是由于神冈矿山排放的含镉重金属污染神

通川所致。在此基础上，1968年5月，日本厚生省发表关于痛痛病的详细调查结果，认为该病是慢性镉中毒，首先引起肾脏障碍，然后导致软骨症，在妊娠、哺乳、内分泌的不协调、老化以及营养性钙不足等诱发因素存在情况下，形成痛痛病。调查结果同时确认污染源是神通川上游的三井金属矿业有限公司神冈矿山排放的含镉重金属。至此，厚生省从中央政府层面对痛痛病进行了盖棺论定，认为痛痛病是慢性镉中毒造成的骨质软化病，镉是神冈矿山在生产过程中排放的。由此痛痛病成为日本国家认定的第一个公害病。厚生大臣园田直同时发表意见，"有人认为在完全判断疾病与原因的因果关系之前就不应该认定公害，这种想法很可笑。应该在学者、专家经过研究确认无误时就应该认定为公害。""发展产业应该是为了人们幸福。不能让公害损害人们的生命和健康。希望企业无论什么时候都要以人为本。"[①]

在调查痛痛病病因的同时，厚生省对痛痛病患者实施国家救助。尤其是从1970年开始，根据《救济因公害造成的健康损害的特别措施法》，依法支付患者的医疗费用。

（2）濑户内海水污染问题

在得悉濑户内海出现严重水体污染的情况后，中央政府很快便对其进行调查监测，并加强相关方面的研究工作。1971年至1973年，日本环境厅、水产厅、海上保安厅等部门联合对濑户内海的赤潮现象进行调查监测，开展对其引起的水产被害等方面的治理研究。1974年进行水岛原油泄漏对环境影响的综合调研，海上保安厅还专门启用飞机、巡视船等工具对濑户内海

---

① ［日］南川秀树.日本环境问题：改善与经验[M].社会科学文献出版社，2017：28.

污染海域实施重点监控。为了加强对该海域的后期保护，通商产业省在1971年7月建成中国工业技术试验所，1973年5月建成濑户内海大型水理模型，总投资17亿日元。此后，随着1973年《濑户内海环境保全特别措施法》的颁布和实施，中央政府援引该法重点从制定排水标准、完善审批制度等方面强化了对濑户内海的治理和管理。例如，环境厅要求濑户内海周边11个府县排放的工业废水中COD污浊负荷量在两年内要减半；在濑户内海周边建设新的工业项目必须经过相关府县审查批准，否则不许开工投产。

2. 治理大气污染

（1）20世纪60年代前期的烟尘治理

二战结束到60年代初期，造成日本大气污染的主要因素是燃煤产生的烟尘和二氧化硫，其中烟尘问题相对较为突出。为此，政府根据1962年《煤烟控制法》的精神，责令企业在生产过程中大量推广使用除尘设备，同时改变工厂的燃料结构，使用石油取代煤炭。到60年代末期，日本工厂的燃料革命基本结束。1960年，日本的石油和煤炭供应量基本持平，到了70年代初，煤炭供应量为1960年的1.6倍多，但石油供应量为1960年的6.2倍还多。在1970年的一次能源供应中，石油、煤炭、水力分别为$219.8×10^{13}$、$64.3×10^{13}$和$19.6×10^{13}$[①]，石油占一次能源供应量的比例高达近71%，煤炭占比约21%。日本燃料结构转型情况见表3-3。

---

① 徐家骝.日本环境污染的对策和治理[M].中国环境科学出版社，1990：23.

表3-3　1955—1975年日本燃料结构变化表（单位：%）

| 年份 | 石油 | 电 | 煤 | 其他 |
|------|------|------|------|------|
| 1955 | 20.2 | 21.2 | 49.2 | 4.0 |
| 1960 | 37.7 | 15.3 | 41.5 | 5.5 |
| 1965 | 38.4 | 11.3 | 27.3 | 3.0 |
| 1970 | 70.8 | 6.3 | 20.7 | 2.2 |
| 1975 | 73.3 | 5.8 | 16.4 | 4.5 |

资料出处：Jun Ui. *Industrial Pollution in Japan*. United Nations University Press，1992:134.

（2）20世纪60年代以来的"三级跳"

20世纪60年代以来，日本政府面临着新型的大气污染问题。为此，日本政府先后实施了浓度控制法、K值控制法和总量控制法三种措施，实现了污染治理的"三级跳"。

伴随着燃料结构的转型升级，大气污染的主要表现也相应地从先前的烟尘污染逐渐过渡到20世纪60年代以来的燃烧石油，特别是重油而造成的二氧化硫污染。因此，20世纪六七十年代，日本政府着力解决二氧化硫污染问题。政府在国内一些污染较为严重的工业城市采取浓度控制法，用于治理固定污染源引发的大气污染问题。浓度控制法指的是通过控制污染源排放口污染物的浓度，从而减轻大气排污。在实际操作过程中，该方法简便易行，可以相对轻松地监测工厂排放的废气是否达标。但也存在较明显的缺陷，特别是某地烟囱数量增多，或者工厂排放的废气经过大气自然稀释后达到排放标准，但空气中的污染物数量依然增大，因此无法防止大气污染。另外，大小不同的污染源，浓度控制标准自然不同，这无形之中增加了浓度标准制定的难度。

鉴于浓度控制法存在上述缺陷，日本政府在1968年制定的《大气污染防止法》中提出了K值控制法，通过调整污染源排放高度（烟囱）和排放量，达到降低近大气中污染物含量的目的。所谓K值法，通俗地讲就是增高烟囱，使其排放的废气可以在大气的作用下向远处扩散，达到降低污染浓度的效果。用公式表示为 $Q=K\times10^{-3}\times H_e^2$。该公式中Q指的是硫氧化物的允许排放量（标准米$^3$/时），K为按地区规定的排放系数，主要结合当地污染的实际情况和地形条件等确定。截至1971年6月，K值控制法推广到日本全国。根据《大气污染防止法》的规定，当时日本各地共有16种K值，最小为1.17，最大为18.7。但由于不同地区大气污染的情况不同，从1968年12月实施K值控制法到1976年9月，日本政府对K值进行过8次修改，平均每年都修正K值一次，使K值越来越小，即排放标准一次比一次严格。修改的基本原则是污染严重地区、人口密集地区以及新建的工厂制定更加严厉的K值。如东京都、横滨、川崎、大阪、名古屋、尼岐市、四日市等人口密集城市或重污染城市的K值定为最严格的3.0，如果是上述地区拟新建工厂，则K值更低，仅有1.17。截至1976年9月，K值的下限从20.4降到3.5，上限从29.2降到17.5。K值越小，允许硫氧化物的排放浓度也就越小，表示当地的排放要求越严格。He代表烟筒有效高度，即大烟囱的高度与排放的烟升高的高度之和。对工厂而言，通过降低燃料中的含硫量即推广使用低硫燃料以及安装脱硫设备都可以减少Q值，或者增大H值即烟囱的有效高度，都可以达到K值控制的标准。虽然K值法可以缓解单个工厂附近废气的浓度，即降低地面二氧化硫浓度，但不能控制整个地区的排放总量，反而带来污染范围扩大的新问题。与此同时，当某地区的烟囱过于集中时，该法的推行会使当地的大气污染状况依然严重，并不能达到降低污染浓度的目的。再次，众多影响人体健康的小烟源无法作为K值的控制对象。因此，K值控制法依然不理想。

鉴于K值控制法存在上述缺陷，冈山县水岛工业区、茨城县鹿岛工业区、川崎市、大阪府等工业区和城市在实行一段时间后便改变做法，开始研究各地区的容许排放总量或者环境容量，在此基础上计算各个污染源的容许排放量，为后来政府制定总量控制法这一新方案提供事实支撑。1974年6月，政府在K值控制法的基础上修改《大气污染防止法》，引进总量控制法，以便可以在治理大气污染的同时，杜绝K值法带来的上述问题。和K值法主要从某个工厂、某个固定污染源出发治理大气污染不同，总量控制法是从一个地区、多个污染源出发，根据当地的地形、气象、原料燃料供应情况、污染源分布等各种实际状况，计算出该地区能够接受的排污总量，然后根据该地区的工厂布局，将允许排放的二氧化硫和氮氧化物等污染物总量适当分配给各个工厂。如果发现污染物浓度超标时，便会通知相关工厂进行减排。在具体实施中，各地方政府和企业基本按照燃料和原料使用量分配方式来确定排放总量，部分地方使用最大复合落地浓度的控制方式。前者用公式表示为$Q=a \cdot w^b$。该公式中Q代表当地允许排放的硫氧化物总量（标准米$^3$/时），W代表特定工厂的原料和燃料耗用量（公升/时），a是指为减少硫氧化物排放量而规定的系数，由地方政府确定，b是在考虑了该地区的特定工厂群的分布以及原料和燃料的消耗等因素后由地方政府确定的常数，一般为0.8~1.0。后者用公式表示为$Q=\dfrac{Cm}{Cm_0}\cdot Q_0$。
该公式中Q指的是各个指定工厂硫氧化物的容许排放量，$Q_0$是
当前排出的硫氧化物量，Cm代表为达到减排目标的最大复合落
地浓度，$Cm_0$表示对应Qo的指定工厂等的最大复合落地浓度。
总量控制法主要适用于那些有可能发生严重污染的地区或者采
取现行控制方式难以达到环境标准的地区，主要有阪神、京滨、
京叶、中京、水岛和北九州工业区。

相比浓度控制法和K值控制法，总量控制法在防止大气污
染方面的效果更为理想。

## （二）宏观统筹：五位一体

除了微观层面应对环境公害问题，中央政府还从政治、外
交、司法、经济、文化五个方面应对环境公害问题。

### 1.政治：机构建设

为了更好地解决环境公害问题，日本政府从管理体制入手，
组建并完善了各种组织机构。1963年，通商产业省设置产业公
害课，1964年和1965年，厚生省相继组建公害课、公害审议
会，1970年7月组建由内阁总理大臣佐藤荣作任部长、总理府
总务厅长官山中贞则任副部长的公害对策本部，主要职责是制
定补充预算从而推动公害防止措施的实施、制定产业区的公害
防止计划以及制定公害防止方面的法律。至此，实施公害对策
的中央一级的行政机关已经横跨13个省厅、53个课室。

20世纪70年代以后，日本的公害治理机构建设实现质的飞
跃。为实现公害管理的一元化，1971年7月，日本正式成立环

境厅，这在日本环境公害治理史上具有里程碑意义。此后的各
种环境公害问题均可以由环境厅牵头处理。1973年3月，在环
境厅领导下，成立了日本公害研修所，并为地方和各省厅培养
了一支防治公害的技术骨干队伍。2001年1月将环境厅升格为
环境省。在环境厅成立之初，受到1973—1974年石油危机的冲
击，日本政府对公害的关注度有所降低，工作重心一度恢复到
曾经的优先发展经济，许多限制硫氧化物排放的政策在执行过
程中被大打折扣。作为专门致力于解决公害问题的政府机构，
环境厅在各种各样的内外政治压力面前，所作所为十分有限，
角色颇为尴尬。但随着石油危机形势趋缓，环境厅的机构日趋
完善，功能日益强大，公害治理和环境保全方面的工作卓有
成效。

首先，从人数看。1971年，环境厅的行政人员数为500人
左右，1999年增加到700多人。到2001年环境省成立，其定员
为1131人。截至2005年，日本环境省人员为1134人。同时，研
究人员数量则从1971年的500人左右增加到2005年的1000
余人。[①]

其次，从部门构成看。作为归内阁总理大臣直接领导的机
构，环境厅内设长官官房、计划调整局、自然保护局、大气保
护局、水质保护局、环境厅审议会以及研究部门等，主要职责
是制定环境政策、环境计划，统一监督管理日本全国的环境保
护工作，而其他相关省厅负责本部门具体的环保工作。随着环
境管理工作广度和深度的增加，尤其是生活型环境问题和全球

---

① 李蔚军.美、日、英三国环境治理比较研究及其对中国的启示—体制、政策与行动
[D].复旦大学，2008：17.

环境问题日益严峻的情况下，完善日本的环境管理体制成为一种必然。1990 年，环境厅下设地球环境部，专门应对地球环境问题。2001 年 1 月 1 日，环境厅升级为环境省，其机构设置和职责等方面都发生了一定变化。机构设置方面，除环境大臣、副大臣、大臣政务官、事务次官等官僚外，环境省主要采用四局一官房体制，即综括政府环境政策的"环境政策局"，负责地球环境和国际合作问题的"地球环境局"，负责大气环境、汽车对策及水土壤基岩环境保全等公害问题的"水和大气环境局"，负责自然保护、动物保护和自然公园保护的"自然环境局"和大臣官房。另外，环境省还设置了两个部和一个司：负责废弃物管理、循环再利用的"废弃物和再生利用对策部"、公害受害者救助与化学物质对策的"环境保健部"，以及保护水、土壤环境的"水环境司"。此外，随着国内情况的变化，近年环境省还增设了一些特色科室，在"环境政策局"内设置了综合负责环境与经济问题的"环境与经济科"，在"地球环境局"中组建了专门负责地球温室效应问题的"气候变化政策科"，在"废弃物和再生利用对策部"中设置了解决日益严重的工业废物问题的"工业废物管理科"和处理非法倾倒对策的"循环促进办公室"。

再次，从职能界定看。简单讲，环境省的职责是保护地球环境、防治公害、保护和整治自然环境以及其他的环境保护。具体而言，除继续履行环境厅的职责外，如制定大气、水、土壤等污染预防条例；保护自然环境，包括管理国家公园、保护野生动物，环境省还会统一管理日本的固体废弃物，与国土交通省、厚生劳动省、经济产业省、农林水产省、外务省、文部省等部门协同管理某些领域的事务，如促进废物循环利用、二氧化碳排放方面规定、保护臭氧层、防止海洋污染、化学品生产和检验条例、环境辐射的监测、通过污水处理系统处理废水、河流和湖泊的保护、森林和绿地的保护等各种环境保护事务。

除了组建最重要的应对环境公害问题的环境厅，日本政府还于1972年组建了公害等调整委员会。该委员会隶属日本总理府，是一个关于环境议题的咨询机构，主要工作任务有两方面。其一，向总理府提供有关环境公害问题的调解、仲裁等解决意见；其二，协调矿产和其他行业的土地利用。作为一个咨询机构，公害等调整委员会为日本政府公平、高效处理环境公害问题起了重要作用。

总之，作为日本中央一级最重要的环境管理机构，环境省的行政人员和研究人员数量不断增加，部门构成也随着国内实情的发展变化而日益细化，职能界定十分清晰、翔实。由此足以表明日本中央政府对国内环境公害问题的重视程度和解决公害问题的决心与力度。

2.外交：强化环境外交体制

二战后日本政府积极开展环境外交。所谓环境外交，主要是指国家以谈判、交涉等方式，处理与环境相关问题的一切外交活动。比如环境信息、人才、技术和资金的国际合作；国际环境立法谈判；国际环境条约履行；处理国际环境纠纷等。其实质是通过外交手段实现国家利益最大化——在有限的资源及环境容量中获得尽可能大的份额。[①]作为日益重视环境问题的亚洲国家，自20世纪70年代以来，日本政府不断完善机构建制，同时在国际外交舞台上多次就环境问题展开一系列丰富多彩的

---

① 张海滨.世界环境七大国：环境外交之比较[J].绿叶，2008（4）.

活动，收到了非常好的效果。

（1）完善机构建制

为了更好地与世界其他国家开展环境方面的沟通和交流，在1971年7月成立环境厅的基础上，1989年在环境厅内部成立地球环境部，在国立环境研究所组建地球环境研究中心，并设立"地球环境研究综合推进费"。后来，根据1993年通过的《环境基本法》而设置了"中央环境审议会"，专门就环境问题向政府提供对内和对外决策咨询。1999年日本成立国际合作银行，主要负责官方援助贷款项目事宜。步入21世纪，日本加快构建环境外交体制的步伐。2001年1月，日本政府决定将环境厅升格为环境省，使其在环境政策的制定方面有了更大的发言权。2004年，日本国际合作署从外务省独立而成为一个单独的行政部门，权力大增。至此，日本已经形成了以外务省、环境省为中心，日本国际合作银行和日本国际合作署为主要机构的环境外交体系，极大推动了环境外交工作的有序开展。

（2）主办或者参加各种国际环境论坛、会议

1970年3月，日本主办了有关环境问题的国际公害研讨会。来自世界各地13个国家的社会科学家代表一致认为，环境问题是当下最重要的问题之一，每个人都有责任保护环境。在通过的《东京决议》中就环境公害问题如此表态："我们强烈要求，特别重要的是把下述原则确立到法律体系当中去——即作为一种基本人权，人人皆有权享受不被有损健康和福利的因素所破坏的环境，皆有权分沾包括自然美在内的、现代人应该留给后代人的遗产——自然资源。"①

---

① ［日］都留重人.日本经济奇迹的终结[M].商务印书馆，1979：84.

　　1972年6月，以环境厅为中心的日本代表团出现在瑞典斯德哥尔摩召开的联合国人类环境会议上。借联合国人类环境会议召开之际，日本水俣病研究第一人、熊本大学医生原田正纯不仅和名叫坂本忍的日本小姑娘共同参加了这次会议，这个小姑娘口齿不清，运动失调，汞污染对她的损伤触目惊心，而且在会场内外通过把坂本忍介绍给与会人员等方式来向各与会国介绍水俣病的严重危害。国际社会借此对日本国内严重的环境公害问题才有所知晓。1982年，为纪念联合国人类环境会议召开10周年，联合国环境规划署在肯尼亚首都内罗毕召开了理事会特别会议。作为对环境问题高度关注的国家之一，前日本环境厅长原文兵卫代表日本政府建议成立"特别委员会"，以便科学规划21世纪地球环境的蓝图，并探讨实现这一目标的战略。受日本代表团提议的启发，1984年成立以挪威原首相布伦特兰夫人为委员长的"世界环境与发展委员会"，即布伦特兰委员会。1987年，世界环境与发展委员会在东京举行会议，通过了《我们共同的未来》的报告，提出了影响深远的"可持续发展"的环保理念。1988年，为回应保护臭氧层的《维也纳公约》和《蒙特利尔议定书》的制定，日本颁布了《臭氧层保护法》。同年发布的环境白皮书第一次以地球环境为主题，并在1989年成立与地球环境问题相关的阁僚联络会议，环境厅长官被指定为地球环境问题担当大臣。1992年，为纪念联合国人类环境会议召开20周年，在巴西里约热内卢召开了"联合国环境与发展大会"即地球峰会，以前首相竹下登为首的日本代表团参会。在这次地球峰会召开之前，1991年，联合国环境规划署首任执行主任莫里斯·斯特朗委托日本前首相竹下登召开"地球环境贤人会议"，对即将召开的地球峰会课题之一的地球环境与发展的资金问题进行探讨。在笹川和平财团提供资金和作为事务局的地球环境行动会议的共同努力下，1992年4月，地球环境贤人会议在日本东京召开，以前首相竹下登为首的国内超党派的议员、经济学界代表、学会代表，美国前总统卡特等29名世界著名人士参加了会议。在开幕式上，宫泽喜一首相指示相关人士要完善法律使日本适应新时代。三天后通过了关于地球环境与发展资金的《东京宣言》。地球峰会的召开，成为日本制定《环境基本法》《环境影响评价法》的巨大动力。1997年12月，在日本京都举办联合国气候变化框架公约缔约国第三次缔约方会议（COP3），签署《联合国气候变化框架公约的京都议定书》，简称《京都议定书》。该议定书制定了控制气候变化的目标，即将大气中的温室气体含量稳定在一个适当的水平，进而防止剧烈的气候改变对人类造成伤害。具体而言，明确实施减排计划，以1990年为基数，发达国家需要在2008—2012四年间将二氧化碳、二氧化氮等六种温室气体的排放量削减5.2%，其中美国、欧盟和日本分别削减7%、8%和6%；此外，该议定书倡导发达国家和发展中国家开展环境合作，引进绿色开发机制。1998年4月，日本政府批准了《京都议定书》。毫无疑问，《京都议定书》是20世纪日本环境外交的杰出成果，也是最重要的收官之作。21世纪以来，日本又先后于2002年、2012年分别参加了在南非约翰内斯堡、巴西里约热内卢举行的联合国可持续发展世界首脑会议。这些活动彰显了日本政府在环境领域的积极态度，客观上也非常有利于国内环境公害问题的治理和环境保护工作的推进。

3.司法：法律制定

早在第二次世界大战结束之前，日本中央政府便制定过一些环境保护方面的法律，如1900年制定的《污物清扫法》《下水道法》、1911年制定的《工厂法》、1931年制定的《国立公园法》等，但随着日本经济社会的快速发展，尤其是20世纪40年代末期，越来越多的人涌向城市，一些大型工业企业在日本纷纷出现。日本社会开始出现翻天覆地的变化，与此同时也出现了水污染、空气污染、地面沉降、噪声、固体废弃物污染等各种环境问题。第二次世界大战之前颁布实施的环境保护方面的法律显然已经滞后于时代。为此，从20世纪40年代末到21世纪初，日本中央政府先后通过一系列公害治理和环境保护方面的法律法规，立法原则也不断与时俱进，形成了完整的公害防止和环境保护法律体系。日本政府通过制定并且严格执行这些法律法规来治理环境污染。

第二次世界大战结束之后，按照非军事化和民主化的原则，美国对日本进行了改造。从政治角度而言，美国按照西方模式将日本改造成三权分立式国家，国会、内阁和法院分别拥有立法权、行政权和司法权。因此，各种环境方面的法律制定归属众议院和参议院组成的国会。在这一过程中，日本内阁事实上起着很重要的作用。根据1946年《日本国宪法》的规定，日本实行中央集权和地方自治共存的立法体制，即中央政府和地方自治团体均可以立法。日本地方自治法第十四条规定，地方团体可以在不违反法律命令的前提下，就本地方的经济建设、财政管理、环境保护、福利和社会保障、地方治安等制定条例。这些条例不得同法律相抵触，且位阶在法律之下。另据宪法规定，内阁、国会两院下设委员会以及国会议员均有权向国会提交法案，分别称为内阁立法、议员立法。在实际运作中，内阁立法占绝对主流。无论哪种形式，都要将法案提交国会进行最后审议。法案在国会众参两院通过后，经由内阁上报给天皇，由天皇对外公布成为正式的法律。[①]根据这样的立法程序，从20世纪40年代末期起，日本中央政府便先后制定了多部与环境公害以及环境保护相关的法律。

20世纪40年代，代表性法律是1949年国家颁布实施的《矿山安全法》，该法授权政府对废弃矿山有五年的监管期。[②]

50年代，日本政府通过了多部法律。1951年颁布《森林法》和《道路运输车辆法》、1953年颁布《野生生物保护及狩猎法》、1954年颁布《清扫法》、1955年颁布《原子能基本法》《防砂法》、1956年颁布《工业用水法》、1957年制定《自然公园法》、1958年通过了《水质保全法》《工厂排水控制标准法》《下水道法》和《关于水洗煤炭业的法律》等四部代表性法律。

60年代，日本政府加大了环保法规的制定颁布力度。1962年制定《关于限制煤烟排放等问题的法规》（以下简称《煤烟控制法》）和《关于限制建筑物采用地下水法》；1963年出台《生活环境设施整建紧急措施法》；1964年颁布《河川法》和《林业基本法》；1965年制定《防止公害事业团体法》和《关于整顿防卫设施环境法》；1966年制定《特定机场周边飞机噪声防止对策措施法》；1967年制定《防止飞机噪声对公共机场周边地区造成

---

① 卿晓英.揭秘日本立法体制及流程[J].人民之友，2013（Z1）。

② 1994年将"煤炭矿山安全规则""煤矿安全作业规程"整合进《矿山安全法》。2005年，日本第3次修订《矿山安全法》。

危害法》和《公害对策基本法》，后者确立了国家环境管理的基本原则，被称为日本环境公害治理的母法，是各级政府解决公害问题的指导性法规；1968年出台《噪声控制法》和《城市规划法》，同年还制定了《大气污染防止法》①；1969年制定了《关于救济公害健康被害特别措施法》。

70年代初，日本政府首先在1970年5月制定了《公害纷争处理法》，后又集中通过了一大批环保法规。1970年12月，日本召开旨在解决公害问题的"临时国会"即第64次国会。人们之所以称这次国会为"公害国会"，是因为这次国会一次性制定或修改了14部公害方面的法律。新制定的公害方面的法规有《公害防止事业费企业负担法》《关于危害人体健康的公害犯罪处罚法》②《关于农业用地土壤污染防止法》《关于废弃物处理及清扫的法律》《水污染防止法》《海洋污染防止法》共6部，修改的公害方面的法规有《公害对策基本法》《噪声控制法》《大气污染防止法》《道路交通法》《自然公园法》《毒品与剧毒品管理法》《下水道法》和《农药管理法》共8部。其中，1967年制定的《公害对策基本法》在这次国会上被大幅度修改，尤其是将此前的"在保护生活环境的同时，必须照顾它与健全发展经济的协调"修改为"在保护国民健康的同时，要保护其生活环境"，此前对私人利益妥协的倾向荡然无存。对此，佐藤荣作首相在国会施政方针演讲中解释道，"今后政策的基调要放到'没有福利就没有增长'这一理念上。发展经济就是为了增进福利，这一点自不必说，但是在经济发展速度快且经济规模急剧扩大

---

① 《大气污染防治法》在1970年、1971年、1972年、1974年、1981年进行过五次修改。
② 俗称"公害罪法"。

的日本社会，需要积极改善生活环境"。这标志着此前将公害对策定位为"配合经济发展"的理念发生了转变；1971年颁布《环境厅设置法》《恶臭防止法》和《关于在特定工厂整顿防止公害组织法》，同年还颁布实施了《农地土壤污染防治法》；1972年制定了《无过失损害赔偿责任法》《公害等调整委员会设置法》和《自然环境保护法》①；1973年颁布《化学物质限制法》《城市绿化法》《濑户内海环境保护特别措施法》《公害健康被害补偿法》（简称《公健法》）、修订《海洋污染防止法》；1974年通过《国土利用计划法》并修订《森林法》；1976年制定《振动规制法》并修订《关于废弃物处理及清扫的法律》；1978年，日本仿效美国《马斯基法案》，制定实施一项更严格的汽车尾气排放法律，禁止每千米 $NO_x$ 排放量超过0.25克的客车上路。这是当时世界上最严格的一部法律。②1979年颁布《能源使用合理化法》。

80年代的环保法规主要是1981年的《广域临海环境整治中心法》、1983年的《净化槽法》、1984年通过的《湖沼水质保全特别措置法》、1986年颁布的《空气污染控制法》③，1988年制定《关于通过对特定物质的控制等保护臭氧层的法律》。

90年代，日本政府在环保法规的制定颁布方面又有较大作为。1990年制定《为防止钉子刺破轮胎而涂抹涂料法》；1991年

---

① 《自然环境保护法》是日本保护自然环境的重要法律，截至1994年共修改了6次，该法的制定使日本的环境法体系包括公害法和自然保护法两大方面。

② Industrial Pollution Control Association of Japan. *Industrial Pollution Control: Gaeneral Review and Practice in Japan Volume1 Air and Water.* Tokyo: Industrial Pollution Control Association of Japan, 1981:22.

③ 《空气污染控制法》对焚烧生活垃圾的设施做出具体规定，是处理固体废弃物污染的一部重要法律。

制定《资源有效利用促进法》、修订《关于废弃物处理及清扫的法律》；1992年出台《工业废弃物处理特定设施整建法》《关于在特定地区削减汽车排放氮氧化物总量的特别措施法》；1993年颁布《机动车 $NO_x$ 控制法》，同年11月19日制定了环保法史上更重要、更关键的《环境基本法》，同时废止1967年的《公害对策基本法》；1994年制定"水源二法"，即《为防止特定水道水利障碍的水道水源水域的水质保全特别措施法》和《促进水道原水水质保全事业实施的法律》；1995年制定《容器和包装物的分类收集与循环法》；1996年通过《关于海洋生物保护及其管理的法律》；1997年再次修订《关于废弃物处理及清扫的法律》，并制定《环境影响评价法》，后者对日本公众的环境知情权和环境参与权都做出了明确界定，同时对环境非政府组织参与环境治理提供了法律依据；1998年制定《家电再生利用法》《关于推进地球温暖化对策的法律》；1999年出台《关于把握特定化学物质对环境的排放量以及促进管理改善的法律》和《二噁英类治理特别措施法》，同年还通过了《环境省设置法》，该法为环境厅日后升格为环境省提供了法律依据。

21世纪初，日本政府继续在环保法规的制定或修订上大踏步前行。2000年至2001年，在《环境基本法》的指导下，日本政府制定、修订了八项与建设循环型社会和推动固体废弃物再生利用有关的法规。它们分别是《建设循环型社会基本法》《资源有效利用促进法》《容器与包装物的分类收集与循环法》《家电再生利用法》《可循环性食品资源循环法》《建筑材料循环法》《绿色采购法》《关于废弃物处理及清扫的法律》。这些法律不仅覆盖面广，而且操作性强，责任明确，对于企业、消费者、零售商等不同主体、不同行业在固体废弃物的分类、收集、运输、处理和资源循环利用等方面应负责任有明确的划分和具体规定，对日本构建循环型社会起到了有力的推动作用。此外，2001年政府还颁布了《PCB特别措施法》、2002年出台《汽车循环利用法》《关于有明海及八代海再生的特别措施法》、2003年出台《增进环保热情及推进环境教育法》《消除工业废弃物特别措施法》并修订《关于废弃物处理及清扫的法律》、2005年制定《关于特定特殊机动车尾气规制的法律》、2006年和2010年再次修订《关于废弃物处理及清扫的法律》、2012年出台《小型家电循环利用法》、2015年修订《关于废弃物处理及清扫的法律》及《灾害治理基本法》、2017年修订《关于废弃物处理及清扫的法律》及《巴塞尔法》。

20世纪90年代以前，日本以《公害对策基本法》为核心，建立起治理环境污染的法律体系。这些法律可以分为三类，第一类是关于污染控制的法律，如《大气污染防止法》《水污染控制法》《噪声控制法》《海洋污染防止法》《农业土壤防止法》《关于废弃物处理及清扫的法律》等；第二类是关于污染控制法实施方面的法律，如《环境污染控制服务公司法》《特别税措施法》《地方税法》《污染犯罪惩罚法》等；第三类是关于救济方面的法律，如《污染健康损害补偿法》《环境污染争端解决法》《汞致病病人伤害补偿特别措施法》等。在众多法律中，《公害对策基本法》因居于基础地位而显得极为重要。随后制定的《大气污染防止法》和《水污染防止法》则对治理相关领域的产业公害起到了纲领性作用。

日本最初根据污染的对象制定了不同的控制污染法，如水污染或者大气污染等方面的法律法规。但随着整个国家环境污染形势的加重，痛痛病、哮喘病、水俣病等各种环境公害事件频发，日本国民也多次举行示威游行以示抗议，因此有必要将既有的不同类型的环境污染法规进行整合和系统化，使之有明确的标准，并明确中央政府、地方政府和企业不同的治污责任，从而可以更高效地应对环境公害问题。在这样的背景和理念下，《公害对策基本法》于1967年问世。在诸多法律中，该法律因其居于基础地位而最为特殊。《公害对策基本法》共四章30条。第一章为总则，共8条，界定了立法的目的、"公害"的内涵、中央政府、地方公共团体、企事业单位和居民在公害防止中的职责等。第二章为防止公害的基本对策，共13条，规定了环境标准，关于排放、土地利用、监测制度等各方面的国家对策，地方公共团体应采取的应对措施和处理公害纠纷的损害救济等问题。第三章共3条，主要规定了公害企业的费用负担、地方公共团体的财政措施和对企业的资助。第四章共6条，涉及公害对策会议、审议等内容，如机构、职权、组成等。

《公害对策基本法》第一章中，将"公害"界定为"由于工业或者人类其他活动所造成的相当范围的大气污染、水质污染（包括水质、水的温度等其他情况以及江河湖海及其他水域的水底状况）、土壤污染、噪声、振动、地面沉降（矿井钻掘所造成的下陷除外）和恶臭，以致危害人体健康和生活环境的状况"。在界定"公害"时所指的"生活环境"是指与人类生活有密切关系的财产、动物、植物以及这些动植物的生存环境。该章对防止公害的目的进行了如下规定，"在保护生活环境的同时，必须照顾它与健全发展经济的协调"，即与经济发展相协调。对此，当时社会各界曾产生过激烈争论，部分人士不认同公害对策要与经济发展相协调的观点，主张公害对策应与国民的健康保护相关。后经日本国会审议，在《公害对策基本法》第1条第1款中明确保护国民健康这一立法目的，同时在第2款中规定生活环境的保护要与经济的全面发展相协调。这样的处理结果更多地表明了日本政府优先发展经济的思想。事实上，该思想是日本1958年制定的《水质保全法》以及1962年制定的《关于限制煤烟排放等问题的法规》等相关法律精神的延续和重现。《水质保全法》中指出"促进产业的相互协调与提高公众卫生水平"，《关于限制煤烟排放等问题的法规》中强调"谋求生活环境保护与产业健康发展之间的协调"。这两部法律清楚地表明政府在发展经济和保护环境问题上的立场。不过，1970年，《公害对策基本法》的上述优先发展经济的思想终于被修改。

另外，在不同主体防止公害的职责问题上，第一章中进行了如下界定。该法认为，中央政府在制定和实施基础且全面的环境污染控制措施方面负有基本责任，即政府有责任制定大气、水、土壤等方面的环境质量标准以及明确土地用途、决定工厂选址、配备环境污染检测设备等。如在饮用水的水质方面，政府规定镉含量和铅含量均应低于0.1ppm，六价铬和砷含量均应低于0.05ppm，有机磷、氰化物、烷基汞和PCB等含量应为零。同时政府有义务向国会报告公害状况和防止情况；地方公共团体结合中央政府在公害防止方面的基本政策，制定适合本地实际的防止公害措施，这种措施一般要比国家统一标准更为严格翔实；作为直接制造公害的各种企业，则有义务妥善处理废水、废气、废渣等各种工业活动衍生物，协助中央政府和地方公共团体共同实施公害防止对策，做好环境污染控制工作，不能因为自身的商业行为而污染环境。同时，企业更应注意做好工业活动中的公害预防工作，尽量实现从源头避免公害发生，从而从根本上杜绝公害；居民应通过各种适当的方式协助中央政府和地方公共团体实施公害防止措施。

《公害对策基本法》第二章规定了防止公害的基本对策。要求政府必须在科学研判的基础上制定大气、水质、土壤、噪声等方面的环境标准，并且认为这种环境方面的标准应该与时俱进，根据现实情况适时更新和修改。政府更应该采取适当且有效的措施确保环境符合上述标准。

在污染物排放方面，该法对于二氧化硫、粉尘、氮氧化物等主要的环境污染物质都规定了严格的排放标准，如强制规定含汞废水、废气的工厂必须改变工艺或者停产，严格禁止生产与进口多氯联苯等剧毒物质。关于燃料含硫量，规定一般企业燃料含硫量不超过 1.2%，对人口稠密地区、工业集中区的燃料含硫量规定则更低，以此确保居民生活环境的健康。

在因为公害污染引起的损害救济方面，该法第二十一条明确规定政府应当采取一系列必要措施，确保能够建立起行之有效的救济制度。为此，1969 年 12 月、1970 年 6 月、1970 年 12 月，日本依次制定了《关于救济公害健康被害特别措施法》《公害纠纷处理》《关于人身健康公害犯罪惩处法》。这些法律在完善救济措施的同时，对故意或者无意违反《公害对策基本法》的企业规定了不同程度的惩罚措施，如对于故意违反排放标准的企业判处六个月以下惩役或五万元以下的罚金。

《公害对策基本法》第三章主要涉及中央政府、地方公共团体和企业在公害治理方面各种性质的费用问题。该法规定造成公害的企业在配合政府治理时负担部分或者全部必要的费用；中央政府和地方公共团体需要采取必要的财政金融措施，鼓励企业积极治理公害。如银行可以给相关企业尤其是中小型企业提供长期低息贷款，对治理污染设施的固定资产折旧费实行减免税收等。该法对于污染税率实行逐年增加的对策，同时对各种诸如汽车、客机等流动污染源分别征收排气税、着陆费等。

《公害对策基本法》第四章为公害对策会议、公害对策审议会两大议题。其中，公害对策会议是总理府的下属机构，由会长一人和委员若干人组成。会长由内阁总理大臣兼任，委员则由内阁总理大臣从有关省、厅长官中任命。公害对策会议主要处理公害防止计划、审议有关防治公害各种措施并促进这些措施的严格落实等事宜。公害对策审议会的规格低于公害对策会议，它隶属于环境厅。公害对策审议会分两类，第一类是中央审议会，委员由内阁总理大臣从具有防治公害的知识和经验的专家中任命，主要职责是调查和审议有关公害对策的基本事项和重要事项；第二类是日本各都、道、府、县、市、町、村设立的公害对策审议会，主要负责调查和审议本管辖权内公害对策的基本事宜。

通过梳理《公害对策基本法》的主要内容，我们发现其具有如下几个主要特点。该法在日本首次以法律的形式确定了公害防止的关键内容；该法明确规定政府具有保护国民健康和生活环境质量的职责；该法明确规定内阁总理大臣必须兼任环境保护最高机关——公害对策会议之会长，以此最大程度上确保公害防止取得实效。

《公害对策基本法》在1967年制定后，日本的环境情况并未明显好转，许多环境公害问题依然层出不穷。1969年，日本福岛市发生桑叶污染致蚕中毒死亡事件，名古屋南部临海工业集体住宅区附近发生工业粉尘造成温室蔬菜中毒事件。另外，濑户内海的污染情况在这个时期也愈发严重。在这样的背景下，要求修改《公害对策基本法》的呼声日益高涨。为此，《公害对策基本法》先后于1970年、1971年、1973年、1974年多次修改。

在1970年11月24日至12月18日召开的第64届临时国会即"公害国会"上，《公害对策基本法》被部分修改，其中主要的修改部分有两处。第一处是删除了"在保护生活环境的同时，必须照顾它与健全发展经济的协调"的条款，将其修改为"在保护国民健康的同时，要保护其生活环境"，经济优先的色彩不复存在，由此表明日本政府将公害防止放在了更为重要的位置；第二处是增加了与保护自然环境关系方面的内容，规定应努力保护自然环境和保存绿化地带，从而有利于防止公害。

此后，《公害对策基本法》虽然又有多次修改，但改动幅度并不大，而且在内容方面基本再无实质性改动。1971年的修改是由于治理环境公害的省厅机构——环境厅的设置而进行的一次相应修改；1973年的修改侧重于中央公害对策审议会的完善；1974年主要修改公害纠纷处理方法。

《大气污染防止法》制定于1968年6月。该法在对煤烟、尘土、有毒物质等名词进行界定的基础上，制定了相应的排放标准。其中最为引人注目的，是有关硫氧化物排放的K值测量法。该测量法把当地允许排放标准（通常是16）的$10^{-3}$和大烟囱的有效高度（大烟囱的高度与排放的烟升高的高度之和）的平方之积作为该企业被允许排放的硫氧化物量，即 $Q=K\times10^{-3}\times H_e^2$。
此外，针对工厂和商业较为集中的地区，该法案提出了排放总
量控制标准。后在1974年和1981年对《大气污染防止法》修订
的过程中将硫氧化物和氮氧化物的总量控制分别纳入该法。

《水污染防止法》制定于1970年12月。该法将河流、湖泊、
沼泽、港口等界定为公共水域，认为含镉、磷、铅、砷、汞、
六价铬、氰化物以及PCB等的水均为有毒废水，对人体健康会
产生危害；认为水中氢离子浓度指数的高低、COD和BOD含量
多少以及悬浮颗粒物的多寡等会对水质产生不同程度的影响，
进而对人们的生活环境带来不同影响。在此基础上，中央政府
制定了全国统一的最低标准，比如每1升水所含的镉、氰化物、
铅、六价铬、砷、汞、PCB等依次不得超过0.1毫克、1毫克、1
毫克、0.5毫克、0.5毫克、0.005毫克、0.003毫克。排放到海水
中的氢离子浓度介于5.0~9.0之间，排放到其他水域的氢离子浓
度介于5.8~8.6之间，日排放BOD、COD、悬浮颗粒物的最大值
依次为160毫克/升、160毫克/升和200毫克/升等。由于日本各
地情况不同，中央政府制定的全国统一的水污染控制标准在地
方实施的效果不甚理想。因此，各都道府县都会建立适合本地
实际且更为严格的水污染控制标准。

20世纪90年代以来，随着《公害对策基本法》等多部法律
的多管齐下，日本国内环境公害问题得到明显好转。但是，城
市生活型环境污染取代此前的环境公害成为最突出的问题，如
汽车尾气污染、城市固体废弃物污染等，同时，全球环境问题
也引起了日本政府的关注和重视。国内外环境保护形势的演变
客观上需要将环境保护法律从此前重点解决公害问题转向整体

性环境保护及全球环境问题，法律的监管对象也需要从此前以
企业为主转向日本国民。当时，经济合作与发展组织在对日本
环境问题的评论报告中，就曾明确指出：日本关于环境对策虽
然在防治公害的战斗中取得了胜利，但是在为提高环境质量的
战斗中，却还没有完成任务。[①]在这样的大背景下，日本政府于
1993年11月19日颁布实施了新的环境法规——《环境基本法》，
同时宣告废止实行了近30年的《公害对策基本法》。

《环境基本法》共三章46条。第一章为总则，共13条。第
二章为关于环境保全的基本对策，共27条。第三章为环境审议
会等，共6条。最后一部分是附则，对《环境基本法》的实施情
况进行了说明。

《环境基本法》的第一章，开宗明义地点明了立法的目的，
即在环境保全方面规定基本理念，并且明确国家、地方公共团
体及企业者以及国民的责任，规定作为环境保全基本对策的事
项，从而综合且有计划地推进环境保全对策，以有助于确保现
在以及将来国民健康、文明的生活，为人类的福利做贡献。相
比1967年制定的《公害对策基本法》，经济优先的痕迹已经荡然
无存。该章第二条第三款对"公害"一词进行了界定，认为
"公害"是指在环境保全上的妨害中，由于伴随企业活动以及其
他人为活动经过相当范围发生的大气污染、水质污染（包括水
质以外水的状态或者水底底质的恶化）、土壤污染、噪声、振
动、地面沉降（因采矿而挖掘土地造成者除外）以及恶臭，造
成有关人体健康或者生活环境（包括与人的生活密切相关的某
些财产以及与人的生活密切相关的某些动植物及其生育环境）

---

① 康树华.日本的《公害对策基本法》[J].法学研究，1982（2）.

受到损害的状况。与《公害对策基本法》对照，新界定中虽然强调了环境保全理念，但从实质上看并无二致。

除了上述内容，第一章就国家、地方公共团体、企业者和国民在环境保全问题上的职责分别进行了界定。国家有责任制定关于环境保全的基本的和综合的对策并负责实施；地方公共团体有责任在环境保全方面制定准国家对策的对策以及根据该地方公共团体区域的自然和社会条件制定其他对策并负责实施；企业者有责任防止企业活动产生的煤烟、污水和处理废弃物等以及其他公害，应当努力降低有关该企业活动的产品以及其他物品的使用或者废弃而造成对环境的负荷，必须努力利用再生资源以及其他降低对环境的负荷的原材料、劳动等，或者采取必要的措施适当地保全自然环境，企业还应协助国家或者地方公共团体实施关于环境保全的对策；日本国民有责任努力降低伴随其日常生活活动所造成的对环境的负荷，同时协助国家或者地方公共团体实施关于环境保全的对策。此外，该章还要求政府必须每年向国会提交环境状况及其政府在环境保全上采取的对策。为提高日本各界从事环境保全活动的意识，该章第十条将每年6月5日定为环境日。

在第一章中，还明确提倡环境保全工作中的可持续发展和国际合作原则。第三条这样规定，在现在以及将来的世代人类享受健全、丰惠的环境恩惠的同时，必须对作为人类存续基础的环境实行适当的维护直到将来。第五条明确指出，地球环境保全是人类共同的课题，必须有效地利用我国的能力和顺应我国在国际社会中所处的地位，在国际协作下积极地推进地球环境保全。之所以在《环境基本法》中倡导可持续发展和国际合作原则，是因为1992年6月在巴西里约热内卢召开了联合国环境与发展大会。这次会议讨论并通过了《里约环境与发展宣言》（又称《地球宪章》，规定国际环境与发展的27项基本原则，其中第1原则、第3至第5原则均提到了可持续发展）、《21世纪议程》（确定21世纪39项战略计划）和《关于森林问题的原则声明》，并签署了联合国《气候变化框架公约》（防治地球变暖）和《生物多样化公约》（制止动植物濒危和灭绝）两个公约。因此，日本政府在制定《环境基本法》时便将联合国环境与发展大会的精神吸收其中，以此更好地推动日本国的环境保全工作。

《环境基本法》第二章是重点，分8节27条，围绕环境保全的基本对策展开立法。在第一节"有关制定对策等的指针"中，规定对策制定时必须保护人体健康以及保全生活环境、自然环境和确保生态系统的多样性。在第二节"环境基本计划"中，要求政府必须制定关于环境保全的综合且长期的对策大纲，同时明确内阁总理大臣在其中的角色。第三节"环境标准"，规定政府制定有关大气污染、水质污染、土壤污染以及噪声等方面在保护人体健康和维持生活环境保全上的标准，并且认为该标准必须经常加以适当的科学判断和必要的修改。第四节事关在特定地域防止公害问题，认为国家以及地方公共团体应当努力采取必要的措施以达成公害防止计划。第五节"国家为环境保全采取的对策等"，规定国家在大气污染、水质污染、土壤污染、恶臭、噪声、振动、地面沉降等七大公害、在自然环境保全上特别有必要的区域中的变更土地的性状、新设工作物以及在采捕、损伤以及其他行为中可能对所保护的必要的野生生物、地形、地质或者温泉水源以及其他有关自然物的适当保护有妨

害之虞时，要采取必要的控制措施。同时，国家应为造成上述
情形的施行者在降低对环境造成负荷的活动中给予适当经济资
助。简而言之，该节对国家在减轻环境负荷中的主要职责进行
了清晰的界定。第六节"关于地球环境保全等的国际协作等"，
认为国家应当采取必要措施确保关于地球环境保全的国际合作
和国际协作等。第七节"地方公共团体的对策"明确要求各公
共团体应当综合且有计划地推进和实施准国家对策的对策。第
八节"费用负担以及财政措施等"，该法认为除了国家和地方公
共团体应当根据情况适当且公平地负担环境保全所需的全部或
者部分费用以及污染者负担费用，受益于环境保全事业的主体
也应负担全部或者部分费用，即受益者负担原则。

　　第三章主要围绕中央环境审议会和公害对策会议进行立法。
该部分与《公害对策基本法》的界定基本一致，不再赘述。

　　总体而言，《环境基本法》在遵循《公害对策基本法》和
《自然环境保护法》等法律基本理念的基础上，以环境保全为目
的，提出了降低环境负荷、可持续发展、社会责任、重视预防
和加强国际合作等一系列重要理念，强化了环境保护工作。在
日本的环境与资源保护的法律体系中，该法起着相当于环境宪
法的作用。值得注意的是，《环境基本法》的立法原则从20世纪
60年代强调工业发展（努力实现公害对策和经济增长协调等）
逐渐转向20世纪90年代保护环境优先。这也标志着日本政府治
理公害问题的理念发生了重大变化：从公害防止型变为环境保
全型；从事后治理变为未然预防；从防止损害变为风险管理。①

---

　　① 冯军，尹孟良.日本环境犯罪的防治经验及其对中国的启示[J].日本问题研究，
2010（1）.

随着1993年《环境基本法》取代此前的《公害对策基本法》，日本有了综合性的环境保护基本法。这也标志着日本的立法体系更加注重整体，从而形成了以宪法关于环境保护规定为基础①，以综合性的《环境基本法》为核心，其他相关部门法为补充，以及包括污染防治、自然保护、环境纠纷处理及损害救济、环境管理组织等内容的环境法律、法规、制度和环境标准组成的完备体系。

总之，日本在半个多世纪的时间里颁布的法律法规，数量之多，内容之全，实属罕见。它涉及大气污染、土壤污染、水质污染、噪声、废弃物循环利用等众多环境公害问题，还涉及如何解决因为公害而产生的健康损害问题。事实上，日本政府颁布的环保法规的确相当完备，规定的内容更是十分详尽。这些环保法规对政府、企业和普通国民在公害治理、环境保全方面的权利和义务做了明确规定；确立了污染者负担费用的原则，即企业等单位要对自己的污染源进行治理，使其符合法律规定的标准；同时明确污染发生后要对受害者进行赔偿，还必须承担消除污染后果的各项费用。

4.经济：财政金融政策

从整个日本政府在公害防止与环境保护经费方面的资金投入看，1970年为1142亿日元，1972年增长为2632亿日元。到了70年代末期，政府用于公害防止和环境保护方面的经费预算持续攀高。1977年的预算额6267亿日元，其中用于公害对策的预

① 1947年《日本国宪法》第13条："全体国民都作为个人而受到尊重。对于追求生命、自由以及幸福的国民权利，只要不违反公共福利，在立法及其他国政上都必须受到最大的尊重。"第25条："全体国民都享有健康和文化的最低限度的生活的权利。国家必须在生活的一切方面为提高和增进社会福利、社会保障以及公共卫生而努力。"

算是5653亿日元，用于自然保护对策的预算是614亿日元。1978年的环境保护预算总额是8678亿日元，其中有关公害对策的预算是7871亿日元，有关自然保护对策的预算是807亿日元。相比1977年的预算总额，1978年多出2411亿日元，增加38.5%。1979年，日本政府的环境保护预算比1978年增加29.6%，总额达到1兆1253亿日元。1979年环保预算占国家预算的比例上升到1.6%。[1]此后，尤其是随着1993年11月《环境基本法》的颁布实施，日本政府的环保投资有了大幅增长，从1990年的13403亿日元增至1997年的28211亿日元，后又增至1999年的30213亿日元。1995年以来，环保投资占一般会计支出的比重一直维持在1.6%以上，均高于1990年的1.1%。[2]

从环境厅的预算看，1977年用于环境保护的预算总额是355亿多日元，其中用于公害对策的费用是315亿日元，用于自然环境保护对策的费用是40亿日元。1978年分别增长到386亿日元、339亿日元和47亿日元。[3]从80年代后期开始，环境厅的资金预算仍在上升中，从1985年的430亿日元增加到1999年的860亿日元。到2000年由于增加了废弃物处理设施的配备与维护职能，其预算额猛增到3689亿日元，2001年达到创纪录的4143亿日元。[4]

除了上述两种主要措施，政府还以提供低息贷款、减免税收、补贴等方式支持企业的污染治理。如对无公害技术的引进、

---

① 李金昌.日本环境保护的费用和预算[J].环境保护科学，1981（1）.

② 刘昌黎.现代日本经济概论[M].东北财经大学出版社，2002：408.

③ 李金昌.日本环境保护的费用和预算[J].环境保护科学，1981（1）.

④ 李蔚军.美、日、英三国环境治理比较研究及其对中国的启示—体制、政策与行动
[D].复旦大学，2008：17.

公害防止设备的购买以及固定资产折旧等进行免税或者减税；对水银法烧碱改造、重油脱硫、排烟脱硝、无公害炼铜、原子能炼铁、离子交换膜制烧碱、用锰处理尾气等公害防止方面的技术研发提供长期贷款和科研支持，如通商产业省在1975年就有22.2亿日元的专项科研预算。对资金在1亿日元或者工人人数不足300人的中小型企业防止公害的投资，可以由"公害防止事业团"提供部分低息甚至无息贷款，如1973年至1978年，政府向国内小型商业金融公司分别提供170亿、215亿、180亿、400亿、500亿、530亿日元的财政支持，对企业更新设备方面的融资提供为期十年、500万至800万日元不等的无息贷款。1973年、1974年、1975年分别减少关税4300万、4800万、5800万日元。1975年减少商品税72亿日元。[①]

在治理国内环境公害的同时，日本政府也加大了国际环境援助的力度。以政府开发援助为中心，日本在与发展中国家积极进行环境对话的基础上，不断加大援助力度。1989年至1992年，日本政府预定国际环境合作金额为3000亿日元，但实际执行金额为4075亿日元。1992—1996年，日本向国际社会提供总额约9800亿日元的环境对外援助。借此，联合国环境与发展大会秘书长莫里斯·斯特朗称赞日本是"世界环保超级大国"。日本环境政府开发援助即ODA占总ODA的比重不断提高，从1989年的9.8%、1993年的12.8%、1996年的27.0%、1999年的30.5%

---

① Industrial Pollution Control Association of Japan. *Industrial Pollution Control: General Review and Practice in Japan Volume1 Air and Water*. Tokyo: Industrial Pollution Control Association of Japan, 1981:163–164.

升至2002年的35.2%。[①]

5.文化

为增强日本公众的环境保护意识，提高全民治理环境公害的水平，从而高效推进环境公害治理工作，尽快摘掉"公害大国"的帽子，日本政府开展了形式多样的环境教育，并加强了对环境公害问题的科学研究。

（1）环境教育

事实上，日本的小学、中学和大学等各级各类学校开展的学校环境教育始于20世纪60年代开展的公害教育。当时，日本部分学者、教师等群体对工业污染及其和人体健康的关系等问题进行了相关研究，并建立研究和宣传公害问题的民间组织，如1964年成立的"东京中小学公害对策研究会"。1965年，日本政府出台《学习指导要领》，作为在学校开展环境教育的指导性文件。该要领对不同年级、不同阶段的环境教育内容、方法、目标和对象等进行了规定。日本对学生从小学阶段起便开始进行节水、节电等方面的节约教育，从而使其为保护环境贡献属于自己的一份力量。1967年，全国中小学公害教育对策研究会成立，集中对学生进行环境公害教育。1968年，日本文部省在新修订的社会科学教学大纲中援引了新通过的《公害对策基本法》中使用的"公害"一词，主要揭露以熊本县水俣病、富山县痛痛病为代表的工业污染，从而有利于公害教育的实施。

20世纪70年代后，日本的学校环境教育步入快速发展阶段。相比此前的工业型污染，这段时间城市汽车尾气、生活垃

---

① 张海滨.世界环境七大国：环境外交之比较[J].绿叶，2008（4）.其中1993年和1996年的数据来自刘昌黎.现代日本经济概论[M].东北财经大学出版社，2002：418.

圾等生活型污染日益严重，广大居民既是污染的制造者同时又是污染的受害者。在这样的情况下，人们重新思考人和自然的关系，公害教育逐步转向内涵更为广泛的环境教育。在文部省的指导下，日本许多学校都开设了和环境教育相关的学科。表3-4表示的是20世纪70年代前半叶日本开设环境教育学科的部分学校。在这些学校开展的环境教育中，主要涉及水质、大气分析和各种净化技术、动植物保护、环境设计等方面的知识。其中，东京农工大学的做法颇有代表性。1973年，东京农工大学新设置实施环境教育的自然保护学科，学制四年。进入该学科的学生首先学习基础知识，从大二开始学习以生态学为基础的专业课程，主要涉及大气环境学、土壤水界环境学、生物污染化学、自然保护学、植物管理学等知识，具体修习科目有大气环境生物学、大气污染论、土壤污染论、水界环境论、化学生态学、动物生态学、野生动物保护管理学、植生保护管理学、绿地保全论等。当然，这段时期有许多学校并未开设环境保护专业方面的学科，但开设了和环境教育相关的课程。如当时的京都大学，便选择在相关院系中开展环境方面的教学工作。如在土建系从事粪便、垃圾方面的卫生工程学习，在生物系讲授环境保护的相关知识，在化学系传授地球化学中的环境问题，在地理系讲授人与自然环境的关系等。70年代中后期，日本的学校环境教育继续向前推进。1974年，日本东京召开了环境教育国际会议。1975年，将原来的全国中小学公害教育对策研究会更名为全国中小学环境教育研究会，扩大了环境教育的内涵。1977年，东京学艺大学成立"环境教育研究会"。1977年至1979年，日本小学、中学在相关教学课程中均设立了和环境教育相关的单元。

表3-4　20世纪70年代前半叶日本开设环境教育学科的部分学校

| 学校名称 | 学科名称 | 设立年度 | 主要讲座 |
|---|---|---|---|
| 宇都宫大学 | 环境化学科 | 1974 | 水质化学、环境分析化学 |
| 大分大学 | 化学环境工学科 | 1974 | 气、水净化工学 |
| 九州工业大学 | 环境工学科 | 1974 | 大气保全工学 |
| 山梨大学 | 环境整备工学科 | 1974 | 环境测定 |
| 岛根大学 | 环境保全学科 | 1974 | 植物病学 |
| 东京水产大学 | 海洋环境工学科 | 1973 | 渔场环境学 |
| 东京农工大学 | 环境保护学科 | 1973 | 大气环境学 |
| 千叶大学 | 环境绿地学科 | 1974 | — |
| 爱媛大学 | 环境保全学科 | 1975 | — |

资料出处：中国科学技术情报研究所．出国参观考察报告：日本环境保护情况
[M]．科学技术文献出版社，1976：54—55.

　　20世纪八九十年代，受联合国人类环境会议的影响，日本学校环境教育进入大发展时期。例如，1986年召开环境教育恳谈会，1988年环境厅发表《环境教育恳谈会报告》，同年日本环境厅内新设置"环境教育专门官"。1989年，环境厅又创设了"地区环境保护基金"，支援地区环境教育事业的发展。1990年又成立"日本环境教育学会"。日本政府在1993年制定的《环境基本法》第25条中明确提出了环境教育和环境学习的重要性。日本还制定了推进环境教育的专门法《增进环境保护意识和推进环境教育法》。为培养下一代人的环保意识，从1995年起还开始了"儿童生态俱乐部事业"。1998年，环境厅根据中央环境审议会的审议，进一步提出了进行环境教育、开展环境学习的具体方法，并组织实施了"综合环境学习示范区事业"。作为学校

环境教育工作的领导机构，日本文部省在这段时期做了大量工作，除了不断充实中小学教学指导大纲中有关环境保护的各种内容，使其渗透于国语、理工、音乐、保健、道德等多门课程，并多次颁布用于指导中小学实施环境教育的指导资料，文部省还专门设立科学教育研究经费，组织国内众多大学和科学研究所开展环境教育方面的研究工作。

步入21世纪，随着日本政府提出构建循环型社会的新发展理念，日本的环境教育工作不断推进。据日本国际教育协会的统计，到2002年，日本有80所大学、120多个学科实施了环境教育。2003年7月18日，日本政府制定并颁布了《增进环保热情及推进环境教育法》。从世界环境教育发展史来看，日本是继美国之后世界上第二个制定并颁布环境教育法的国家。该法的颁布和实施为进一步推进环境教育、提高日本国民的环保热情提供法律依据。

除了正规、主要的学校环境教育，日本政府还会通过广播、电视、报纸等不同媒介报道有关公害方面的知识，向日本公众普及环境保护知识。另外，对从事环境工作的人员进行不同形式的培训，帮助从业者提高治理环境公害的能力和水平，也是政府进行环境教育的一种手段。从1973年起，日本环境厅就利用公害研究所对中央政府和地方都道府县从事公害工作的技术人员和行政管理人员开始进行轮训，其中1973年和1974年共培训学员1323人。[①]厚生省下属的国立公众卫生院作为另外一支主要的培训力量，在这段时期就曾重点培训过大学毕业后从事

---

① 中国科学技术情报研究所.出国参观考察报告：日本环境保护情况[ M ].科学技术文献出版社，1976：53.

环境保护工作两年以上的工作人员，帮助他们加强对环境工学、大气污染、水污染、噪声振动等方面的专业学习。

总之，日本政府组织实施的环境教育，提高了日本公众的环境保护意识，使他们能够最大程度上积极参与到环境保护的实践之中，有利于环境公害的治理和生态环境的保护。

（2）科学研究

二战后随着环境公害问题的日益严峻，中央政府组织科研人员，加强了和公害相关问题的研究力度。这主要包括中央省厅所属的50多个科研院所。其中，环境厅国立公害研究所以跨学科研究方法为主，主要侧重研究日本国家和国际上重大的环境课题以及一些基础理论，隶属通产省工业技术院的公害资源研究所等的侧重点在于工业公害的防止技术，而厚生劳动省国立卫生试验所等重点研究环境公害对人体健康带来的伤害；农林省农药检查所侧重点在于研究环境污染物质对农林水产生态系统的影响，运输省海上保安厅的研究重点是海洋污染及其防止等方面的技术。在众多的科研机构中，国立公害研究所、公害资源研究所、卫生试验所和农药检查所等四所国立公害研究机构承担了相对重要的、事关日本整个国家的研究课题和研究任务，其地位相对重要。这些国立公害研究机构主要承担来自环境厅、通产省、厚生劳动省和农林省确定的特别研究项目以及该所自己确定的研究项目。20世纪70年代，上述国立公害研究机构主要从提高排水量技术、PCB等新型污染物质、环境污染对生物影响、光化学烟雾对城市污染、无公害汽车、自然环境管理和保护、关于废弃物处理及利用、濑户内海等沿岸城市预防污染八个方面开展相关研究。具体而言，国立公害研究所隶属环境厅，成立于1974年3月，是日本环境保护科研中心，包括总务部、技术部、环境情报部、综合解析部、计测技术部、大气环境部、水质土壤环境部、环境生理部、环境保健部、生物环境部等众多部门，拥有电子显微镜、光电子分光仪、高频诱导等离子体光谱仪、富氏变换红外分光光度计等高精密仪器，涉及情报调查、大气计测、水质计测、陆水环境、环境病理、环境疫学、生理生化等方面的调查研究。公害资源研究所隶属通产省，包括资源开发和环境保护两种性质的工作，主要涉及大气和水质污染防止技术、废弃物处理等方面的技术研究，如研究汽车尾气的净化装置、利用风洞试验研究烟尘扩散、改进燃烧方式控制氮氧化物生成量和排出量、借助散水滤床直接处理高浓度废水、应用固定床方式研究重油脱硫技术等。卫生试验所隶属日本的厚生劳动省，包括药品部、药理部、毒性部、食品部、食品添加物部、卫生微生物部、环境卫生化学部等多个部门，负责制定自来水的水质标准、研究地面水的净化和剧毒废弃物的处置方式、研究农药和重金属等对食品的污染危害以及甲基汞、各种洗涤剂的危害等。农药检查所隶属农林省，包括农药残留检查科、化学科、生物科等科室，负责研究杀虫剂、除草剂、植物生长剂、抗生剂等的药效及对人畜和各种动植物的危害，同时还要制定农药使用标准、研究残留农药的检查和分析方法等。

中央省厅的科研院所在研究期间，还会和地方都道府县、大学、民间企业的研究人员经常沟通，保持经常性联系，以便使得公害治理工作能够在科学正确的轨道上运行。

## 第四节　成功转型：企业之作为

正所谓"解铃还须系铃人"，从环境公害的产生看，日本企业作为最主要的污染源，毫无疑问需要承担绝大部分责任。从环境公害的治理看，日本企业的积极行动，才是问题解决的根本。幸运的是，尽管第二次世界大战之前的日本企业在追逐利润的道路上走得踏实而坚定，但在第二次世界大战结束之后，众多日本企业在各方压力下，终于幡然醒悟，在追求生产效益的同时开始直面环境公害问题，并相应地采取了多种治理措施。由此，日本继续行驶在工业文明的康庄大道上。

### 一、 第二次世界大战之前：只重利润，我行我素

伴随着明治政府推行的改革，日本逐渐从封建社会迈入资本主义社会。在明治政府实施的殖产兴业等政策带动下，日本国内兴起了大办企业的热潮，日本由此迎来了崭新的工业文明时代。1884—1893年，日本工业公司总数增加近7倍，资本增加14.5倍。1888—1894年，工厂数目由1694家增加到5985家，职工人数由123000人增至42万人，蒸汽机由409台增至1808台。在这7年的时间里，工厂和职工数都增加了3倍多，蒸汽机增加4.5倍。[1]在这样的环境中，各大企业将利润放在了最重要的地位，力争实现利润最大化，即追求收入价值与支出价值的最大差额。马克思认为，在资本主义社会，企业就是以盈利为本质，追逐利润无可厚非。"资本害怕没有利润或者利润太少，就像自然界害怕真空一样。一旦有适当的利润，资本就会胆大

---

① 肖枫.开放的世界——世界各类国家的对外开放[ M ].辽宁人民出版社，1988：85.

起来。如果有10%的利润，它就保证到处被使用；有20%的利润，它就活跃起来；有50%利润，它就铤而走险；有了100%的利润，它就敢践踏一切人间法律；有300%的利润，它就敢犯任何罪行，甚至冒绞首的危险。如果动乱和纷争能带来利润，它就会鼓励动乱和纷争。走私和贩卖奴隶就是证明。"①

在日本，许多企业家持有和马克思相同的观点。曾在1873年创建日本历史上第一所银行——第一国立银行和日本第一家股份公司——王子制纸会社，后广泛涉足于纺织、矿山、铁路、钢铁、造船、保险等不同领域且均有建树，被称为"日本近代化之父"的涩泽荣一就明确主张创办企业的重要目的就是追求更多利润。他曾说："试就石油、制粉或者人造肥料等工业来看，如果没有图利的观念，一切听任自然，那么，很明显，事业就决不会发展，也不能增加财富。或者说，如果这些事业与自己的利害无关，每个人不管是赚钱，还是赔钱，都不影响自己的前途，那么所从事的事业就不会有所进展"②。此番言论清楚表明涩泽荣一在企业和利润关系上的观点，那就是追求利润是企业家的原动力。此外，明治时代对日本经济发展起过主导作用的岩崎弥太郎（三菱）、大仓喜八郎（大仓组）、古河市兵卫（古河）、藤田传三郎（藤田组）、安田善次郎（富士）、浅野总一郎（浅野水泥）等人基本上都是独裁式的经营者。③这些企业家在经营过程中纷纷追求利润最大化，根本不会考虑环境保护方面的事情。在这样的经营理念下，第二次世界大战之前的

① ［德］马克思.资本论(第一卷)[M].人民出版社，1975：829.

② ［日］涩泽荣一.论语与算盘——人生·道德·财富[M].中国青年出版社，1996：76.

③ 范作申.论经营思想的多重属性——以日本企业为中心[J].日本学刊，1995（6）.

日本企业，始终强调利润至上，无视对生态环境的保护。以古河市兵卫为代表的古河家族在经营足尾矿业时的所作所为便是鲜明的例子。

1877年，古河市兵卫低价从明治政府手中购得栃木县的足尾铜矿。在他刚接手足尾铜矿时，铜矿的产量正在萎缩。在此情况下，古河市兵卫亲自下到矿井进行实地勘查。功夫不负有心人，1884年，古河市兵卫发现了一条新的矿脉。与此同时，他从西方发达国家购买了最好的开采设备进行矿脉开采。1890年，足尾矿山的产铜量便占日本总产铜量的一半，铜矿冶炼厂也很快成为亚洲最大的铜采炼企业。作为矿山运营过程中最重要的人物，古河市兵卫在1899年被评为"明治十二伟人"之一，和著名政治家伊藤博文、著名教育家福泽谕吉、著名实业家涩泽荣一等人并列。由此足见古河市兵卫在日本的影响力之大。

然而，作为京都豆腐商的次子，古河市兵卫创造大量财富的代价是大量矿工的身体健康被损伤、生命受到威胁和矿山周边生态环境的被严重破坏。就矿工的工作和生活环境而言，只能用恶劣来描述。首先，足尾铜矿1万余名工人的工作环境极其恶劣。在1890年之前，所有的采矿和冶炼作业几乎全靠人力，矿工手工凿出安放炸药的爆破孔，用铁锤和凿子开采含铜矿的岩石，然后把盛满矿石的手推车费力地推到地面，最后把矿石碾碎、冶炼。整个过程危险且艰难，极易出现各种安全事故。1890年，古河市兵卫建立了日本第一家水力发电厂，矿山的运营环境有所改善，但危险并未根除。在高强度的工作面前，许多矿工选择逃跑。为此，古河市兵卫加强了对矿工的管理，经常割耳朵、鼻子、四肢，甚至将工人活活打死。1881年曾发生了不堪忍受折磨的5名矿工从坑道里逃跑的事件。古河方面抓获了其中4人，但是不得不雇用18个当地猎人追捕最后一人，直到开枪将其打死。其次，除了工作环境恶劣，工人的生活环境也是极其糟糕。住地"就像光木板堆积起来的长长的兵营，薄薄的屋顶上压着成排大小不一的石头。屋子既没有天花板也没有地板，粗糙的草垫子铺在敞开的炉膛四周光光的地面上。没有天花板，没有榻榻米，没有家具。经常垃圾成堆，餐具污秽不堪，被褥上落满油烟灰尘，第一次看到所有这些脏东西的人会完全说不出话来"①。就矿山周围的生态环境而言，足尾矿山在冶炼时将含毒废水排入渡良濑川，在1880年时就造成死鱼经常漂浮在水面的情形。到了19世纪80年代末期，该河中的鱼虾几近灭绝，给附近以捕鱼为生的居民生活造成巨大压力。与此同时，由于矿山需要大量木材用于撑住坑道连接电气化轨道等，古河市兵卫命人将矿山周围的树木砍伐殆尽，为后来频繁发生的洪灾埋下了隐患。1890年发生的洪水使得谷底堆积了厚厚的泥沙。对附近居民而言，死亡已经不再是遥不可及的事情。足尾铜矿的矿工、矿山周边的生态环境和普通居民成为日本工业文明祭坛上的牺牲品。

虽然古河矿业矿工的工作和生活条件足够恶劣，虽然古河矿业的经营给周围生态环境造成严重破坏，由此给当地居民的生活造成巨大压力，虽然渡良濑川的居民在众议院议员田中正造的带领下多次举行抗议活动，但奉行利润至上的古河矿业对此并没有采取有力的解决措施。直到一战结束后，古河财阀对

---

① Nimura Kazuo. *The Ashio Riot of 1907: A Social History of Mining in Japan*. Duke University Press，1997:38.

于给农民造成的损失仍然没有给予正式赔偿。1974年，在足尾铜矿无矿可采、矿井关闭一年之后，古河矿业和受害居民之间才达成最后和解，而这距离古河市兵卫购买足尾铜矿已经过去了将近100年。

## 二、 第二次世界大战之后：兼顾利润和环境保全

随着第二次世界大战的结束，日本迎来战后重建时期。从50年代后半期开始，日本便迅速步入经济高速发展时期，从1956年到1970年，日本国民经济增长率平均每年达到近10%。从70年代初开始，日本经济转入稳步增长时期，1975年至1979年的增长率分别是3.6%、5.1%、5.3%、5.1%和5.3%，高于同时期发达资本主义国家3%的年平均增长率。[①]

虽然二战后日本经济在短时间内实现了复苏和腾飞，但也造成了严重的环境污染。面对四日市哮喘病、熊本县和新潟县水俣病、富山县痛痛病和爱知县米糠油事件等重大环境污染问题，自然需要国家、企业等各个主体积极行动，采取主动措施加以治理。因为环境质量是一个国家最重要的国民财富之一，就如同经济总量指标。不仅如此，来自家庭生活、商业活动以及企业生产过程中的废弃物被大量抛弃在土地、空中或者水中，虽然土地、大气和水具有自净能力，能够吸纳这些废弃物，但它们的自净能力是有限的。所以，面对日趋严重的环境污染问题，国家和企业有必要进行主动干预、积极治理。从成本和收益的角度看，环境污染是工业增长过

---

① 肖枫.开放的世界——世界各类国家的对外开放[M].辽宁人民出版社，1988：91.

程中产生的有害副产品，因此，每一家企业不仅都应该为自己的污染环境行为负责，而且需要将一部分利润用在治理污染方面。

然而，以昭和电工鹿濑工厂为代表的部分企业仍抱有侥幸心理，不愿直面环境公害问题。和第二次世界大战之前的古河矿业一样，作为制造新潟水俣病即第二水俣病的罪魁祸首，昭和电工鹿濑工厂在较长时期里同样轻视环境保护工作，将保全利润作为公司工作重心。这在昭和电工鹿濑工厂对待新潟水俣病的态度中可见一斑。

1965 年 5 月 31 日，在阿贺野川下游发现和熊本水俣病病人症状一样的病人，这便是著名的新潟水俣病，又名第二水俣病。当阿贺野川沿岸居民怀疑该河的污染问题和昭和电工鹿濑工厂排放的废水有关时，对此心知肚明的昭和电工公司决定停止生产乙醛，销毁工厂流程作业图，并决定在 1965 年年末前将鹿濑工厂的乙醛制造设备转移至山口县德山市，以便逃避责任。1966 年，在大部分人都认可昭和电工鹿濑工厂和新潟水俣病有直接关系的背景下，工厂方面依然坚持己见，认为自己绝不是第二水俣病的污染源，反而提出了让人啼笑皆非的"农药说"观点。该观点认为 1964 年新潟地震时引发的海啸将保存在信浓川附近农药仓库中的农药卷入阿贺野川，由于盐水跃层相中和造成污染，进而引发了这次水俣病。该观点根本无法立足，因为农药中的化学成分属于苯基水银，不属于能制造水俣病的有机水银。同时，阿贺野川上游和下游均出现了相同症状的患者，所以几乎没人相信鹿濑工厂方面所提的"农药说"观点。1967 年，随着新潟水俣病相关调查的日益深入，越来越多的证据证明昭和电工鹿濑工厂难辞其咎。即便如此，昭和电工方面依然态度强硬，公然表示即便国家支持有机汞论，企业也不会服从。

幸运的是，这段时期的大部分企业充分认识到治理环境污染的必要性，正在转变经营理念，因而能够正视各种环境公害问题，并采取积极的治理措施，走上了一条兼顾利润和环境保全的新的企业经营之道。

从经营理念看，二战后日本的大部分企业开始强调自身的社会属性，而非仅仅强调自身的商业属性。例如，1956年11月，日本经济同友会在其《经营者社会责任的自我意识》的报告中如此强调："无论在伦理上还是在实践中，不允许单纯追求企业个人利益的现象存在。必须在与经济、社会协调的基础上使各项生产要素有效地结合，生产出质优价廉的产品，并为社会提供服务。"[①]1973年3月，日本经济同友会又发表了题为《寻求确立社会与企业间的相互关系》的意见书。1973年5月日本经济团体联合会年度大会上通过了《支持福利社会的经济与我们的责任》决议，再次强调了企业社会责任的重要性，即企业不仅要追求利润，还要担负起一定的、必要的社会责任。1973年9月日本商工会议所总会也做出决定，同样强调企业需要担负起社会责任。这些决议、报告均表达了同一个主题，即战后日本企业需要承担社会责任。就当时日本的国内情况而言，实施公害治理和环境保护是企业社会责任的题中应有之义。

从实地调查的情况看，1970年，日本放送协会NHK曾对

---

① 范作申.论经营思想的多重属性——以日本企业为中心[J].日本学刊，1995（6）

100家企业社长进行调查，认为即使抑制经济发展也要进行公害防止工作的不足四成。1972年，面对同样的问题，有超过六成的企业认为即使抑制经济发展也要进行公害防止工作。

随着企业对环境公害问题态度的转变，一系列治理污染的措施便从各个层面付诸实践。

（一） 微观上

许多企业一改此前漠视环境保护的态度，在开工建设之前、工厂运营过程之中的各个环节较为重视环境污染问题，并根据不同的污染情况采取了相应的应对之策。

1. 企业运行前的环保行为

在开工建厂之前，许多企业一般要做好如下两方面的准备工作。

（1） 环境影响评价

企业会在拟开工建设的区域进行环境公害方面的调查研究，对当地的气象条件以及建厂后对大气、水体等可能造成的污染进行综合性的研判，甚至进行风洞试验、水理模型试验等模拟性试验。根据调查或者试验结果决定工厂是否建设、如何建设、建设规模等相关问题。毫无疑问，建厂之前做好环境公害的防止工作，要比将来出现环境公害问题再进行补救，不仅费用少，而且效果更好。

（2） 签署相关协议

企业除了进行环境影响测评，还会和当地政府就公害防止、环境污染等问题签署相关协议，包括工厂排水、排气必

须达到或者严于日本中央政府制定的标准，如果工厂在公害
发生时无心解决或者无力解决，地方政府有权力收回工厂用
地等方面的内容。早在 1952 年，位于岛根县的山阳纸浆公
司、大和纺织公司曾和当地政府就公害问题签订过备忘录，
明确约定两家公司在建厂时必须做好环境公害方面的预防及
善后工作。1964 年 12 月，东京电力公司和神奈川县横滨市政
府更是签署了日本第一份公害防止协定，承诺制定并执行高
于国家标准的地方排污标准。因为该做法颇具典型性，很快
就成为日本各都道府县和市町村效仿的对象，故称"横滨
模式"。

2. 企业运行中的环保行为

在工厂建成、投入运营后，许多企业也会采取一系列预防
环境公害的措施，以便保护环境。

（1）钢铁制造业

位于茨城县的住友金属公司鹿岛钢铁工厂、冈山县的川崎
制铁公司水岛钢铁工厂和新日铁名古屋制铁所在这方面颇具代
表性。工厂周围基本没有粉尘飞扬和黑烟滚滚的情形，在发生
粉尘多的生产环节安装有专门的除尘装置，所排污水也能够进
行净化处理从而实现循环利用，焦炉等容易产生二氧化硫的设
备附近一般安装有脱硫装置，力争将污染最小化。具体而言，
在防止大气污染方面，鹿岛工厂、水岛工厂和名古屋制铁所在
生产过程中尽量使用低硫燃料和低硫原料，对含有硫氧化物的
气体，采用焦炉气、烧结机以及锅炉废气进行脱硫，名古屋制
铁所更是安装了性能优越的脱硫装置，该装置可以将排放的二
氧化硫烟尘转化为可用作化肥原料的硫铵；在防止粉尘方面，

工厂主要采用如下措施，例如在矿石料场、焦炭堆放处喷洒浓度为0.2%的有机高分子水溶液，使被喷洒物体表面形成被膜，在高炉、转炉、电炉等处安装除尘器，在厂区通过种植树木来提高工厂的绿化率等，这些措施在很大程度上起到了防止粉尘飞扬的效果；在防止水污染方面，尽量减少废水的排放量，利用高炉煤气洗涤水等技术进行水的循环再利用，名古屋制铁所对排放的废水进行微生物处理，使该厂的水循环利用率高达90%以上。

（2）火力发电业

在火力发电行业，一般会面临二氧化硫、粉尘和氮氧化物等环境污染问题。因此，鹿岛火力发电厂主要采用使用低硫燃料、安装高烟筒和脱硫装置等处理二氧化硫污染问题。该工厂在20世纪70年代使用低硫燃料的含硫量越来越低，1970年为1.3%，1971年为1.1%，1972年为0.7%，1973年低至0.4%。不仅如此，鹿岛火力发电厂还逐年增加含硫量几乎为零的液化天然气的使用比重。[①]为更好地排放废气、减少地面二氧化碳的含量，鹿岛火力发电厂修建了多根200多米高的烟囱。脱硫装置方面，鹿岛火力发电厂采用活性炭吸附法，可以大幅度地将二氧化硫浓度进行稀释。一般而言，稀释率即脱硫率能够达到80%。在解决粉尘污染方面，鹿岛火力发电厂一般采用高效电除尘装置进行除尘，该装置采用5万伏直流电电压，在除尘工作开始前会向烟道中输入氨气，以便中和废气中少量的三氧化硫。在防止氮氧化物污染方面，鹿

---

① 中国科学技术情报研究所.出国参观考察报告：日本环境保护情况[M].科学技术文献出版社，1976：7.

岛火力发电厂会尽量使用含氮量少的燃料，其次会将排放的部分废气与燃烧用空气进行混合，以二段燃烧法的形式实现废气的循环再利用。

（3）造纸业

作为用水和排水大户，造纸行业的环境保护工作同样值得重视。其中，大昭和制纸公司铃川工厂和王子制纸公司春日井工厂在环境公害防止方面做得较为出色。首先，两家工厂采用不同的方式将废水实现循环再利用。铃川工厂将排出的废水用硫酸调整酸碱度后注入沉降池中，然后加入适量浓度的硫酸铝和高分子凝聚剂，使得悬浮物沉降，从而实现废水的循环再利用。春日井工厂采取活性污泥法和快速凝集沉淀的二级处理法。活性污泥法是指将废水、冷凝水和漂白废水三者集中，用富氧曝气处理。经过生化处理后的水连同其他排水一起注入快速凝集沉淀池，在与适量浓度的明矾、石灰、高分子凝集剂聚丙烯酰胺等发生反应后，水质状况为BOD40ppm、COD50ppm、色度50度，悬浮物小于20ppm，成为符合日本国家标准（BOD70ppm，悬浮物100ppm）和春日井市标准（COD90ppm，悬浮物50ppm）的清洁水。对于沉淀池中的淤泥，两家工厂利用鼓式过滤机、离心式分离机等对其进行压缩，然后送入焚烧炉焚烧。其次，两家工厂采用集中燃烧和黑液氧化法进行臭气处理。具体而言，将生产过程中排放的废气用管罩罩住，经过技术处理后将这些含有硫化氢和有机硫等恶臭的物质注入燃烧黑液的锅炉，此法便可清除臭气。再次，在烟气脱硫问题上，铃川工厂采取湿式二段气体洗涤吸收法，主要采用烧碱作为吸收剂，脱硫能力可以达到每小时2.5万米$^3$，脱硫率达到95%，除尘率达到75%。[①]

（4）石油化工业

作为二战后新兴起的石油化工行业，和其他行业一样，同样面临治理环境污染问题。为此，许多石化工厂多措并举，力争在预防和治理环境公害方面取得实效。以三菱石油化学公司的四日市工厂和鹿岛工厂为例，两家工厂采用石脑油裂解生产乙烯，此外还加工生产聚丙烯、环氧乙烷、乙二醇、丁醇、环氧树脂、异丙苯等化工产品。首先，在大气污染防止方面，四日市工厂在厂区内重油储存、排烟脱硫等多个部位安装流量计、硫磺分析仪、二氧化硫浓度计等监测装置，将这些数据定时向厂中央监测室和三重县公害中心报送，为后续的污染治理工作提供数据支撑。其次，在排烟脱硫方面，四日市工厂采用千代田技术，主要流程是将烟气送入水冷却除尘器，然后注入滤尘器，最后将烟尘滤出送入焚烧炉。经过先进技术处理后，该厂的二氧化硫排出量从1971年的580米$^3$/时降到1975年的184米$^3$/时。再次，在废水处理方面，两家工厂都采用了清污分流机制，即将未受到污染的冷却水直接排入大海中，而将受到污染的洗涤水、冷凝水等经过中和处理、油水分离或者聚合物分离后再用活性污泥进行生化处理。处理后的水质标准BOD、COD均降到10ppm以下，悬浮物为2ppm，完全符合国家水质标准。其中，四日市工厂的COD排出量从1971年的18吨/日降至1974年的5.6吨/日。最后，在废弃物、臭气、噪声、安全火炬等可能造成环

---

① 中国科学技术情报研究所.出国参观考察报告：日本环境保护情况[M].科学技术文献出版社，1976：10.

境污染的方面，工厂也都采取了解决措施。鹿岛工厂将生产过程中产生的废树脂、废油等采用400至1100摄氏度不同的高温燃烧法进行处理。为防止臭气外泄，工厂会选择完全封闭、耐压的设备储存各种原油，对于工业活动过程中产生的恶臭物质在通过火炬后可用燃烧法消除，废水等逸出的恶臭物可以在密闭罩内注入活性炭吸附装置进行消除。至于噪声问题，工厂利用消音器、用石棉等做成防音壁以便消除各种噪声。虽然石油化工厂的安全火炬至关重要，但对附近地区会带来热辐射、黑烟等环境公害。为此，三菱油化采用了日立开发的HZ式地面火炬，该技术在燃烧时可以同时喷水，因此在很大程度上降低了燃烧时的温度，达到了消除黑烟、降低氮氧化物的生成。除了上述这些固定的环境公害设备，为了更大程度地做好环境保护工作，四日市工厂还制定了流动监测制度，即利用测定车每天巡回监测噪声、振动、恶臭、水质以及大气等各种环境公害情况。该测定车功能齐全，设施完备，装有监测大气风向的风速计，空气吸入和浓缩装置，烃类、氮氧化物等的浓度测定仪器，监测水质的浊度计、PH值和广播通信器材等。

石油化工行业产品较多，处理"三废"的具体技术不尽相同，但基本都会选择如下方式。对各种固体废弃物，在无法回收再利用的情况下，会选择焚烧炉烧毁，将炉灰、污泥等深埋或者填海。如果含有汞、镉、六价铬、铅、砷、有机磷等有毒有害物质，则需要用水泥固化后深埋，而不是简单的深埋，同时还需在深埋处设立显著标志，并与地下水源切断联系。如果选择填海方式，则需保证废弃物中水银等溶出物低于 1ppb 即 1/1000ppm。对工厂排放的各种废水，如果属于高浓度废液，则首先尽量回收其中的有用物质后再做净化处理，或者选择用喷雾式焚烧炉焚化的方式处理；如果是一般性质的废水，则会进行油水分离、加压浮上、凝聚沉淀等前期处理，再进行活性污泥或者臭氧、电解法的二级处理，如有必要，再采用活性炭吸附的三级处理，经过这样的处理流程后，水便可以循环利用。对工厂排放的各种废气以及焚烧过程中产生的尾气，需要经过除尘处理，将其中的氯化氢、二氧化硫、氧化氮、烃类等有毒有害物质去除后再进行排放。鉴于日本政府制定的二氧化氮的环境基准是 0.02ppm，属于极其严格的层级，因此各石化企业对此非常重视，研发了许多排烟脱硝的废气处理技术，主要有干、湿两种方法。干法是指用氨气通过铁、铬的氧化物等催化剂使得二氧化氮分解为氮、氧。湿法是指用液碱吸收二氧化硫，然后与氧化氮反应生成氮、芒硝。

（5）制碱业

除了上述行业，作为水俣病的重要致病物质，甲基汞的防止问题非同小可。因此，日本烧碱厂在生产过程中出现的水银流失就成为举国关注的重大问题，如果处理不当，一定会造成水银污染。据统计，1968 年前，日本全国水银法烧碱的年产量为 200 万吨，每吨碱消耗水银在 170 至 250 克左右，由此导致每年流失水银近 400 吨。水银在合适的条件下，如水银蒸气在乙醛、乙烯等烃类物质存在的情况下，经过太阳光的照射，便能形成甲基汞，从而给生态环境和人类健康造成伤害。因此，鉴于水俣病的前车之鉴，日本全国 50 余家水银烧碱厂在1973年年底前全部完成了封闭系统改造，使接触水银的洗涤水、凝缩水等污水处在封闭的环境中，做到循环利用，甚至考虑到雨水也有可能受到水银污染而进行收集，采取沉淀过滤精制后用于盐水等系统。在这种情况下，每吨烧碱的汞消耗随之大幅度下降。从1972年的25~150克，平均值为85克，降到1974年的8~60克，平均值为35克。此外，各烧碱厂也在积极研发先进的制碱工艺，力争在不破坏环境的前提下实现产能最大和最优化，如从水银碱到隔膜碱再到离子交换膜法电解制碱工艺的不断提升。其中，离子交换膜法电解制碱工艺不用水银，也不会制造国际公认的致癌物——湿石棉，因此该工艺的突出优点是对生态环境不会造成伤害。同时，用该工艺生产的烧碱无氯酸盐，重金属含量和液化成本也很低。1968年投产运营的冈山化成水岛工厂作为一家水银法烧碱厂，在控制水银排放方面做得较为出色。该厂每吨烧碱的汞消耗量从1970年的8.6克降到了1974年的1.8克。不仅如此，单位汞在排水中的含量几乎为零，在成品碱中有0.021克的含量[1]，总体含量处在较低的水平。

　　无论是钢铁业、火力发电业、造纸业、石油化工业，还是制碱业，在生产过程中都会排放不同数量的硫氧化物，而这恰恰是第二次世界大战后造成日本大气污染最重要的物质。因此，这些企业纷纷安装脱硫设备，以此来降低硫氧化物排放量，从而达到防止公害、保护环境的目的。表3-5是1983年1月统计的日本代表性企业安装脱硫设备的情况。该

① 中国科学技术情报研究所.出国参观考察报告：日本环境保护情况[M].科学技术文献出版社，1976：21.

表表明，截至20世纪80年代初，从数量看，日本造纸厂和化工厂安装脱硫设备数量最多，分别是267台和221台，其次是纺织行业，为178台，三者合计占总数的48.8%，接近1/2。从总处理能力看，电厂的处理能力最高，约占全部总处理能力的1/3，其次是造纸厂和化工厂，占27.9%。从平均处理能力看，供气和供热行业为最。废弃物焚烧厂和玻璃厂的污染较重，但脱硫能力不如供气和供热行业，分别是63.9%和73.7%，造纸厂和电厂的脱硫效率也不是很高，分别为83.2%和90.8%，总脱硫平均率为86.4%。

表3–5　截至1983年日本各企业安装脱硫设备的情况

| 行业 | 设备数 | % | 总处理能力 (10⁶Nm³/h) | % | 平均处理能力 (Nm³/h/台) | 平均效率 (%) |
|---|---|---|---|---|---|---|
| 电厂 | 64 | 4.7 | 42258 | 33.3 | 660300 | 90.8 |
| 煤气厂 | 2 | 0.1 | 26 | 0 | 13000 | 98.5 |
| 供热站 | 1 | 0.1 | 200 | 0.2 | 200000 | 98.0 |
| 房屋供热厂 | 8 | 0.6 | 136 | 0.1 | 17000 | 86.2 |
| 废弃物焚烧厂 | 52 | 3.8 | 2996 | 2.4 | 57000 | 73.7 |
| 钢厂（高炉） | 28 | 2.0 | 12633 | 9.9 | 451200 | 84.8 |
| 钢厂（非高炉） | 19 | 1.4 | 980 | 0.7 | 51600 | 91.7 |
| 钢厂（生铁和铁的浇筑） | 5 | 0.4 | 307 | 0.2 | 61300 | 84.8 |
| 有色金属厂（初步冶炼和专门冶炼） | 59 | 4.3 | 3778 | 3.0 | 64000 | 87.2 |

续表

| 行业 | 设备数 | % | 总处理能力<br>(10⁶Nm³/h) | % | 平均处理能力<br>(Nm³/h/台) | 平均效率<br>(%) |
|---|---|---|---|---|---|---|
| 有色金属厂（其他） | 32 | 2.3 | 619 | 0.5 | 19300 | 86.9 |
| 金属加工厂 | 3 | 0.2 | 22 | 0 | 7300 | 90.0 |
| 矿业 | 39 | 2.9 | 1919 | 1.5 | 49200 | 87.6 |
| 炼油厂 | 33 | 2.4 | 2234 | 1.8 | 67700 | 89.1 |
| 石油化工厂 | 23 | 2.0 | 7412 | 5.8 | 264700 | 92.3 |
| 其他油类和煤加工 | 18 | 1.3 | 884 | 0.7 | 49100 | 79.0 |
| 造纸厂 | 267 | 19.6 | 21203 | 16.7 | 79400 | 83.2 |
| 玻璃厂 | 47 | 3.4 | 3205 | 2.5 | 68200 | 63.9 |
| 水泥厂 | 13 | 1.0 | 389 | 0.3 | 30000 | 83.8 |
| 陶瓷和建筑材料厂 | 50 | 3.7 | 2113 | 1.7 | 42300 | 87.9 |
| 化工厂 | 221 | 16.2 | 14273 | 11.2 | 64600 | 90.5 |
| 机械厂 | 17 | 1.2 | 563 | 0.4 | 33100 | 88.5 |
| 纺织厂 | 178 | 13.0 | 3456 | 2.7 | 19400 | 91.0 |

资料出处：徐家骝.日本环境污染的对策和治理[ M ].中国环境科学出版社，1990：36-37.

3. 企业运行后的环保行为

对于因为自身经营行为给社会造成的伤害，企业也在采取积极的对策，力争挽回损失，树立正面形象。例如1890年以来，

三井金属矿业有限公司就对神通川流域出现的农业损害进行了
多次赔偿。特别是随着1972年法庭上的败诉，三井有限公司更
是加大了损害补偿的力度，承诺对痛痛病发生地的过去和将来
出现的农业损害进行赔偿。

## （二）宏观上

从宏观看，各大企业同样采取了许多切实可行的治理措施，
确保环境治理的效果清晰可见。例如，日本各大企业成立专门
的环境公害防止机构。据1971年统计，资金在5000万日元以上
企业中70%有公害防止专门机构。除此之外，日本企业还从资
金、技术等方面加大了环境治理和保护力度。

### 1. 增加资金投入

用于防止环境公害方面的资金投入应该多少合适呢？很明
显，这个问题不可能也不应该有统一的答案，因为这与企业的
排污总量以及对居民生活、生态环境等造成的不同影响休戚相
关。作为一个二战结束后迅速步入工业化的国家，日本的环境
污染非常严重。所幸的是，随着日本大多数企业对该问题的重
视，用于公害治理方面的资金投入不断增加。根据对1400多家
大型企业的统计，1965年至1970年，企业用于公害方面的设备
投资约占当年投资总额的4%，但此后呈现逐年递增的态势。
1973年、1974年和1975年分别为10.6%、16.2%和19.8%，总额
更是高达1.37万亿日元。以1975年为例，当年火力发电企业用
于公害方面的设备投资占总投资的比例为46.4%，石油工业、采

矿业、化工业和纸浆业依次为40.5%、36.2%、34%和30.9%。[①]
表3-6是1973—1975年日本大型企业用于公害防止方面的设备
投资占总投资的比重情况，从中不难发现，几乎所有行业的投
资占比均为上升趋势。

表3-6　1972—1975年大型企业防止公害的设备投资占总投资的比重

（单位：千万日元）

| 行　业 | 1973 | | 1974 | | 1975 | |
|---|---|---|---|---|---|---|
| | 投资额 | 占总投资(%) | 投资额 | 占总投资(%) | 投资额 | 占总投资(%) |
| 钢铁 | 1030 | 17.3 | 1688 | 18.5 | 2512 | 18.7 |
| 石油 | 611 | 18.5 | 1640 | 33.8 | 2675 | 40.5 |
| 火力发电 | 726 | 26.4 | 1482 | 44.7 | 2372 | 46.4 |
| 纸浆 | 380 | 22.1 | 546 | 24.3 | 633 | 30.9 |
| 矿业（不含煤炭业） | 293 | 24.4 | 397 | 31 | 594 | 36.2 |
| 化学（石油化工除外） | 725 | 17.1 | 1753 | 27.8 | 2367 | 34 |
| 水泥 | 159 | 11.2 | 208 | 16.7 | 199 | 14.6 |
| 煤炭 | 9 | 4 | 10 | 3.6 | 32 | 9.5 |
| 石油化学 | 250 | 15 | 715 | 22 | 882 | 21.5 |
| 机械 | 365 | 4 | 524 | 5.5 | 565 | 6.7 |

资料出处：中国科学技术情报研究所.出国参观考察报告：日本环境保护情况
[ M ].科学技术文献出版社，1976：2.

　　从横向看，1974年，日本私营企业用在污染防治方面的
投入占企业总投资的4%，占GNP的1%，同期美国私营企业
用于污染防治的投入分别占比3.4%、0.4%，联邦德国是

　　① 中国科学技术情报研究所.出国参观考察报告：日本环境保护情况[ M ].科学技术
文献出版社，1976：1.

2.3%、0.3%。同时，该年日本不同企业用于污染防治方面的
投资在其总投资中占比不同。日本私营企业用在防治污染方
面的投资约占其总投资的14%。其中，钢铁企业为17%，石
油加工企业为27%，火电厂为47%，造纸厂为24%①，该比例
应该是较高的。1975年，日本企业的环保投资达到9645亿日
元。其中，该年资本金在1亿日元以上的大企业公害治理投
资占固定资产投资的比例为17.7%。企业对排烟脱硫等公害
源头治理设备进行了大量投资，规模和投资比重达到当时世
界最高水平。

从纵向看，防止公害的投资在日本企业设备投资总额中
的所占比重日益提升。例如，1965年为3.0%，1969年为
5.0%，1972年为8.6%，1975年为18.6%。私人企业防止公害
投资的绝对额在十年间增加了39倍，从1965年297亿日元增
至1975年的1兆1783亿日元。②1975年受世界石油危机等的
冲击，加之通过20世纪70年代前期的大规模投资，二氧化
硫污染问题已经得到部分程度的解决，因此日本企业用于治
理公害的投资呈现减少趋势，到了70年代末期，投资总额相
比70年代初期明显下降。1978年，日本私营企业用在防治污
染方面的投资约占其总投资的5.4%。其中，钢铁、石油、火
电、造纸依次是10.9%、4.5%、28%、6.8%。1979年，日本
私营企业用在防治污染方面的投资约占其总投资的4.9%。上
述四大类型企业用在防治污染方面的资金在总投入中的占比

---

① Industrial Pollution Control Association of Japan. *Industrial Pollution Control: General Review and Practice in Japan Volume1 Air and Water*. Tokyo:Industrial Pollution Control Association of Japan, 1981:161.

② ［日］都留重人.日本经济奇迹的终结[M].商务印书馆，1979：86.

依次是11.5%、4.8%、22.1%、5.8%。[①]

2. 利用先进技术

鉴于造成大气污染、水污染等环境公害的主要污染物质是氮氧化物、硫氧化物等物质，所以环境公害防止方面的技术主要涉及排烟脱硫、脱氮以及污水处理等问题。在排烟脱硫方面，主要的处理方法一般分为干、湿两种。干式处理法是指吸收工程中不使用水的方法，与之相对应的湿式处理法是指处理过程中以水溶液或浆液为吸收剂的方法。这些方法于1970年前后在日本各石油化工以及发电厂等大型企业开始推广使用，到70年代中后期初具规模。例如，位于四日市联合石化工厂区的企业便在这一时期开始研发、使用排烟脱硫装置。1969年1月，位于该工业区的大协石油公司开发了将含硫3%的原油可以降到1.7%的技术，这一技术可使生产能力达到每天60吨，相当于四日市地区重油消耗量的56%。不久，该公司将技术不断提升，从而进一步提升了工厂的生产能力。截至1989年，位于该工业区的工厂安装的排烟脱硫装置达到28台，由此脱出的硫氧化物总量达到年均44544吨。硫氧化物排放量达到每年3310吨，尽管使用的燃料较之以前有所增加，但排放到大气中的硫氧化物的总量却不及当时的10%。[②]三菱油化则于1974年安装湿式排烟脱硫装置，该设施同时还能进行除尘工作。石原产业也采用了与三菱油化相同的、可同时除尘的湿式排烟脱硫装置。石原

---

[①]　Industrial Pollution Control Association of Japan. *Industrial Pollution Control: General Review and Practice in Japan Volume1 Air and Water.* Tokyo: Industrial Pollution Control Association of Japan, 1981:162.

[②]　地球環境経済研究会編著.日本の公害経験：環境に配慮しない経済の不経済.合同出版，1991：32.

产业为提高锅炉脱硫、除尘效率，以及减少排烟的"飘带"，在前期工作的基础上分别于1981年、1987年增设了减湿脱硫装置和湿式电除尘器，同时采取"无排烟飘带"处理技术。这些设备的安装运营，使得企业脱硫效率达到99.9%以上，除尘效率为98%以上；[①]在排烟脱氮方面，三菱油化于1980年装备了排烟脱氮装置。1985年，新大协和石油化学也为该厂的大型锅炉设置了和三菱油化同样的排烟脱氮装置。此外，昭和四日市的石油工厂、中部电力、石原产业及日本合成橡胶等工厂均安装了排烟脱氮装置。旨在减少氮氧化物排放的NSP[②]回转窑设备和旨在减少二氧化碳排放的还原炼铁法等技术也在许多企业中被作为公害防止对策而被推广使用，并取得了很好的效果。在污水处理方面，主要的应对措施是建设污水处理厂。为此，众多企业安装了活性污泥处理设施。这是一种旨在除去有害重金属后，以微生物减少各工厂一级处理后的排水中的有机物，降低氢离子浓度的设施，可以使水质污染的状况得到较大改善。作为制造水俣病的重要源头，水俣氮肥厂从20世纪50年代起，在污水处理方面也做了一些工作，如采用沉淀池回收泵、设置排水处理装置等，截至1966年，对工厂内部的所有排水均采用了完全循环方式。通过这些措施，在一定程度上解决了工厂污水对环境的污染问题。此外，工厂还利用焚烧处理工业废物时的废热，对活性污泥处理设施排出的剩余污泥进行干燥，制成干燥肥料，实现了工业废弃物的循环利用。鉴于许多小微企业无

---

① 李晓玲.日本环境公害与治理介绍[J].青海环境，2010（4）.

② 水泥生产中的预分解系统，兴起于20世纪70年代。相比传统的SP系统，煅烧效率更高。

力建设属于自己的污水处理工厂，因此，通过企业间联合的方式集中处理联合工厂中各企业的废水成为一种必然。例如，20世纪70年代，日本东京都成立了一家由十家小型电镀公司组合而成的电镀合作公司，合作的主要目的之一就在于建立共同的污水处理设施。1975年，该电镀合作公司以污水处理设施及相关厂房为主建成一个工业园，总投资达1165百万日元。其中，67%来自政府的财政补助，余下的33%属于企业自筹。对许多中小型企业而言，拥有属于自己的污水处理设施是一件不太现实的事情，因此，多家企业联合建立污水处理厂就是一种解决污水问题的理性选择和行之有效的办法。毫无疑问，对中小型企业而言，除了污水处理方面的问题，工业活动过程中产生的废渣也完全可以通过企业间联合的方式加以解决。

除了石油化工、发电厂等多个行业引进、研发环境公害防止技术，日本的汽车行业同样也在引进、研发环境公害防止技术，且成绩斐然。20世纪70年代初，美国修改大气净化法，对生产于1975年以后的汽车尾气中的一氧化碳、碳氢化合物等的排放量做出了当时世界上最严格的控制，史称"马斯基管制"。1973年，日本政府援引该法令对日本的汽车尾气进行严格管控。1978年，被称为日本版的马斯基管制法出台。在此背景下，日本汽车行业尤其是本田汽车公司不断加大对内燃机的技术改造，成功研制出转动引擎和复合涡流控制燃烧引擎即俗称的CVCC引擎，使其出厂的汽车性能优越，完全符合上述标准，由此成功吸引了世界其他汽车生产商的注意。1976年，当时世界上著名的美国克莱斯勒汽车公司、意大利阿尔法·罗密欧汽车公司都对日本汽车表现出浓厚的兴趣。

## 第五节　从弱变强：国际环保氛围

　　日本各种环境公害问题的解决和工业文明的挽救，在很大程度上得益于日本国内受害国民、政府和企业的齐心协力，但也和逐渐浓厚的国际环境保护氛围不无关系。

　　第二次世界大战结束之后，国际社会对环境保护问题的态度经历了一个过程，国际环保氛围因之出现了从弱到强的发展演变。20世纪60年代，国际社会开始重视环境问题，环保氛围逐渐形成。20世纪70年代以来，伴随着联合国以及其他国际组织围绕环境问题展开的一系列活动，尤其是和环境保护相关的诸多国际性公约的签字，表明国际环保氛围越来越浓厚。

### 一、国际环保氛围的形成

　　1962年，美国著名海洋生物学家蕾切尔·卡逊所写的《寂静的春天》一书正式出版。该书的问世，在环境保护领域引起了巨大反响，被称为现代环保思想的开端。联合国由此对环境污染问题才逐渐重视，并采取相应行动保护生态环境。至此，国际层面的环境保护氛围开始形成。

### 二、国际环保氛围的日趋浓厚

#### （一）联合国的环保行动

　　为保护和改善环境，1970年3月，联合国召开预备会议，强调联合国应该根据宪章赋予的使命，充分发挥作为调节世界各国共同解决人类环境问题的中心作用。经过前期努力后，1972年6月5—16日，在瑞典首都斯德哥尔摩召开了由各国政府代表团及政府首脑、联合国机构和国际组织代表参加的讨论当代环境问题的第一次国际会议，会上提出"只有一个地球"的响亮口号。该口号告诉人们，除了地球，再没有适合人类生存的星球。人类没有认真保护地球的后果将是死路一条。所以，为了给当代人和下代人维持一个适宜居住的环境，人们需要团结合作，保护环境。在会议通过的《人类环境宣言》中，与会代表确定了人人都有享受环境的权利和义务、保护自然资源、限制有害物质排放、制定科学的人口政策、促进研究开发和交流、环境保护中的国家角色、加强国际合作、销毁核武器和一切大规模破坏性武器、发挥国际组织的作用等26项共同原则。这次会议还成立了"国际自然和自然资源保护同盟""世界野生生物基金会""人与生物圈计划""联合国环境规划署""国家公园和环境教育委员会""保护区委员会"等多个和环境保护相关的国际性组织。这是联合国就环境问题召开的第一次世界性会议，在人类世界环境保护发展史上具有重要意义。因此，世界范围内真正重视环保问题是从20世纪60年代中后期特别是70年代初期才开始的。

根据联合国人类环境会议的精神，1972年，联合国大会决定成立联合国环境规划署，下设环境规划理事会、环境秘书处、环境基金委员会共3个主要部门，总部设在肯尼亚内罗毕，主要工作是关心并促进大气环境、海洋等水环境、废弃物、土壤沙化、生物多样性锐减等全球生态环境问题的治理，并发表世界环境状况年度报告书。此外，大会还根据人类环境会议的提议，将每年的6月5日定为"世界环境日",呼吁世界各国和联合国系统要在当天举行各种以环境为主题的活动,借此提醒世人关心世界环境、保护世界环境。1982年5月,联合国环境规划署在内罗毕总部召开了联合国环境规划理事会特别会议,认为需要在全球、地区和国家三个层面为保护和改善环境而努力。在这次会议上,前日本环境厅长原文兵卫代表日本政府建议设立特别委员会机构,得到代表们支持。1984年成立以挪威原首相布伦特兰夫人为委员长的"世界环境与发展委员会"。1987年,联合国世界环境与发展委员会在东京举行会议,发表题为《我们共同的未来》报告,提倡"可持续发展"理念。1992年6月,联合国环境与发展大会在巴西里约热内卢召开,通过了以可持续发展为中心的《里约宣言》。

(二) 国际科学界的环保研究

不仅联合国就世界环境问题举行了一系列活动,提出了一些建设性的宝贵意见,而且注重环境保护问题的各国学者也密切合作,在国际层面积极开展科学研究。

1968年,世界各国近30位科学家、经济学家、人类学家齐聚罗马,组成罗马俱乐部,共同探讨人类面临的严峻环境问题。他们运用计算机模拟技术,对人口、农业和工业生产、自然资源、污染等变量进行研究,最终在1972年出版研究成果——《增长的极限》。该成果认为,如果维持现有的发展模式,不久的将来地球将无法继续作为人类的栖息地。因此呼吁人类社会要转向可持续增长,重视人口问题、资源问题、粮食问题、污染问题，建设可持续发展社会。

1971年，联合国教科文组织科学部门发起名为"人与生物圈"的政府间跨学科大型综合性研究计划，旨在将自然科学和社会科学、基础理论和应用技术实现有机融合，目的在于寻找有效解决人口、资源、环境等问题的方法，最终保护生态环境。

（三）签署专题性的国际公约

20世纪70—80年代，为了应对全球环境挑战，许多国家共同行动，签署了多份保护环境的专题性国际公约。1971年，在伊朗拉姆萨尔签订《关于特别是作为水禽栖息地的国际重要湿地公约》，旨在确保全球湿地及其生物多样性得到更好的保护和利用。1972年，在伦敦制定《防治倾倒废物和其他物质污染海洋的公约》，旨在解决日益严重的海洋污染问题。1973年，在华盛顿签订《有关濒临绝种的野生动植物种国际贸易公约》，旨在保护濒危野生动物。1974年，在罗马尼亚首都布加勒斯特召开世界人口会议，通过《世界人口行动计划》，重点对发展中国家人口爆炸问题进行研判。1979年，世界气象组织发起一项包括世界气候资料、应用、影响和研究计划在内的全球性气候研究国际合作计划，旨在研究合理利用气候资源的有效途径，预防气候灾害。1985年，联合国粮食及农业组织签署了旨在保护热带雨林的《热带雨林行动计划》。1989年，在瑞士巴塞尔签署《控制危险废物越境转移及其处置巴塞尔公约》，旨在解决危险废弃物越境转移问题。

20世纪60年代以来，包括联合国在内的多方力量共同行动，一起营造了浓厚的国际环境保护氛围。这样的事实客观上有利于日本国内环境公害问题的解决和环境保护工作的推进。

# 第四章
## 文明的新貌：解决公害问题的成效

　　日本迈入工业文明时代以来，相继多次发生环境公害问题。人们在享受经济增长带来福祉的同时，也承受着环境污染带来的沉重代价。为此，受害者群体率先行动，以各种方式向企业、政府请愿，希望能够解决自身所受伤害，但这种希望在二战之前基本都没有实现。二战结束后，特别是从20世纪六七十年代起，在医生、律师、社会活动家等各方声援下，受害者群体再次持续发声，企业和政府从先前的漠视逐渐转为重视。于是，在民众、政府、企业等多方力量的配合下，经过30余年时间的努力，终于将日本从"公害大国"改造成"公害治理先进国"，整个日本的公害问题得到明显纠正，环境面貌焕然一新。在修复生态环境的同时，受害方得到了相应的补偿和救治。特别是伴随着爱知县米糠油事件、新潟水俣病、四日市哮喘病、富山县痛痛病和熊本水俣病事件中受害者诉讼的胜诉，伴随着1973年足尾铜矿的正式关停，曾经在日本百年历史上上演的重大环境公害事件得以解决，日本的环境公害治理工作取得了明显成效，曾经困扰日本多年的水污染、大气污染和固体废弃物污染问题均有了明显改观。1977年，经济合作与发展组织在对日本的环境质量进行全面考察后，虽然认为日本还未赢得旨在提高环境质量的战争，但已经在很多消除环境公害的战斗中取胜。20世纪70年代以来，各种环境公害纠纷案件呈现递减态势，这同样表明日本在消除公害方面取得了积极成果。另外，在主要污染物质方面，世纪之交的日本基本上达到了环境标准，日本企业优秀的节能环保技术也得到了世界其他国家的高度评价。

## 第一节　水环境

明治维新以来，政府积极推动采矿业的发展，由此酿成以足尾矿毒为首的环境公害问题，对渡良瀬川等多条河流造成严重污染，水质出现严重恶化。但受制于当时国内国际环境的影响，日本政府和企业在治理水污染方面并无太大作为，仅仅采取修建蓄水池、强制居民搬迁等措施。毫无疑问，这样的应对措施根本不可能解决水体污染问题，仅仅只是缓解污染的程度而已。第一次世界大战之后，日本的水污染问题依然存在。第二次世界大战结束之后，日本政府再次强调工业在国家社会生活中的重要性，积极推动煤炭、钢铁等产业的发展，使得水污染问题日趋严重，20世纪50年代先后在神通川流域和水俣湾等地出现因水污染而发生的"痛痛病"和"水俣病"。这些事件不仅震动了日本，而且也震动了世界。1958年12月，以东京江户川本州造纸厂向江户川大量排入废水一事引起渔民反抗为契机，国会制定了"水质二法"——《水质保全法》和《工厂排水控制标准法》，由此揭开了日本社会痛下决心整治水环境的序幕。

《水质保全法》指的是某公共水域已经出现污染且对公众卫生或者相关企业造成相当程度的损害时，由政府将其划定为对象水域进行重点保护。该法律主要针对水体已经出现污染的情况。另外，对对象区域进行事后保护和治理的可操作性并不是很强，特别是在水体污染因素日趋复杂的情况下，治理难度更大。《工厂排水控制标准法》的主要内容是对工厂所排废水进行管理，使其能够遵守水质标准，如果达不到水质标准，政府有权力要求工厂改进污水处理方法或者采取其他相关解决措施。但在实际操作中，某工厂违反了水质排放标准，政府更多地会采取行政指导的方式进行应对，由此导致该法的效力大打折扣。虽然上述两部法律在治理水污染方面有一定效果，但由于存在诸多弊端，水环境的整治效果不尽如人意。为此，20世纪60年代以来，特别是1970年公害国会以来，日本加大了整治水环境的力度。1970年12月，公害国会上通过的《水污染防止法》删除了《水质保全法》中的指定水域制，并将《水质保全法》和《工厂排水控制标准法》修改后组成一个整体，规定了人体健康和生活环境方面的水质标准，还规定了排水的限量、处罚条例等。相比"水质二法"，《水污染防止法》的可操作性更强，也更能起到预防水污染、保护水环境的作用。

因此，随着1970年公害国会通过的《水污染防止法》以及1971年环境厅的成立，日本政府通过安装水质自动监测

仪、铺设下水处理设备等措施开始大力整治水环境。同时，
作为排放污水的直接责任人，日本企业积极采用先进技术减
少用水量，不排放或者少排放废水。对于必须排放的废水，
则需要经过分类处理，对其中的悬浮物进行沉降、絮凝等分
离处理，对其中的油、酸、碱等成分分别采用分油、中和、
混凝等技术处理。在各方的共同努力下，全国水污染面积明
显下降。根据1980年日本政府进行的调查结果，全国工厂、
矿山等废水引起的污染面积均呈现下降趋势，因水质污染而
受害的农业地区有959处，面积为99893公顷，与1975年的
调查结果相比，受害地区减少29%，受害面积则减少37%。[①]
此外，从全国的水质达标率以及重点城市的水质监测结果
看，日本水环境总体得到改善。

## 一、 全国水质达标率维持在较高水平

为解决日本的水污染问题，1970年公害国会上通过了《水
污染防止法》，详细规定了不同用水的水质环境标准。在该水质
标准中，国会将人们的直接饮用用水和经过食物摄入人体内可
能给人们健康带来影响的有毒有害物质统一界定为"健康项目"
（表4-1），将与人们日常生活密切相关的河流、湖泊、海洋等水
资源、动植物以及关系到这些生物生长的生物化学需氧量
（BOD）和化学需氧量（COD）、氮、磷等界定为"生活环境项
目"（表4-2河流版、表4-3湖泊版、表4-4海洋版）。从水质标
准的指标看，20世纪70年代以来，日本健康项目和生活环境项

---

① 张宝珍.日本经济高速增长时期的环境污染问题[J].世界经济，1985（9）.

目水质达标率均维持在较高水平。

表4-1　保护人体健康的水质标准（健康项目）

| 项目 | 镉 | 有机磷 | 氰 | 铅 | 六价铬 |
|---|---|---|---|---|---|
| 标准值（即日平均值） | 0.01mg/L以下 | 不得检出 | 不得检出 | 0.1mg/L以下 | 0.05mg/L以下 |
| 项目 | 砷 | 总汞 | 甲基汞 | 多氯联苯 | |
| 标准值 | 0.05mg/L以下 | 0.0005mg/L以下 | 不得检出 | 不得检出 | |

表4-2　保护生活环境的水质标准（河流版）

| 类型 | 用水目的 | PH（mg/L） | BOD（生化需氧量）（mg/L） | SS（固体悬浮物）（mg/L） | DO（溶解氧）（mg/L） | 大肠杆菌群数（每百毫升最大允许数MPN/100ml） |
|---|---|---|---|---|---|---|
| AA | 给水1级，自然保护，及A以下各栏 | 6.5~8.5 | ≤1 | ≤2.5 | ≥7.5 | ≤50 |
| A | 给水2级，水产1级，游泳场，及B以下各栏 | 6.5~8.5 | ≤2 | ≤2.5 | ≥7.5 | ≤1000 |
| B | 给水3级，水产2级，及C以下各栏 | 6.5~8.5 | ≤3 | ≤2.5 | ≥5 | ≤5000 |
| C | 水产3级，工业用水1级，及D以下各栏 | 6.5~8.5 | ≤5 | ≤50 | ≥5 | —— |
| D | 工业用水2级，农业用水，及E栏 | 6.5~8.5 | ≤8 | ≤100 | ≥2 | —— |
| E | 工业用水，环境保护 | 6.5~8.5 | ≤10 | 不得有垃圾等悬浮物 | ≥2 | —— |

说明：

给水3级分别指进行过滤等简单污水处理的1级、进行沉淀过滤等普通净水处理的2级和在前期处理基础上进行深度净水处理的3级。

水产用水3级分别指供鳟鱼等贫腐性水域的水生生物及供水产2级和3级的水生
生物用水的1级、供鲑科鱼类及鲇鱼等贫腐性水域的水生生物用水的2级和供鲤
鱼等贫营养性水域的水生生物用水的3级。

工业用水3级分别指进行沉淀等普通净水处理的1级、投放药剂的深度净化处理
的2级和进行特殊净化处理的3级。

环境保护：在群众的日常生活（包括沿河岸散步等）中以不产生不舒适感为
限度。

表4-3　保护生活环境的水质标准

（湖泊版：天然湖泊以及贮水量1千万立方米以上的人工湖）

| 类型 | 用水目的 | PH（mg/L） | COD（化学需氧量）（mg/L） | SS（mg/L） | DO（mg/L） | 大肠杆菌群数（MPN/100ml） |
|---|---|---|---|---|---|---|
| AA | 给水1级，水产1级，自然保护，及A以下各栏 | 6.5~8.5 | ≤1 | ≤1 | ≥7.5 | ≤50 |
| A | 给水1级，水产1级，自然保护，及A以下各栏 | 6.5~8.5 | ≤3 | ≤5 | ≥7.5 | ≤1000 |
| B | 水产3级，工业用水1级，农业用水，及C栏 | 6.5~8.5 | ≤5 | ≤15 | ≥5 | —— |
| C | 工业用水2级，环境保护 | 6.5~8.5 | ≤8 | 不得有垃圾等悬浮物 | ≥2 | —— |

表4-4　保护生活环境的水质标准（海洋版）

| 类型 | 用水目的 | PH | COD（mg/L） | DO（mg/L） | 大肠杆菌群数（MPN/100ml） | 正己烷提取物（油分等） |
|---|---|---|---|---|---|---|
| A | 水产1级，游泳场，自然环境保护，及B以下各栏 | 7.8~8.3 | ≤2 | ≥7.5 | ≤1000 | 不得检出 |
| B | 水产2级，工业用水，及C栏 | 7.8~8.3 | ≤3 | ≥5 | —— | 不得检出 |

续表

| 类型 | 用水目的 | PH | COD (mg/L) | DO (mg/L) | 大肠杆菌群数 (MPN/100ml) | 正己烷提取物（油分等） |
|---|---|---|---|---|---|---|
| C | 环境保护 | 7.0~8.3 | ≤8 | ≥2 | —— | —— |

　　根据上述水质标准，经过监测发现，与人体健康项目相关的水质不合格率持续走低，日本的整体水体环境得到明显改善。1970年的不合格率接近0.6%，1972年为0.3%，1978年为0.07%，1979年则降至0.06%。其中镉、砷超过标准的略多，但有机汞、有机磷等物质从1970年以来多年均未曾监测出。[①]具体情况见图4-1"与健康项目有关的水体不合格率的逐年变化"。1983年的检测数据表明，镉不合格率为0.1%，砷不合格率为0.05%，氰和铅的不合格率均为0.03%，六价铬的不合格率为0.01%[②]，而有机磷、总汞和甲基汞以及多氯联苯等物质均未检出。从生活环境项目的指标看，无论是河流、湖泊，还是海域，水体达标率总体呈现上升趋势。其中，1979年的湖泊、河流和海域达标率分别在40%、67%、75%左右，尽管达标率的绝对水平不很理想，但达标率上升的趋势还是令人欣慰的。具体情况见图4-2"与生活环境项目有关的水体合格率的逐年变化"。因此，与生活环境项目有关的水体合格率逐年上升的趋势同样可以证明日本的整体水环境在趋于好转。

---

① 宋增仁.日本环境保护状况考察[J].国外环境科学技术，1983（1）.

② 徐家骝.日本环境污染的对策和治理[M].中国环境科学出版社，1990：78.

图4-1　与健康项目有关的水体不合格率的逐年变化

说明：不合格率是指超过环境标准的检测数和总检测数之比（%）

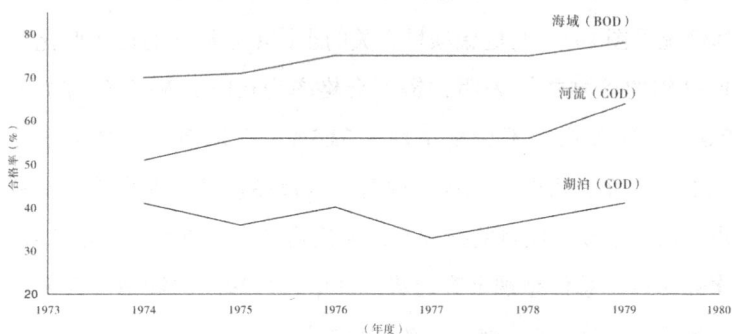

图4-2　与生活环境项目有关的水体合格率的逐年变化

说明：合格率是指达到环境标准的水域数和总水域数之比（%）

资料出处：http://www.env.go.jp/policy/hakusyo/past_index.html

## 二、 重点城市的水质状况明显改善

### （一） 大阪市的水污染治理

大阪市位于濑户内海东侧，东临大阪湾，市内有大小河流

30余条，其中以淀川为主。该市在经济发展过程中曾对淀川等河流造成较重污染。为了解决水污染问题，大阪市采取了多项措施。第一，大力修建下水道。表4-5显示的是大阪市下水道按照面积普及率逐年变化情况，从中不难看出，该市下水道普及率增长迅速。表4-6显示的是截至1986年按人口普及率各大城市下水道普及情况，大阪市的下水道普及率在1986年达到99.4%，高居日本各大城市之首。无论是从面积还是从人口比来衡量，大阪市的下水道都处于高普及率状态，这为该市污水的顺利排放提供了渠道，从而减轻甚至杜绝了环境污染。第二，建设污水处理厂。继20世纪40年代已经建成的津守和海老江污水处理厂之后，六七十年代相继建成中滨、市冈、千岛、住之江、今福、大野、十八条等多家污水处理厂。在前期工作的基础上，从70年代起，大阪市政府规定，工厂所排废水必须进行处理达到规定标准，按具体情况执行《濑户内海环境保全特别措施法》《水污染防止法》以及《大阪府公害防止条例》，不达标坚决不能排入下水道。下水道将达标的工厂废水运送到污水处理厂进行再次处理后方能排入河川、湖泊或海域等。

表4-5　大阪市下水道普及率（面积比）变化一览表

| 年份 | 1955 | 1960 | 1965 | 1970 | 1975 | 1980 | 1985 |
|---|---|---|---|---|---|---|---|
| 面积比（%） | 17.1 | 19.8 | 34.6 | 62.2 | 88.0 | 95.9 | 97.9 |

表4-6　各大都市下水道普及率（人口比）比较（1986年3月）

| 城市 | 大阪 | 札幌 | 神户 | 名古屋 | 东京 | 北九州 | 京都 | 福冈 | 横滨 | 川崎 | 广岛 |
|---|---|---|---|---|---|---|---|---|---|---|---|
| 人口比（%） | 99.4 | 91.8 | 91.6 | 84.0 | 83.0 | 80.4 | 78.4 | 65.0 | 64.0 | 54.0 | 39.6 |

在上述措施之下，大阪市寝屋川、道顿堀川和土佐堀川等主要河川的生化需氧量指标在1970年之后出现明显降低，1980年之后均达到10ppm以下，水污染状况明显好转，基本没有出现超标现象，见图4-3。

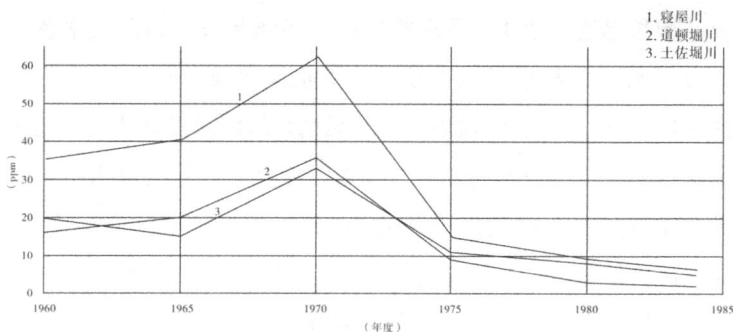

图4-3　大阪市内河川水域主要观测点的BOD逐年变化

资料出处：徐家驹. 日本环境污染的对策和治理[ M ]. 中国环境科学出版社，1990：82.

## （二）　东京都的水污染治理

东京都位于关东平原南端，本州岛中央，濒临东京湾。东京都内共有河流100多条，大致分为多摩川水系（主要有多摩川）、荒川水系（主要有荒川、中川、隅田川、绫濑川）、江户川水系（主要有江户川）、南部（主要有鹤见川、境川）和城南（主要有目黑川、呑川、古川）五大水系，其中荒川和多摩川流域面积最大，分别为2267平方公里和1235平方公里。

为改善东京都水质状况，尽快解决水污染问题，东京都采取了一系列治理对策。第一，依据《水污染防止法》和《东京都公害防止条例》的规定，对工厂的废水排放进行严格监督和检查，督促指导企业加强水污染治理工作。1978年6月，日本国会对《水污染防止法》进行了大幅度修订，在原有的浓度控制标准外，对东京湾、伊势湾、濑户内海等污染严重且属于封闭性水域实行类似于大气控制的总量控制法。据此，东京都在1980年3月制定了有关COD总量减排方面的计划。该计划执行的效果明显，1984年度的COD污染负荷总量比1979年度减少了9%左右，从307t/d降至280t/d。第二，加强污水处理设施的修建。相比浓度控制和总量控制法等政策性解决水污染的方式，提高污水处理能力是改善水质的工程性举措。为此，东京都除了不断完善公共下水道，使其普及率迅速提升（提升的具体情况参见表4-7），还于80年代新建中川和葛西等多座污水处理工厂，加上此前已经投入运营的森之岐、三河岛、小台、落合、新河岸、小营等污水处理厂，有效提升了东京都的污水处理能力。第三，加强水质监测，不仅要测定水温、混浊度、氯离子浓度、电导率等项目，更要监测镉、汞、氰等和人体健康相关的项目以及BOD、DO、PH等和生活环境相关的项目，对已经污染的水源采取药物处理、土壤脱臭、接触还原、吸附、引进清洁水、减轻水面垃圾等方式减轻水污染状况。在上述措施的共同作用下，东京都的水质状况也呈现好转趋势。正如表4-8所示，从1971年至1982年，东京都的水质BOD达标率虽出现几次波动，但总体呈现稳步提升的趋势，总体达标率超过50%，说明水质状况在逐步改善。另外，在事关人体健康的镉、氰等项目的环境监测中，通过对136个监测点的数据统计，均没有发现河流超标情况，这也说明水质在改善。

表4-7　1965—1985东京都下水道普及率变化一览表

| 年份 | 1965 | 1970 | 1975 | 1980 | 1983 | 1985 |
|---|---|---|---|---|---|---|
| 普及人口（万） | 314 | 425 | 540.5 | 614.18 | 663.35 | 695.02 |
| 普及率（%） | 35 | 48 | 63 | 74 | 80 | 84 |

资料出处：徐家骝.日本环境污染的对策和治理[M].中国环境科学出版社，1990：107.

表4-8　东京都水质BOD达标率一览表

| 年份 | 达标率（%） | 时间 | 达标率（%） |
|---|---|---|---|
| 1971 | 38 | 1977 | 49 |
| 1972 | 51 | 1978 | 45 |
| 1973 | 46 | 1979 | 56 |
| 1974 | 52 | 1980 | 55 |
| 1975 | 47 | 1981 | 59 |
| 1976 | 47 | 1982 | 59 |

资料出处：徐家骝.日本环境污染的对策和治理[M].中国环境科学出版社，1990：99.

## 第二节　大气环境

随着日本步入工业文明时代，采矿、燃煤和燃油产生了大量灰尘、二氧化硫、氮氧化物和碳氢化合物，这些物质持续排入大气中，直接造成大气环境质量下降，出现大气污染，给日本的经济社会发展和公众的身心健康带来不同程度的伤害。为此，日本社会各界在改善水质状况的同时，也采取多种措施治理大气污染。特别是从20世纪六七十年代起，日本加大了大气污染的整治力度。在受害民众要求治理环境公害的压力面前，政府继1962年颁布《煤烟控制法》之后，相继于1967年和1968年出台《公害对策基本法》《大气污染防止法》，并于1971年组建专门解决环境问题的行政部门环境厅。为了提高大气治理的可操作性，政府同时制定诸如大气环境质量标准、硫氧化物、氮氧化物和烟尘等的排放标准以及机动车尾气排放标准等，设立大气环境自动监测站点。企业也开始在生产期间注重环境保护，诸如研发推广脱硫、脱氮和脱硝等技术、安装除尘设备等。多措并举之下，日本的灰尘、二氧化硫、氮氧化物和碳氢化合物等导致的大气污染问题得到很大解决，大气治理工作取得显著成效，大气环境质量得以明显改善。

## 一、 从监测项目来衡量

一般而言，用来监测大气环境质量的项目有硫氧化物、碳氧化物、氮氧化物、光化学氧化剂和各种悬浮颗粒物等。为此，日本政府针对上述污染物质制定了相应的大气环境标准，见表4-9。

**表4-9　日本政府制定的大气环境标准**

| 物质 | 环境条件 | 公布时间 |
|---|---|---|
| 二氧化硫 | 1小时日均值在0.04ppm以下，并且1小时均值在0.1ppm以下 | 1973年5月16日 |
| 一氧化碳 | 1小时均值在10ppm以下，并且8小时均值在20ppm以下 | 1973年5月8日 |
| 二氧化氮 | 1小时均值在0.04~0.06ppm或以下 | 1978年7月11日 |
| 光化学氧化剂（$O_x$） | 1小时均值在0.06ppm以下 | 1973年5月8日 |

续表

| 物质 | 环境条件 | 公布时间 |
|------|----------|----------|
| 悬浮颗粒物<br>（SPM） | 1小时均值在0.10mg/m³以下，且1小时值在0.20mg/m³<br>以下 | 1973年5月<br>8日 |
| 微小颗粒物<br>（PM$_{2.5}$） | 年均值在15 μg/m³，且日均值在35 μg/m³以下 | 2009年9月<br>9日 |

为了达到政府制定的大气环境质量标准，20世纪70年代，日本又专门针对使用煤、油、气等不同类型燃料的工厂锅炉，制定了严格的烟尘排放标准和氮氧化物排放标准，具体情况见表4-10、表4-11。在严格的环境标准和排放标准约束下，日本企业的废气排放量可以得到精确计算和对照，企业的废气排放行为最终得到有效管控。

表4-10　20世纪七八十年代适用的锅炉烟尘排放标准

（单位：克/标准立方米）

| 燃料类型 | 锅炉排气量（标准立方米/时） | 一般排放标准 | 特定排放标准 |
|----------|------------------------------|--------------|--------------|
| 煤 | 20万以上 | 0.10 | 0.05 |
| | 4万~20万 | 0.20 | 0.05 |
| | 4万以下 | 0.30 | 0.20 |
| 油或油气<br>混合燃料 | 20万以上 | 0.05 | 0.04 |
| | 4万~20万 | 0.15 | 0.05 |
| | 1万~4万 | 0.25 | 0.15 |
| | 1万以下 | 0.30 | 0.15 |
| 气 | 4万以上 | 0.05 | 0.03 |
| | 4万以下 | 0.10 | 0.05 |

表4-11　20世纪七八十年代适用的锅炉氮氧化物排放标准

(单位：ppm)

| 燃料类型 | 折算成氮氧化物 | 排气量×10³（标准立方米/时） | | | |
|---|---|---|---|---|---|
| | | <10 | 10~40 | 40~500 | 500~1000 |
| 气体 | 5 | 150 | 130 | 100 | 60 |
| 液体 | 4 | 180 | 150 | 150 | 130 |
| 固体 | 6 | 400 | 400 | 400 | 400 |

## （一）二氧化硫为核心的硫氧化物指标

一般而言，煤的含氮率是石油的5倍，所以，燃煤产生的氮氧化物量要高于燃油产生的氮氧化物量。但是，由于日本在20世纪60年代后逐渐将能源结构从煤转向石油，所以20世纪60年代以来造成日本大气污染的主要物质是燃烧石油产生的硫氧化物，其中又以二氧化硫为主。尤其是这段时间以来日本工厂普遍使用了含硫量高的劣质重油，成为大气污染的重要因素。因此，20世纪六七十年代以来，在日本决心治理大气污染时，二氧化硫便成为大气质量监测中最重要的项目，也自然而然成为日本政府重点控制的对象。伴随着1968年《大气污染防止法》的颁布实施，日本企业通过多种方式控制大气中二氧化硫的浓度。

第一，减少目前所用燃料中的硫分，尽量使用低硫燃料。为此，日本对燃煤进行了脱硫脱灰处理，对燃油主要进行脱硫处理。日本工业用煤的含灰量约为15%~20%，含硫量约为3%，经过洗选环节后可以将原煤中的大部分灰分和占含硫量50%的无机磷去除，从而达到降低硫氧化物排出量的效果。对于工业用燃油，日本不断加大使用脱硫设备对其脱硫处理的力度，重油脱硫比例从 1967 年的 3.3% 迅速增长到 1981 年的 92%，燃油含硫比例也从 1967 年的 2.5% 降至 1981 年的 1.2%。重油脱硫速度发展最快的时间集中在 1967 年至 1975 年。1967 年，只有一台重油脱硫设施，年脱硫重油 $2.321×10^{12}$L，到了 1975 年，脱硫设施增加到 39 台，年脱硫重油能力也增长到 $73.957×10^{12}$L，八年时间重油脱硫能力翻了 30 多倍。1980 年，脱硫设施增加到 44 台，脱硫能力相应增长到 $83.611×10^{12}$L。20 世纪 60 年代至 80 年代日本企业脱硫设备数量和直接脱硫、间接脱硫能力的详细情况参阅表4-12。

表4-12　1967—1981 年日本重油脱硫设备数以及脱硫能力一览表

| 年份 | 设备数 | 脱硫能力（$10^{12}$L/a） | 年份 | 设备数 | 脱硫能力（$10^{12}$L/a） |
|---|---|---|---|---|---|
| 1967 | 1 | 2.321 | 1977 | 42 | 80.117 |
| 1969 | 13 | 16.990 | 1978 | 43 | 81.290 |
| 1971 | 20 | 29.555 | 1979 | 43 | 81.696 |
| 1973 | 19 | 49.907 | 1980 | 44 | 83.611 |
| 1975 | 39 | 73.957 | 1981 | 44 | 83.611 |

资料出处：徐家驹．日本环境污染的对策和治理[ M ].中国环境科学出版社，1990：34.

　　第二，优先进口含硫量低的燃油。作为一个石油严重依赖进口的国家，日本曾从中东国家大量进口含硫量较高的重油，后改为从马来西亚、印度尼西亚等国家进口含硫量相对较低的石油。在这种情况下，日本进口原油含硫量由 1965 年的平均 2.04% 降到 1975 年的 1.47%，民用原油含硫更低，由 1965 年的平均 1.93% 降到 1975 年的平均 0.12%。[①]表4-13显示的是 1963 年至 1972 年日本进口原油含硫量的演

————————————
① 张光华.日本的能源污染与对策[J].世界环境，1986（2）.

变情况，平均含硫量呈现出明显的递减趋势。

表4-13　1963—1972年日本进口原油含硫率的变化情况

| 年份 | 原油总量 ($10^8$升) | 不同含硫率原油占原油总量的百分比（%） | | | | 平均含硫率（%） |
| --- | --- | --- | --- | --- | --- | --- |
| | | <1% | 1%~2% | 2%~3% | >3% | |
| 1963 | 60.7 | 14.3 | 27.2 | 55.4 | 3.1 | 2.02 |
| 1965 | 85.2 | 11.1 | 33.5 | 52.3 | 3.1 | 2.04 |
| 1967 | 121.0 | 9.0 | 45.9 | 43.1 | 2.0 | 1.93 |
| 1969 | 168.7 | 14.4 | 54.8 | 29.5 | 1.3 | 1.68 |
| 1972 | 227.3 | 21.0 | 59.7 | 18.5 | 0.8 | 1.49 |

资料出处：徐家骝.日本环境污染的对策和治理[ M ].中国环境科学出版社，1990：31.

第三，采用流态化、二段燃烧、降低燃烧温度等燃料燃烧方法，最大程度降低硫氧化物和氮氧化物的生成量，达到减轻污染的效果。

第四，在燃烧的末尾环节，安装使用排烟脱硫、脱氮设备以及电除尘装置，尽量减少硫氧化物、氮氧化物以及灰尘进入大气。重油脱硫更多的是为了给日本难以实行烟气脱硫的中小微企业提供合格的低硫燃油，对大型工厂而言则需要安装烟气脱硫设备。相比重油脱硫，虽然烟气脱硫早在1960年起就作为一个大的工业技术开发项目而被推出，但直至1970年起才开始投入使用。烟气脱硫的具体技术分为干法和湿法两类。按照使用吸收剂的不同，干法可分为使用活性炭等吸附剂的吸附法、使用活性氧化锰、碱性氧化铝等为吸收剂的吸收法以及使用钒系催化剂等将硫酸氧化回收的催化氧化法；湿法可分为使用氢氧化钾、氢氧化钠等为吸收剂的碱吸收法、使用氨水等为吸收

剂的氨吸收法和使用石灰浆进行回收的石灰吸收法。尽管烟气
脱硫比重油脱硫的投入使用略晚，但发展较为迅速。特别是
1970年至1975年期间，烟气脱硫设备从102台增长到994台，
脱硫能力也从$5.4×10^6Nm^3/h$增长到$79.5×10^6Nm^3/h$。截至1984年，
全国有烟气脱硫设备1583台，脱硫能力达到$133.4×10^6Nm^3/h$。[①]

　　第五，研究推广原子能、天然气等优质新型能源，特别是在
原子能技术的研发方面，日本取得长足进展。1970年，原子能在
日本能源结构中占比不足一成，仅有0.4%，1982年时已经达到
6.9%。在天然气方面，日本除了挖掘自身潜力，还主要从马来西
亚、阿拉斯加等地大量进口，由此使天然气在日本能源结构中的比
重也不断攀升，从1960年的占比1%升至1970年的1.3%、1982年
的7.0%，占比呈现稳步提升的趋势。表4-14揭示了日本从第二次
世界大战结束到20世纪80年代初原子能和天然气在能源结构中的
使用情况。作为两种对大气环境造成较少污染的新型能源，使用比
例呈现稳步提升态势。这对改善日本的大气质量具有重要意义。

表4-14　1945—1982年原子能和天然气在能源结构中占比情况一览表（%）

| 年份 | 原子能 | 天然气 |
|------|--------|--------|
| 1945 | — | 0.2 |
| 1950 | — | 0.2 |
| 1955 | — | 0.4 |
| 1960 | — | 1.0 |
| 1965 | — | 1.2 |
| 1970 | 0.4 | 1.3 |
| 1975 | 1.7 | 2.6 |

---

① 　徐家骝.日本环境污染的对策和治理[M].中国环境科学出版社，1990：34-35.

| 年份 | 原子能 | 天然气 |
|------|--------|--------|
| 1979 | 4.2 | 5.3 |
| 1982 | 6.9 | 7.0 |

说明：自1969年起天然气中包括液化天然气。1982年一栏中的天然气数据系指液化天然气。

资料出处：徐家骝.日本环境污染的对策和治理[ M ].中国环境科学出版社，1990：33.

在企业采取了一系列降低硫氧化物和氮氧化物生成量的措施下，日本大气中二氧化硫含量明显减少，大气质量好转的迹象非常明显。这可以从一般局和自排局实时监测的数据中得到佐证。

1. 二氧化硫排放总量

为了监测大气质量，准确判断大气中二氧化硫的含量状况，日本成立了主要监测住宅等一般生活空间大气污染情况的一般环境大气测量局（简称"一般局"）和主要监测汽车尾气排放量较大的交叉路口、道路附近的大气污染状况的汽车排放气体测量局（简称"自排局"），对各自管辖区域进行实时大气质量监测。截至1994年，日本有一般局1439个，自排局359个。综合各测量局对大气中二氧化硫含量的监测结果，从排放总量看，1972年日本全国排入大气中的二氧化硫为420万吨，在燃料使用量不断增加的情况下，日本大气中的二氧化硫含量在1978年却降为260万吨左右，六年间降低了40%。[1]

2. 二氧化硫浓度

根据日本环境厅1987年公布的对15个环境监测站点的平均数

---

[1] 康树华.日本的《公害对策基本法》[ J ].法学研究，1982（2）.

据分析（图4-4），可以看出，全国二氧化硫年均浓度变化呈现明显的下降趋势。1967年为0.059ppm，1972年为0.031ppm，1975年为0.021ppm，1977年为0.018ppm，1978年为0.017ppm，1982年又进一步降到0.013ppm，1983年下降到0.012ppm。

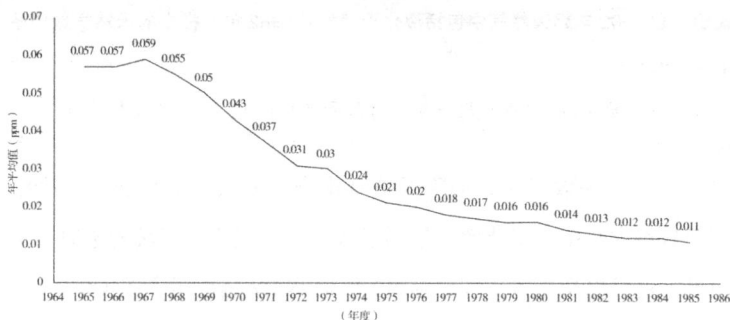

**图4-4　全国二氧化硫年平均浓度变化（根据15个测站平均）**

*资料出处：環境庁.環境白書.1987.*

和全国的总体情况相吻合，一般局和自排局分别监测的二氧化硫平均浓度也呈现下降趋势。图4-5显示的是1970年至2019年日本一般局和自排局分别监测到的大气二氧化硫年均浓度逐渐降低的具体情况，该图同样说明日本大气质量趋于好转的事实。

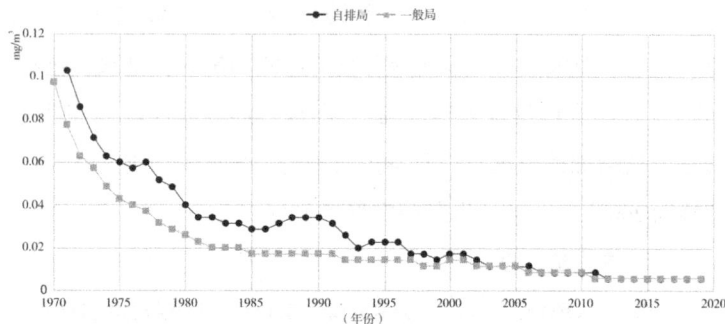

**图4-5　二氧化硫浓度年平均变化情况（1970—2019）**

*资料出处：https://www.env.go.jp/air/osen/index.html*

3. 二氧化硫达标率

表4-15显示的是1972年至1985年期间日本全国一般局和自排局各监测站点平均监测到的二氧化硫达标率变化情况。从中可以看出，1972年的达标率仅有33.1%，说明当时大气中二氧化硫的含量非常高。但从1975年开始，达标率有了明显提高，达到80.1%。从1980年开始的多年时间里，达标率一直超过98%，1985年更是一度接近100%的最佳状态。所以，二氧化硫达标率不断攀升的事实同样表明日本大气中二氧化硫含量越来越低，大气质量越来越好。

表4-15　全国二氧化硫监测站达标率变化一览

| 年份 | 1972 | 1975 | 1980 | 1981 | 1982 | 1983 | 1984 | 1985 |
|---|---|---|---|---|---|---|---|---|
| 站点数 | 685 | 1238 | 1571 | 1586 | 1605 | 1613 | 1623 | 1609 |
| 达标数 | 227 | 992 | 1546 | 1569 | 1596 | 1603 | 1614 | 1603 |
| 达标率（%） | 33.1 | 80.1 | 98.4 | 98.9 | 99.4 | 99.4 | 99.4 | 99.6 |

资料出处：徐家骝.日本环境污染的对策和治理[ M ].中国环境科学出版社，1990：60.

总之，从20世纪60年代开始，日本政府在企业排放废气问题上先后采取了浓度控制法、1968年K值控制法和1974年总量控制法的限制措施，企业也相应地采取了多项降低硫氧化物和氮氧化物生成总量的行动，到20世纪80年代，日本大气污染中表现最突出的二氧化硫问题得到明显缓解，大气环境得到根本改善。20世纪90年代以来，日本大气质量明显好转的趋势并未改变，因此，日本在控制二氧化硫排放方面取得了巨大成功。

（二） 其他指标

从20世纪70年代以来，日本大气中不仅二氧化硫含量和浓
度出现明显降低，而且大气中一氧化碳、二氧化碳、悬浮颗粒
物、光化学污染物、二氧化氮等的含量也都呈现下降趋势。不
可否认，日本大气环境质量总体呈现好转。

1. 二氧化碳为核心的碳氧化物

大气中的一氧化碳、二氧化碳主要来自汽车尾气。1956年
日本对汽车尾气进行控制以来，大气中碳氧化物的浓度出现明
显下降。全国各监测站测得的二氧化碳浓度由1971年的6.0ppm
下降到1982年的2.6ppm，见图4-6。从1984年起，全国各个监
测站测定的结果均小于每小时均值10ppm以下的环境标准。[①]

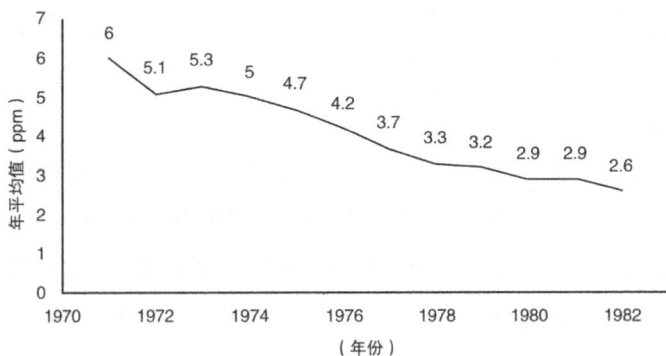

**图4-6  1970—1982年日本大气中二氧化碳浓度变化状况**

资料出处：Japan Environment Summary.1983-1985.

2. 氮氧化物及光化学烟雾

氮氧化物的主要来源是汽车尾气以及工厂排放，同时是造

---

[①]  许春丽，李保新.日本大气污染的控制对策及现状[ J ].环境科学动态，2001（3）.

成光化学烟雾的主要物质。为此，日本社会在集中精力整治硫氧化物问题的同时，从20世纪60年代末期开始在全国集中整治氮氧化物污染问题。从汽车尾气排放看，大阪市在1968年就召开过汽车对策会议，东京都从1973年起，对当地汽车排气量分阶段进行控制，规定了不同型号车辆的一氧化碳、碳氢化合物、氮氧化物的排放量。1975年，东京都、大阪等城市联合成立"汽车技术评价委员会"，共同研讨汽车排气技术、推动汽车污染防止对策的落实。在具体操作层面，各城市提倡乘坐地铁、驾驶电气汽车等低公害汽车、改进汽车引擎从而减少汽车废气的排放、改进道路方便汽车快速通行等。这些防止汽车尾气污染的措施取得了一定效果。从工厂方面看，针对一些大型工厂，日本从80年代初实行总量控制法进行氮氧化物管控。受管控的工厂从改变燃料、改进燃烧技术和排烟脱硝三个方面削减氮氧化物排放总量。具体而言，在改变燃料方面，按照氮氧化物排放量看，煤多于重油多于灯油多于天然气，因此，尽量使用含氮化合物低的燃料，同时尽量脱除燃料中的氮化合物。在改进燃烧技术方面，因为温度越高，氮氧化物的产生量就越多，所以在燃烧过程中应尽量降低燃烧温度，并使火焰温度均匀化。在排烟脱硝方面，日本的工厂主要使用选择性非催化还原法和选择性催化还原法为主的干法以及吸收法、还原法为主的湿法两种模式，两种方法以干法为主，其中又以选择性催化还原法为主。表4-16显示的是截至1983年1月日本不同企业安装排烟脱硝设施情况。从该表可以看出，电厂拥有的排烟脱硝设备数最多，然后是化工厂、石油化工厂等，纺织厂最少，仅有一台。因此，安装了排烟脱硝设备的工厂规模普遍较大，小规模的造纸厂和纺织厂等仍然以脱硫为主、脱硝为辅。当然，燃料消耗量巨大的电厂、钢厂和石化工厂无论是脱硫还是脱硝，其处理能力在日本各企业中都独占鳌头。

表4-16　日本不同企业安装排烟脱硝设施情况一览表

| 行业名 | 设备数 | % | 总处理能力 ($10^6$ Nm$^3$/h) | % | 平均处理能力 (Nm$^3$/h/台) | 平均效率 (%) |
|---|---|---|---|---|---|---|
| 电厂 | 63 | 33.4 | 58046 | 80.9 | 921400 | 62.1 |
| 煤气厂 | 10 | 5.3 | 270 | 0.4 | 27100 | 89.0 |
| 废弃物燃烧厂 | 4 | 2.1 | 210 | 0.3 | 5200 | 54.3 |
| 钢厂（高炉） | 3 | 1.6 | 2220 | 3.1 | 740000 | 86.7 |
| 钢厂（非高炉） | 13 | 6.9 | 501 | 0.7 | 38500 | 73.8 |
| 钢厂（非铁的浇铸） | 1 | 0.5 | 28 | 0 | 28000 | 80.0 |
| 炼油厂 | 15 | 8.0 | 2207 | 3.1 | 147100 | 55.4 |
| 石油化工厂 | 21 | 11.2 | 4968 | 6.9 | 236600 | 63.8 |
| 其他油类和煤加工厂 | 2 | 1.1 | 528 | 0.7 | 264100 | 85.0 |
| 造纸厂 | 3 | 1.6 | 78 | 0.1 | 25900 | 71.8 |
| 玻璃厂 | 3 | 1.6 | 262 | 0.4 | 87200 | 80.0 |
| 水泥厂 | 3 | 1.6 | 173 | 0.2 | 57700 | 60.0 |
| 陶瓷和建筑材料厂 | 2 | 1.1 | 112 | 0.2 | 56000 | 80.0 |
| 化工厂 | 31 | 16.5 | 1589 | 2.2 | 51200 | 80.9 |
| 机械厂 | 2 | 1.1 | 6 | 0 | 2800 | 77.5 |
| 纺织厂 | 1 | 0.5 | 30 | 0 | 30000 | 90.0 |

资料出处：徐家骝.日本环境污染的对策和治理[M].中国环境科学出版社，1990：74-75.

  1970年和1971年，一般局和自排局先后对管辖区域氮氧化物浓度进行实时监测。监测结果见图4-7。该图表明，1970年至1972年，氮氧化物浓度从年均0.022ppm降至0.02ppm，但此后出现了缓慢上升，1974年为0.027ppm，1975年略有下降，为0.026ppm，但随后又出现上升态势，1979年达到0.028ppm，此后一直降至1982年的0.025ppm。

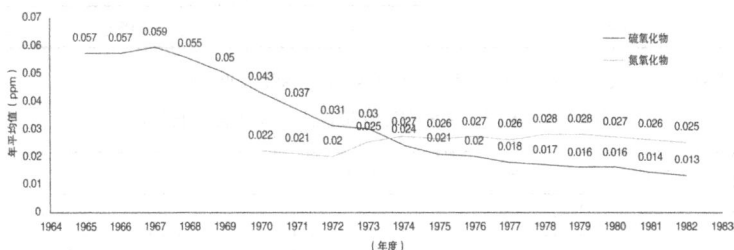

图4-7 日本大气中SOₓ与NOₓ浓度变化状况

资料出处：Japan Environment Summary.1983-1985.

  1975年至1995年，经过一般局和自排局的实地监测，光化学污染物浓度变化的年均值见表4-17。对照日本政府1973年5月公布的光化学氧化剂1小时均值在0.06ppm以下的排放标准，不难发现，这段时期日本光化学污染物的排放量处在可控范围之内，完全达到政府制定的排放标准。在这样的形势下，日本全国和东京湾（包括东京都、神奈川县、千叶县和埼玉县等一都三县）、大阪湾（包括大阪府、京都府、兵库县和奈良县）发布的光化学氧化剂浓度超过每小时平均值0.12ppm注意报（光化学氧化剂浓度超过小时平均值0.08ppm为预报级别，超过小时平均值0.12ppm为注意报级别，超过小时平均值0.24ppm为警报级别）以上的平均天数日趋减少。详见表4-18。

表4-17 1975至1995年日本光化学污染物年均浓度变化

| 年份 | 光化学污染物（ppm） | |
| --- | --- | --- |
| | 一般局 | 自排局 |
| 1975 | 0.054 | 0.057 |
| 1980 | 0.036 | 0.027 |
| 1985 | 0.039 | 0.029 |
| 1990 | 0.032 | 0.035 |
| 1995 | 0.044 | 0.033 |

资料出处：矢野恒太記念会.日本國勢図会.国勢社，1999/2000：489.

表4-18 不同区域发布注意报以上平均天数变化情况

| 年份 | 1979 | 1980 | 1981 | 1982 |
| --- | --- | --- | --- | --- |
| 全国 | 1.3 | 1.1 | 0.7 | 0.7 |
| 东京湾 | 3.0 | 2.3 | 1.6 | 1.7 |
| 大阪湾 | 2.1 | 2.5 | 1.9 | 1.2 |

资料出处：徐家骝.日本环境污染的对策和治理[M].中国环境科学出版社，
1990：66.

### 3.悬浮颗粒物

在悬浮颗粒物指标方面，为了监测更加科学准确，同时根据其对人体健康的不同影响，日本将颗粒物按照大小分为直径小于10μm大于2.5μm的悬浮颗粒物（即SPM，约当于$PM_{7-8}$）和直径小于2.5μm的悬浮颗粒物（即$PM_{2.5}$）。其中，日本政府1973年5月颁布了针对SPM的大气环境标准。该标准认为，SPM的1小时均值在$0.10mg/m^3$以下、1小时值在$0.20mg/m^3$以下。结合日本环境厅1987年公布的监测结果，1973年至1985年日本全国飘尘浓度年均值都在$0.06mg/m^3$以下，符合政府制定的悬浮颗粒物大气环境标准。图4-8表示的是1973年至1985年日本全国颗粒物浓度年均值稳步降低的情况。

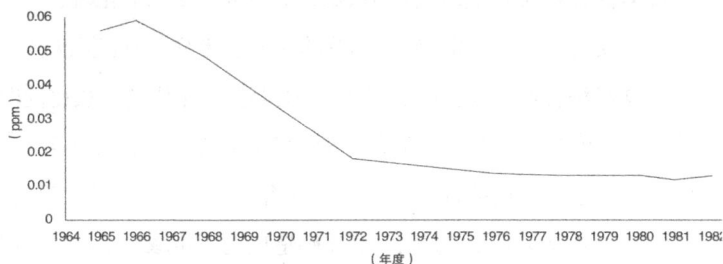

图4-8　全国飘尘浓度平均值的变化（40个测站的平均）

资料出处：環境庁.環境白書.1987.

在微小颗粒物即$PM_{2.5}$方面，日本也加大了整治力度。特别是21世纪以来，针对$PM_{2.5}$的治理工作收到了较好效果。根据2009年9月公布的针对微小颗粒物的环境标准，只有达到年均值在15 $\mu g/m^3$且日均值在35 $\mu g/m^3$以下的水平才算达到标准。结合日本一般局和自排局在2010年至2015年对微小颗粒物的监测结果，不难发现，$PM_{2.5}$年均值在个别年份虽有上升，但总体呈现下降趋势。具体情况见表4-19。

表4-19　微小颗粒物浓度年均值变化一览表（单位：$\mu g/m^3$）

| 监测项目 | 监测年份 | 一般局 | 自排局 |
| --- | --- | --- | --- |
| $PM_{2.5}$ | 2010 | 15.1 | 17.2 |
| $PM_{2.5}$ | 2011 | 15.4 | 16.1 |
| $PM_{2.5}$ | 2012 | 14.5 | 15.4 |
| $PM_{2.5}$ | 2013 | 15.3 | 16.0 |
| $PM_{2.5}$ | 2014 | 14.7 | 15.5 |
| $PM_{2.5}$ | 2015 | 13.1 | 13.9 |

资料出处：［日］南川秀树.日本环境问题：改善与经验［M］.社会科学文献出版社，2017：64.

　　根据日本政府在20世纪70年代以来制定大气污染的环境标准，结合日本各监测机构的实时监测数据，日本大气中二氧化硫、二氧化碳、二氧化氮、各种微小颗粒物等的含量总体符合国家标准。

　　另据经济合作与发展组织报告，20世纪80年代初，相比同时期的美国、英国、法国、联邦德国等欧美国家的大气治理而言，日本明显走在了它们的前面。1965—1980年，日本大气中因二氧化硫造成的污染减少了75%，因一氧化碳造成的污染减少了80%，因二氧化氮造成的污染减少了50%，因光化学烟雾发出的警报也从1973年的328次降至1982年的73次。日本的脱硫设备能力远超过联邦德国的1000兆瓦，达到在35000兆瓦以上。[①]因此，日本出现酸雨的情况并不多见。从单位GDP污染物排放量情况看，20世纪90年代初，日本单位GDP污染物排放量位居发达国家之末。例如，1990年当年，日本每1000美元GDP的二氧化硫排放为0.5公斤，是美国的1/9、德国的1/11、加拿大的1/16；二氧化碳排放量为0.57吨，略高于法国的0.49吨和意大利的0.54吨，但明显低于美国的1.12吨和加拿大的1.05吨；二氧化氮排放量为0.8公斤，分别是英国、美国和加拿大的1/4、1/5和1/6。[②]这些数据同样表明日本的大气污染情况得到改善，环境治理工作成效显著。

　　步入21世纪以来，日本的空气质量总体呈现良好状态。结合日本一般环境大气测量局和汽车排放气体测量局对各自管辖区域进行实时空气质量监测的结果，其中，2014年一般局和自排局的二氧化硫年平均值均为0.002ppm，环境标准达标率一般局为99.6%、自排局为100%。二者的综合达标率接近100%。在二氧化氮指标方

---

　　① 张宝珍.日本经济高速增长时期的环境污染问题[J].世界经济，1985（9）.

　　② 刘昌黎.现代日本经济概论[M].东北财经大学出版社，2002：403.

面，2014年二氧化氮年平均值一般局为0.010ppm、自排局为0.019ppm，环境标准达标率一般局为100%、自排局为99.5%。二者的综合达标率和二氧化硫情况近似，同样接近100%。[①]

## 二、 从地区环境状况来衡量

### （一） 东京都

在东京都，以1968年、1969年为界，大气中的硫氧化物逐年下降，含尘量也有所减少，东京的大气污染情况明显好转。图4-9、图4-10、图4-11、图4-12、图4-13依次显示的是20世纪60年代至80年代东京市大气中浮尘、二氧化硫、二氧化氮、氧化剂和一氧化碳含量的年度变化情况。不难发现，除了二氧化氮指标总体保持平稳，其余各项指标均呈现明显下降趋势。这说明日本东京都的大气质量趋于好转。如二氧化硫浓度从1966年的0.06ppm下降到1972年的0.02ppm，后又下降到1982年的0.015ppm。

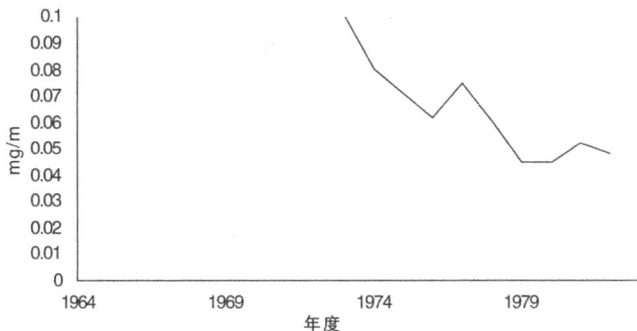

图4-9　浮游粒子状物质

---

① 　［日］南川秀树.日本环境问题：改善与经验[M].社会科学文献出版社，2017：60.

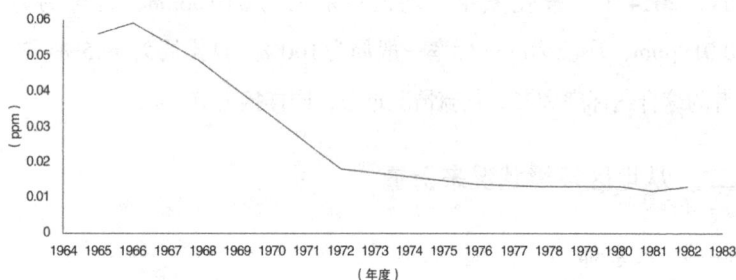

图4-10　二氧化硫

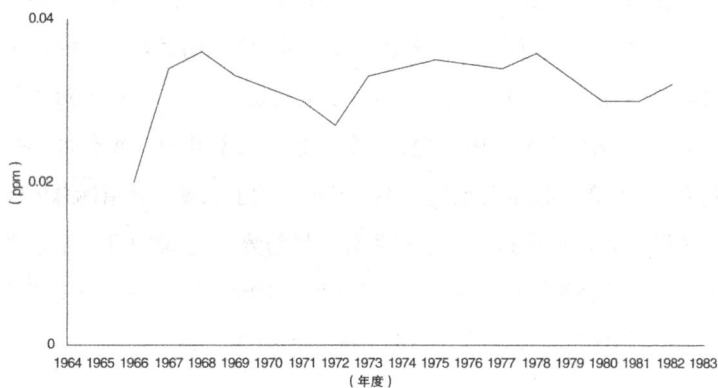

图4-11　二氧化氮

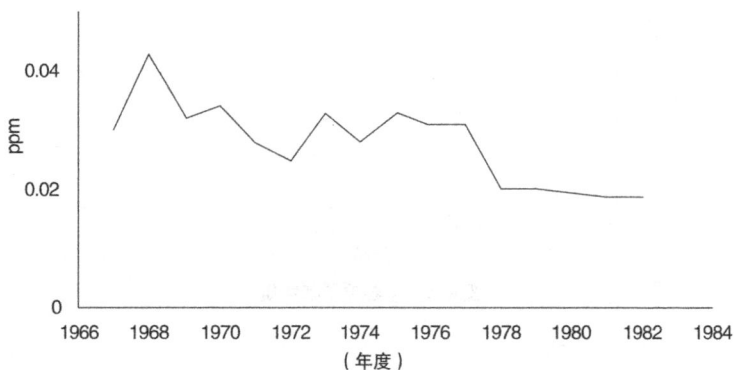

图4-12 氧化剂

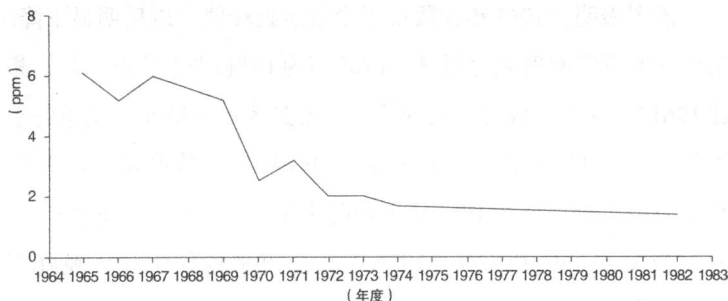

图4-13　一氧化碳

资料出处：东京都厅生活文化局国际交流部外事课.环境保护之概况[ M ].1985.转引自徐家骝.日本环境污染的对策和治理[ M ].中国环境科学出版社，1990：25.

（二）　大阪市

　　和东京都大气质量状况类似，从20世纪60年代起，日本大阪市大气中的烟尘含量明显减少，浓烟雾天数也因此得以大幅度减少，空气质量出现了根本好转。这主要是由于60年代以来大阪市的降尘量出现明显下降。降尘变化情况参见图4-14。

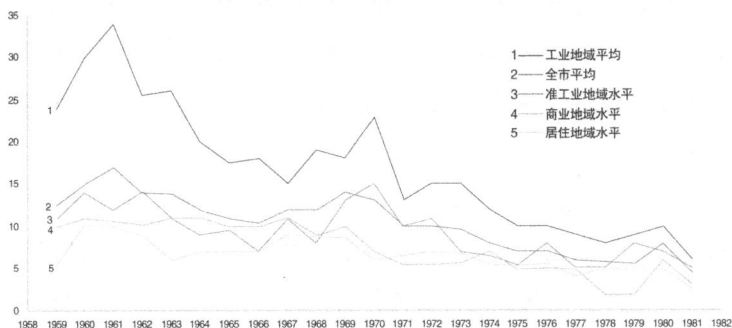

图4-14　大阪市不同年度降尘量的变化趋势图

资料出处：大阪市环境保护局环境部.粒子状物质地域特性调查报告书[ M ].1985.转引自徐家骝.日本环境污染的对策和治理[ M ].中国环境科学出版社，1990：21.

该图表明，1961年大阪市降尘量达到峰值，以后明显下降。工业区的下降幅度尤为明显，1967年为15吨/平方公里·月，相比1961年34吨的数值，减少了一半还要多。1966年，全市的平均降尘量为11吨/平方公里·月，1981年，该数值降至4.58吨/平方公里·月，相比1961年平均降尘量的17吨/平方公里·月，分别减少约35%和73%。1984年，全市平均降尘量已经降至3.33吨/平方公里·月。

作为曾经的煤烟之都，大阪市的降尘量出现了明显下降。不仅如此，1963年大阪市开始实行浓度控制，1968年开始实施K值控制法，1973年则开始采取总量控制法，使该市二氧化硫排放总量得到明显控制，二氧化硫浓度日益降低，并较早达到政府规定的排放标准。根据1987年日本环境厅颁布的《环境白皮书》公布的结果，1970年，大阪市二氧化硫排放总量为96000吨，1973年降至29983吨，1975年降到16000吨，1984年则降到仅2000吨。二氧化硫环境浓度也出现了相应的下降，1969年的年平均值为0.064ppm，此后迅速下降，1974年降到0.023ppm，1978年降到0.018ppm，1982年降至0.011ppm。因此，大阪市的二氧化硫污染问题得到明显解决。

图4-15表示的是20世纪70年代初至80年代中期大阪市二氧化硫、二氧化氮、一氧化碳、颗粒物等污染物质年均浓度变化情况。除二氧化氮指标总体保持平稳外，其他各项指标从20世纪70年代初期起均出现了明显下降，由此表明该市大气质量总体偏好。

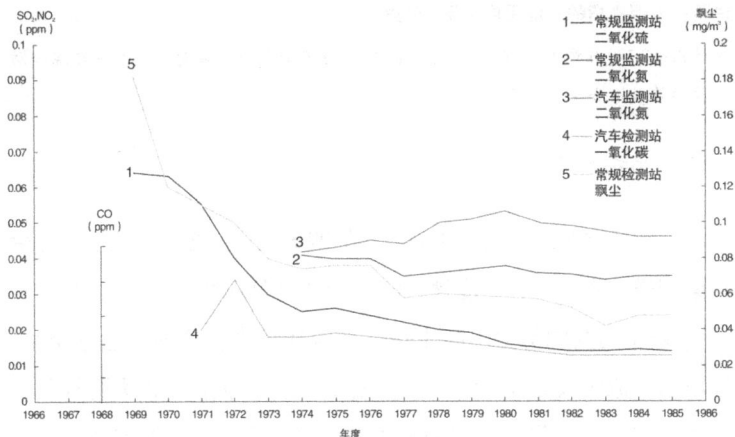

图4-15　大阪市内主要大气污染浓度的逐年变化

资料出处：大阪市环境保护局.公害的现状与对策[M].1986.转引自徐家骝.日本环境污染的对策和治理[M].中国环境科学出版社，1990：24.

　　随着降尘量的明显减少和各种主要污染物质浓度的降低，大阪市的浓烟雾天数也在相应减少。正如图4-16所示，第二次世界大战结束之后，大阪市的浓烟雾天数经历了剧烈波动，从40年代后期的零星几天猛增到50年代末期的180天左右，从60年代以来逐渐减少，直到下降到70年代末期的零星几天。这种转变恰恰和日本对大气的治理进程相吻合。

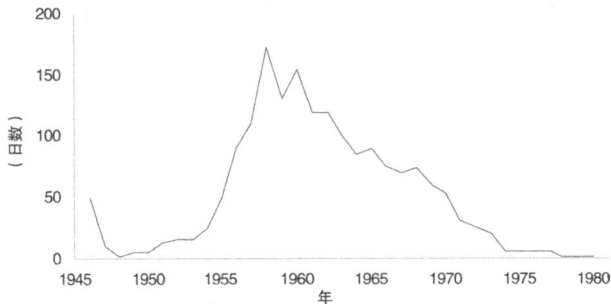

图4-16　大阪市浓烟雾天数变化

**说明：浓烟雾指的是能见度小于2公里。**

资料出处：增田乔史.大阪市大气污染对策的经验和今后课题//大气污染综合防治国际学术报告会论文集，1987.

## （三） 北九州市

在钢铁之都北九州，作为曾经的四大工业区之一，该地的环境污染同样非常严重，一度被人们称为"七色烟城"。但经过社会各界20余年的共同努力，降尘量一度位居日本首位的"七色烟城"被成功改造成人见人爱的"星空城市"。人们把曾经连大肠杆菌都不能生存的北九州洞海湾治理成了众多鱼类的生产繁殖基地。因此，20世纪80年代以来，北九州因为生态环境的优美而屡屡斩获环境方面的大奖。继1987年被日本环境厅评为"星空城市"之后，1990年，北九州市成为联合国环境规划署评选的"全球500佳环境奖"之一的城市，由此成为日本第一个获此殊荣的城市。1990—1992年，北九州市又先后被联合国环境计划署等国际组织评选为世界"环境500强城市"和"环境首都"。1992年在联合国环境与发展会议上，北九州市又获得"联合国地方城市表彰奖"。同时，因为北九州致力于发展环境产业，2012年被日本政府评为"环境未来城市"。如此多的国际和国内殊荣汇集在北九州市，足以表明该地环境状况之优美，令人艳羡。

# 第三节　固体废弃物

固体废弃物是指那些人们在生产生活中因为各种原因而产

生的固体形态的废弃物品，特别是和人们日常生活相关的餐厨垃圾、废纸、废塑料、废金属、废玻璃、废桌椅、废沙发、废衣服、废鞋帽以及淘汰的各种洗衣机、电冰箱、电视机、空调等家电产品。这些废弃物在日本1970年通过的《关于废弃物处理及清扫的法律》中被称为一般废弃物，区别于人们在基础设施建设过程中制造的工业/产业废弃物①。在日本，伴随着城市化的发展，人们的生活水平逐步提高，由此导致人们的生活方式和消费方式也发生很大的改变，特别是20世纪50年代以来，在日本经济飞速发展的大背景下，大量生产、大量消费、大量抛弃成为人们的生活新时尚。与此相伴而生的，则是人们制造了大量的生活垃圾。这些不断激增的固体废弃物对生态环境的破坏正日益成为一个严峻的社会问题。在东京都，生活垃圾排放量从1965年到1982年约增加2.14倍，其中1965年到1973年间增加1.93倍，1974年到1982年增加1.05倍。事实上，只要人类存在，只要生活继续，就会制造各种生活垃圾。因此，固体废弃物会始终伴随人们左右。如果人们不能及时有效地对这些生活垃圾进行处置，就会导致蚊虫肆虐、疾病横行等各种公共卫生乃至社会问题的发生。为此，自日本步入工业文明时代之前的江户幕府开始，日本政府及各大城市便在不同时期就固体废弃物问题采取了一定的解决措施，总的指导思想是回收利用和集中填埋相结合。即将能够再次利用的生活垃圾实施回收利用，对于不能再次利用的生活垃圾实施填埋处理。在这样的治理思路下，20世纪60年代以来，日本的固体废弃物问题逐渐得到缓解。日本走出了一条治理固体废弃物污染的成功之路。

①　如无特殊说明，下文出现的"固体废弃物"等同于"一般废弃物"。

## 一、 前工业文明时代

在日本步入工业文明时代之前的江户幕府时代，就曾面临较为严重的生活垃圾处理问题，特别是在当时的幕府所在地——江户城，就时常面临着包括粪便在内的生活垃圾处理等问题。这种情况在江户城人口超过100万的18世纪显得尤为严重。为此，江户幕府出台政策，将大多数生活垃圾进行再利用，对于那些不能充分利用的垃圾，在东京湾（永代浦）设立了指定的垃圾废弃场，将那些无法再利用的垃圾以填埋等方式进行集中处理。至于粪便问题，江户幕府则将其作为肥料进行再利用。

## 二、 工业文明时代

### （一） 19世纪后半叶

1868年，明治政府组建，日本由此进入工业文明时代。明治政府成立之初，日本生活垃圾和粪便处理的原则和方法与江户时代相比并没有根本变化。最通常的情况是，人们将能够利用的生活垃圾由排放者本人或者民间垃圾处理人员进行回收处理，卖掉其中有价值的东西以获利，类似于今天中国的废品回收。至于那些没有利用价值的垃圾，则被送往垃圾填埋场集中填埋，但也存在大量生活垃圾被随意丢弃从而造成环境污染的情况。所以，1879年日本政府出台《市街扫除规制法》，规定了清扫街道的原则，将能够利用的垃圾尽量实现回收再利用。如餐余垃圾、稻草等可以作为肥料，可燃烧垃圾则作为公共浴池的燃料。不能再利用的垃圾则投入大海或者作为填充物在铺设道路时被填埋。

（二） 20世纪前半叶

20世纪上半叶，为提高公共卫生水平、确保环境安全与健康，明治政府于1900年先后制定了《污物扫除法》和《下水道法》两部法律。

《污物扫除法》规定市町村有责任收集、处理生活垃圾，同时规定不能再利用的垃圾尽量采用焚烧的方式进行处理（1930年，政府在修改《污物扫除法》时，将其中的"尽量"修改为"必须"，除非有特殊情况）。继1898年日本国内第一家垃圾焚烧工厂在福井县敦贺市建成之后，1929年东京市建成第一家由市政府直接经营的垃圾焚烧工厂。20世纪30年代，日本东京市就建成垃圾焚烧厂10多家，用于焚烧垃圾。无法处理的垃圾则在东京湾进行填海造地，同时也会进行露天焚烧。至于粪便处理，大部分粪尿作为肥料运送到农村，少部分被转送净化处理。1935年开始实施由专用海洋抛弃船进行海洋抛弃。二战中，东京市制定垃圾分类和再利用制度。1942年，东京市《市政周报》便呼吁市民在生活过程中尽量少制造垃圾，最好能将垃圾减半，并刊登回收及处理方式。《污物扫除法》的颁布实施，把民间的垃圾处理人员置于政府的管控下，建立起延续至今的垃圾行政处理机制。

鉴于明治时代霍乱、鼠疫等疾病的流行，《下水道法》明确敦促日本政府修建下水管道。为此，日本许多城市的自来水道铺设工作迅速展开，并先后完成东京市、仙台市、神户市、函馆市、名古屋市、广岛市、冈山市等主要城市的自来水道建设。

## （三） 20世纪中后期

第二次世界大战之后，随着经济的高速增长，人们普遍追求高消费的生活方式，由此导致城市生活垃圾剧增。当时，人们把不用的物品随意丢弃在河流、湖泊、海洋甚至露天堆放，极易出现蚊蝇滋生和传染病扩散等公共卫生问题。为此，政府于1954年出台《清扫法》，在维持1900年《污物扫除法》基本精神的前提下，规定国家和都道府县要从财政、技术两方面提供垃圾收集、处理方面的支持，民众有义务协助市町村进行垃圾的收集和处理。

虽然《清扫法》的颁布和实施有助于固体废弃物问题的解决，但在实施过程中也出现了一些新问题。特别是进入60年代以后，日本经济增长的速度较之以前更快，国民消费的热情也更加高涨，由此制造了数量庞大的生活垃圾。表4-20显示的是1960年至1984年日本城市垃圾排放量的年度变化情况。从人均日排放量看，1960年人均每天排放生活垃圾514克，1970年增长到910克。虽然此后有所减少，但人均生活垃圾日排放量长期保持在800克左右的水平。从排放总量看，在日本国民生产总值达到世界第二的1968年，城市生活垃圾排放总量为每天62005吨，1984年突破10万吨大关，达到每天100066吨。其间每天的垃圾排放量维持在9万吨左右。这样庞大的生活垃圾如果得不到及时科学的处置，日本各大城市一定会出现垃圾围城的现象，生态环境的破坏将会成为必然。同时，如何处置焚烧垃圾时排放的有毒废气也是60年代以来日本各界开始重视的一个问题。

表4-20 1960—1984年日本城市垃圾排放量年度变化

（单位：吨/天 克/人・天）

| 年份 | t/d | g/人・d | 年份 | t/d | g/人・d |
|---|---|---|---|---|---|
| 1960 | —— | 514 | 1975 | 87167 | 781 |
| 1965 | 44552 | 695 | 1976 | 87406 | 776 |
| 1966 | 48346 | 710 | 1977 | 90285 | 793 |
| 1967 | 53825 | 755 | 1978 | 93110 | 809 |
| 1968 | 62005 | 815 | 1979 | 95746 | 824 |
| 1969 | 70115 | 870 | 1980 | 94354 | 809 |
| 1970 | 76998 | 910 | 1981 | 97418 | 828 |
| 1971 | 83328 | 841 | 1982 | 99831 | 842 |
| 1972 | 91757 | 908 | 1983 | 98417 | 826 |
| 1973 | 95052 | 891 | 1984 | 100066 | 833 |
| 1974 | 84205 | 765・ | | | |

资料出处：徐家驹．日本环境污染的对策和治理[ M ]．中国环境科学出版社，1990：123.

为了应对固体废弃物处理期间产生的数量激增、次生灾害等新问题，更好地推动环境保护工作，1970年12月日本召开了"公害国会"。这次国会在全面修订《清扫法》的基础上制定了《关于废弃物处理及清扫的法律》。该法将废弃物分为"产业/工业废弃物"和"一般废弃物"两种，并规定了处理主体等相关内容。该法规定，产业废弃物主要由排放企业负责处理，一般废弃物仍有市町村负责处理，主要处理方式有焚烧、填埋、堆肥、压缩等。表4-21表示的是1972年至1984年日本处理一般废弃物的方式演变。该表表明，对于不能循环再利用的一般废弃物，市町村主要采取焚烧方式，此外是填埋方式，肥料化等方式相对较少。

表4-21  1972—1984年日本处理一般废弃物的方式演变

| 年份 | 处理方式（市町村处理） | | | | | | | 单位自行处理 |
|---|---|---|---|---|---|---|---|---|
| | 焚烧 | 填埋 | 高速肥料化 | 肥料化 | 饲料 | 其他 | 合计 | |
| 1972 | 42604 (46.5) | 30587 (33.3) | 408 (0.4) | 54 (0.1) | 32 (0.0) | 1859 (2.0) | 75544 (82.3) | 16213 (17.7) |
| 1973 | 45170 (47.5) | 32003 (30.7) | 249 (0.3) | 20 (0.0) | 23 (0.0) | 1582 (1.7) | 79047 (83.2) | 16005 (16.8) |
| 1974 | 45983 (54.6) | 25430 (30.2) | 200 (0.2) | 11 (0.0) | | 1049 (1.3) | 72673 (86.3) | 11532 (13.7) |
| 1975 | 50380 (57.8) | 24461 (28.1) | 157 (0.2) | 17 (0.0) | | 1258 (1.4) | 76273 (87.5) | 10894 (12.5) |
| 1976 | 52915 (60.6) | 23529 (26.9) | 214 (0.3) | 11 (0.0) | | 995 (1.1) | 77664 (88.9) | 9742 (11.1) |
| 1977 | 57140 (63.3) | 23726 (26.3) | 227 (0.3) | 22 (0.0) | | 1288 (1.4) | 82403 (91.3) | 7882 (8.7) |
| 1978 | 59781 (64.2) | 24260 (26.1) | 195 (0.2) | 19 (0.0) | | 1559 (1.7) | 85814 (92.2) | 7296 (7.8) |
| 1979 | 67887 (59.0) | 44509 (38.7) | 213 (0.2) | 66 (0.0) | | 2483 (2.1) | 115158 (100) | 6746 |
| 1980 | 68739 (60.4) | 42139 (37.1) | 213 (0.2) | 78 (0.0) | | 2559 (2.3) | 113728 (100) | 6643 |
| 1981 | 71102 (64.5) | 35651 (32.3) | 97 (0.1) | 43 (0.0) | | 3316 (3.0) | 110209 (100) | 6609 |
| 1982 | 75264 (65.3) | 37261 (32.3) | 121 (0.1) | 44 (0.0) | | 2566 (2.2) | 115256 (100) | 6601 |
| 1983 | 75022 (67.6) | 32841 (29.6) | 148 (0.1) | 63 (0.1) | | 2901 (2.6) | 110975 (100) | 588 |
| 1984 | 77841 (69.1) | 31535 (28.0) | 134 (0.1) | 72 (0.1) | | 3008 (2.7) | 112590 (100) | 5326 |

说明：括号里的数字为百分比。

资料出处：徐家骝.日本环境污染的对策和治理[M].中国环境科学出版社，1990：128-129.

　　以大阪市为例，该市的人们在将生活垃圾分类处理的基础上，对于不能循环再利用的生活垃圾，主要采取填埋和焚烧两种处理方式。表4-22表示的是1955年至1985年大阪市处理固体废弃物的主要方式。在60年代中期之前，填埋处理是主要方式，但在此之后，将生活垃圾进行焚烧处理正逐渐成为该市处理固体废弃物的方式演变。为此，20世纪六七十年代，大阪市建成多家垃圾焚烧工厂，主要有住之江、西淀、东淀、鹤见、八尾、森之宫、平野、大正、港等。这些垃圾焚烧工厂在负责大阪市可燃烧垃圾的处理方面发挥了极其重要的作用。

表4-22　1955—1985年大阪市处理一般废弃物的方式

| 年份 | 总处理量（吨） | 处理方式 | | |
|---|---|---|---|---|
| | | 焚烧（%） | 填埋（%） | 压缩（%） |
| 1955 | 314247 | 14 | 75 | 11 |
| 1960 | 437370 | 50 | 48 | 2 |
| 1965 | 803462 | 40 | 60 | |
| 1970 | 1206177 | 59 | 41 | |
| 1975 | 1330099 | 71 | 19 | |
| 1976 | 1406134 | 69 | 22 | 9 |
| 1977 | 1462446 | 76 | 18 | 6 |
| 1978 | 1540677 | 79 | 18 | 3 |
| 1979 | 1629563 | 77 | 20 | 3 |
| 1980 | 1604427 | 79 | 21 | |
| 1981 | 1674986 | 78 | 22 | |
| 1982 | 1765266 | 77 | 23 | |
| 1983 | 1756512 | 80 | 20 | |
| 1984 | 1791115 | 80 | 20 | |
| 1985 | 1808023 | 81 | 19 | |

资料出处：徐家骝.日本环境污染的对策和治理[ M ].中国环境科学出版社，
1990：130.

此后，政府为了推动垃圾快速有效的处理，又制定了垃圾
处理设施和最终处理场所的结构标准以及维护管理的标准，还
有完善处理设施的补助制度等。

20世纪80年代以后，随着大量生产、大量消费、大量废弃
新型生活模式的确立，减少垃圾排放量、实现生活垃圾的循环
再利用成为政府在处理垃圾问题上的指导思想和基本原则。为
此，日本于1989年开始大张旗鼓地实行垃圾分类回收工作。由
于城市生活垃圾的处理是由地方政府来负责，因此，各地方政
府根据本地区垃圾处理设备和处理方式等的不同，制定了不同
的垃圾分类标准。熊本县水俣市将生活垃圾分为19项。茨城县
筑波市将生活垃圾分为可燃垃圾、不燃垃圾、空罐类、空瓶类、
聚乙烯塑料瓶、废纸和废布类、大垃圾、荧光灯管和干电池、
营业单位的垃圾和需直接送来的垃圾以及本市无法收集和处理
的垃圾共十大类，每一大类下都有若干细目。其中本市无法收
集和处理的垃圾指的是轮胎、汽车电瓶、灭火器、煤气罐、砖、
水泥、石头、灰、废油、化学药品、涂料及容器、医疗废弃物、
建筑废料、农业废弃物（农机、农用塑料薄膜等）。神奈川县横
滨市也将城市生活垃圾分为十大类，每一大类下同样有若干细
目。这些城市的生活垃圾分类制度堪称苛刻，对生活垃圾分类
规定之细致，超出人们想象。如口红属可燃物，但用完的口红
管属小金属物；水壶属金属物，但12英寸以下属小金属物，12
英寸以上则属大废弃物；袜子，若为一只属可燃物，若为两只
并且"没被穿破、左右脚搭配"则属旧衣料；领带也属旧衣料，

但前提是"洗过、晾干"。尽管日本不同城市在垃圾分类标准上存在不同，但分类的内容和精细度的确在很大程度上有利于环境保护。

步入20世纪90年代，日本政府依然重视固体废弃物污染问题，先后通过多部和生活垃圾处理相关的法律法规。1991年，厚生省修订了垃圾处理方面的法律，将减少垃圾排放量和垃圾分类、资源的再利用列入立法目的。通商产业省负责制定了《促进资源有效利用的法律》，规定企业要在产品的设计、制造阶段关注环境保护，自主进行回收再利用。此后，针对个别生活垃圾完善了回收再利用的法律法规，1995年制定《容器包装回收利用法》，1998年制定《家电回收再生利用法》。在减少生活垃圾排放量、实现生活垃圾回收再利用方面，北九州市的做法颇具示范性。1993年北九州市明确鼓励市民对垃圾进行分类，以便实现废弃物的循环再利用。在此基础上，北九州市实施了"生态城"计划，目的在于堵住废物源头，推进废物利用，依靠环境产业振兴地方经济，最终创造资源循环型社会。1997年，"生态城"计划得到日本政府经济产业省的批准并正式立项。在生态城里，人们将固体废弃物作为资源进行利用，环保项目正成为一种新的产业，不断带动当地经济健康发展。简而言之，固体废弃物在北九州市已经成为高附加值的工业原料，不再是破坏环境的源头。步入新世纪以来，回收再利用工作继续稳步推行。据不完全统计，从2000年开始，北九州市每年回收机动车数量为18000辆，每年回收彩电、冰箱、洗衣机、空调等的数量为50万台[1]，实现了众多固体废弃物的循环再利用。

① 夏爱民.北九州——循环型经济的雏形[J].世界环境，2005（3）.

　　在政府一系列法律法规的约束下，在日本国民环保意识不
断增强的环境中，日本的固体废弃物问题得到了根本性解决。

　　从20世纪90年代以来，生活垃圾的循环利用率总体呈现逐
年提高的趋势。1992年的循环利用率仅为8%，2002年达到
10%，2008年更是攀升至14%。具体情况见图4-17。

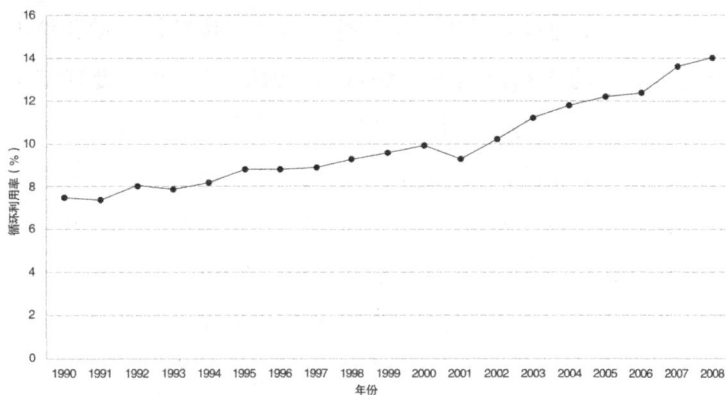

图4-17　循环利用率财年变化

资料出处：http://www.env.go.jp/policy/hakusyo/past_index.html

　　从20世纪80年代以来，固体废弃物排放量呈现逐年递减趋
势。特别是2000年以来，排放量更是逐年减少。2006年的排放
量为5204万吨，比2000年减少5.1%。人均日排放量从2000年
的1185克下降到2006年的1116克，下降5.8%。[①]2015年度日
本一般废弃物的总排放量为4398万吨，人均每天954克。2016
年共产生4317万吨一般废弃物，人均日排放量减少至925克。
日本于当年修订的《关于废弃物处理及清扫的法律》中明确提
出到2020年固体废弃物产生量约4000万吨的目标。

---

　　① 　利用水泥窑处置工业废弃物与城市垃圾的战略思考与建议——赴日考察报告[J].
中国水泥，2009（7）.

生活垃圾排放量的逐渐减少和循环利用率的不断提升导致生活垃圾的最终处理量也在逐年递减。1990年生活垃圾最终处理量为11000万吨左右，2000年降至近6000万吨，2008年又降至约2000万吨。具体情况见图4-18。

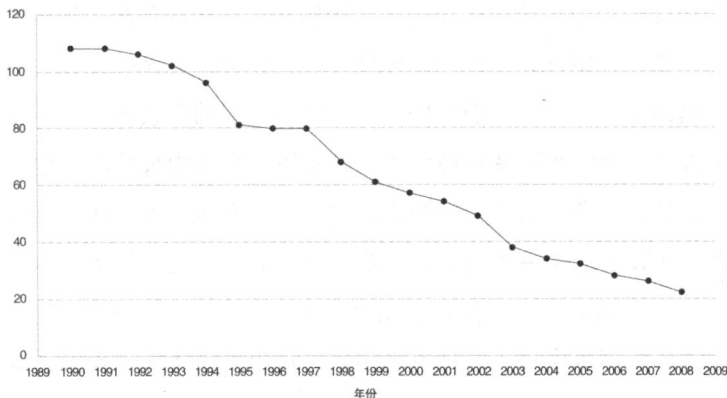

图4-18　最终处理量财年变化

资料出处：http://www.env.go.jp/policy/hakusyo/past_index.html

## 第四节　五大公害事件的尘埃落定

日本步入工业文明时代以来，一方面，综合国力大增，很快成为亚洲乃至世界上举足轻重的国家，另一方面，国内却出现了多次环境公害事件，诸如明治时代的足尾矿毒，第二次世界大战之后的水俣病等公害病，以及大阪西淀川和东京出现的严重大气污染问题、大阪国际机场和国道43号线出现的环境噪声和振动问题、大阪泉南地区的石棉受害问题、香川县丰岛产业废弃物非法投弃问题、围绕有明海谏早湾围海造田出现的破坏自然环境问题等。在众多的环境污染问题中，以足尾矿毒公害、两次水俣病、痛痛病、哮喘病、米糠油被污染环境公害事件最具代表性。作为环境污染的受害者，附近居民首先做出了明确反应。为了维护自身权益，他们多次向加害企业、各级政府请愿，希望可以尽快治理环境公害，还公众碧水蓝天和一个健康的生活环境。在受害居民多次请愿抗议的背景下，在世界各发达国家纷纷强调环境保护的背景下，日本中央政府、地方自治体和企业在治理环境公害问题上终于有所作为，从自己的职责出发采取了一系列治理举措，并收到了一定的效果。作为日本迈入工业文明时代以后出现的典型环境公害，足尾矿毒、熊本和新潟水俣病、四日市哮喘病、富山县痛痛病和爱知县米糠油事件等五起环境事件也终于得到解决。除了爱知县米糠油事件属于食品污染事件，其余四起均属于典型的环境公害问题。显然，如果将环境公害事件的解决仅仅囿于治理被破坏的生态环境，使其恢复原貌，在此基础上确保不会再次发生环境污染事件，那么，截至20世纪80年代末90年代初，日本的水环境、大气环境和固体废弃物污染等环境问题的治理已经收到了明显的效果，环境公害事件已经完全解决。但是，事实上，环境公害问题的解决远非如此简单，它还涉及补偿受害居民的问题，包括是否补偿、补偿多少、以何种方式进行补偿等一系列十分具体的问题，事关居民、受害群体、企业、政府等各方利益大博弈。在大城市，居民反对环境公害和保护环境的氛围较为浓厚，在此环境中，地方政府和企业往往通过对受害者实施救济的方式来缓解和周边居民的紧张关系，补偿问题相对容易解决。

但在企业力量非常强大的城市和农村地区，政府和企业往往对公害现象重视不够，对受害居民希望补偿的请求置若罔闻。在此情况下，受害者只能将法律诉讼作为争取补偿的最后手段。从后来的实际情况看，除了足尾矿毒，两次水俣病、痛痛病、哮喘病和爱知县米糠油事件中受害居民的补偿问题全部通过法庭诉讼的方式最终得到了解决，尽管该过程异常艰辛、曲折和困难。

## 一、足尾矿毒事件的尘埃落定

1877年，古河市兵卫从明治政府手里低价购得足尾矿山，由此拉开了开采矿山的大幕。在古河等人的悉心经营下，足尾铜矿的产铜量不断攀升。1884—1900年，足尾铜矿的产量在整个日本的占比基本一直维持在25%以上，甲午中日战争之前的1891年的年产量达到7547吨，占比高达39.7%。1900—1907年，足尾铜矿产铜量在整个日本的占比下降到20%左右，但一直维持在年产6300吨以上，1906年更是高达6735吨。[①]足尾铜矿由此成为当时整个日本国内最有影响力的铜矿。但由于在经营过程中，古河等人并未做好废水、废渣、废气的排放处理工作，导致附近的渡良濑川多次被污染。尤其是1885年、1890年、1891年、1896年多次发生的洪灾，使得当地矿毒问题格外严重，在给当地居民的生活带来不便的同时，还威胁到他们的人身健康。足尾也因此被称为"日本污染的诞生地"。[②]从矿毒出现之

---

① Jun Ui. *Industrial Pollution in Japan.* United Nations University Press，1992:20.

② Nimura Kazuo. *The Ashio Riot of 1907: A Social History of Mining in Japan.* Duke University Press，1997:21.

日起，渡良濑川附近的居民便行动起来，呼吁关停矿山，并希望矿山方面能给予赔偿。这种合理的诉求、正义的呼声直到百年之后的20世纪70年代才有了满意的答复。1973年2月足尾铜矿最终关停。1974年5月11日，受灾村民和古河矿业就赔偿问题达成一致意见。1977年，日本政府经过评估认为，让足尾地区的植被重现曾经的繁荣景象需要投资1300亿日元。虽然修复足尾地区被破坏的生态环境的工作远未完成，但随着关停矿山和给灾民赔偿，足尾矿毒事件终于画上了一个句号。

足尾矿毒事件从发生到最终解决，耗时近百年，不可谓不长。相比之下，除了爱知县米糠油事件耗时10余年，解决难度相对较小，两次水俣病、痛痛病、哮喘病等环境公害问题从发生到最终解决，平均耗时50余年。虽然时间层面短于足尾矿毒事件，但问题的艰难程度丝毫不逊色于足尾矿毒事件。因为通过法庭诉讼的方式解决环境公害问题，难度之大，远非常人能够想象。

以法律途径解决日本受害者和企业之间的环境公害纠纷，对受害者及其辩护团而言，主要面临如何论证加害企业和人们罹患疾病二者存在因果关系，以及如何确定加害企业在其中应担负的责任。

在日本的司法实践中，被害人因为环境公害纠纷而诉至法院，作为个别因果关系，需要从病理学角度论证企业污染是受害者患病的原因，在确定了加害方和被害事实之间存在因果关系的前提下，可以以公害为理由请求加害人承担损害赔偿和停止侵权行为的民事责任。然而，根据既有的民法中的规定，被害一方必须承担证明加害方具备法律所规定要件的举证责任。

事实上，1967年相继开始的新潟水俣病、四日市哮喘病、富山县痛痛病、熊本县水俣病环境公害诉讼，对公害受害人而言，举证证明加害企业的过错和因果关系的难度之大令人望而却步，甚至可以说要想完成上述举证几乎不可能。从理论上看，除了噪声、振动等直接的公害事件对因果关系的证明相对较容易，在由于大气、水等污染而造成的公害事件中，鉴于污染物质的种类繁多以及各种物理化学反应，让几乎没有专业知识的公害受害人确定污染源、污染机理以及污染和损害二者之间的关系，几乎是不可能的。相比造成水污染的源头相对固定而言，造成大气污染的源头则显得多元化，既有在固定厂址运营的企业，也有流动的各种机动车，况且机动车的数量很难掌控。因此，企业和汽车排放的二氧化硫给附近居民是否带来伤害，带来多大程度的伤害，事实上无法通过个别定量分析进行认定。按照既有的法律规定，受害居民根本无法提供有效的证据证明加害方和自己患病二者之间的因果关系。从实际情况看，作为加害一方，企业一般充分地占有各种大气和水文等方面的资料，并且会以企业秘密为由拒绝向外界透露相关信息。这也增加了公害受害者证明加害企业和受害事实间存在关系的难度。

此外，如何确定加害企业在公害案件中的责任也成为原告面临的一大难题。按照日本民法第709条的规定，"因故意或过失侵害他人权利时，负因此而产生损害的赔偿责任"。也就是说，只有在能够证明加害企业因为故意或者过失的情况下而出现了侵害他人权利的行为时，加害企业才可以依法承担侵权民事责任，否则就可以被法院判定为无责，从而免予承担侵权责任。但现实情况是，日本企业在从事生产经营行为时，一般都采取了一定程度的防止公害发生的措施，因此不易认定其行为具有故意。在认定企业是否存在过失方面，日本法律界也存在不同意见，导致法庭裁决时也会出现不同的结局。所谓过失，是指行为人在一定情况下违反了法定的作为或不作为义务。法律界对此有预见可能性说与回避可能性说两种理解。前者指的是行为人在能够预见而没有预见到的时候存在过失；后者指的是行为人只有在能够回避该结果而没有能够回避时才具有过失。虽然目前日本通说是持预见可能性说①，但在公害诉讼之前的早期判例中，对过失的界定大多采用回避可能性说的立场，导致许多加害企业在法庭判决中无责。

　　无论如何，受害人对因果关系的举证绝非易事，很难让企业能够心悦诚服地接受其经营行为和环境受损二者之间存在内在联系，由此导致受害人请求加害人承担损害赔偿和停止侵害的责任也显得极其困难。上述情形在第二次世界大战之前的"大阪制碱事件"案件中已有体现。在该案件中，大阪制碱公司周围的农民将该公司诉至大阪上诉法院，请求损害赔偿。1915年7月，大阪上诉法院做出判决，认为公司运营过程中产生的浓烟和周边农作物受损之间存在因果关系，并且还主要针对公司没有预见到农作物受损的情况，认为其违反了应该承担的注意义务，因此判定大阪制碱公司存在过失。但是，大阪制碱公司很快便提起上诉。1916年12月，当时的最高法院即大审院做出新的判决，认为大阪制碱公司安装了防止污染的设备，即使发生了农作物受损的情况，也不用承担赔偿责任。也就是说，只要企业安装了相关设备，就不存在过失，因此可以免除责任。

---

①　[日]阿部泰隆．環境法．东京：有斐閣，1995：262．

据此，大审院要求大阪上诉法院重新审理此案。1919年12月，大阪上诉法院经过重审后认为，考虑到当时预防技术的水平等因素，认为公司安装的防止污染设备并未达到相当水平，再次判决公司有责。大阪制碱案件一波三折，从中不难看出，让企业能够接受其生产行为和周边环境受损二者之间存在内在联系的难度非常大，同时确认企业在其中应担负责任的难度也很大。

然而，令人欣慰的是，越来越多的律师、医生和学者等社会各界人士充分认识到了上述让受害者承担举证责任不公平的问题，也看到了从法律层面上认定企业在主观上存在故意或者过失的不足之处，尤其是日本司法界，更是当仁不让，在这些方面做出了突出贡献，取得了突破性进展。他们基于侵权行为法救济被害人的立法宗旨，围绕环境侵权民事责任的基本理论问题展开了深入研究，在司法实践中不断创新发展，提出了疫病学说①、间接反正法②、忍受限度论③等新的司法理论，以此为依据论证加害企业和疾病的发生存在因果关系，在此基础上，认定加害企业存在过失责任，从而在最大程度上维护了公害受害者的权益。根据这些新的法律理论，到1973年为止，四起环境公害病诉讼均以受害者的全面胜诉而告终。

## 二、 新潟县水俣病事件的尘埃落定

新潟水俣病出现在新潟县阿贺野川下游，1965年6月正式对外公布，因为出现在熊本水俣病之后，故称第二水俣病。作

---

① 又名病因学性因果关系论，富山县痛痛病和四日市哮喘病诉讼中使用。

② 又名盖然性说，如果没有该不法行为，就不会发生其结果。新潟水俣病中使用。

③ 在社会生活中，如果认为侵害已超过了忍受限度，不论加害者是否设置了相当设备，都认定为负有损害赔偿责任的观点。四日市哮喘病中使用。

为典型的四起公害诉讼案例中的第一例，新潟水俣病患者于
1967年6月12日向新潟地方法院提起了公害诉讼，希望借此可
以向昭和电工索赔，弥补自身的生活、生产损失。新潟水俣病
公害诉讼标志着日本公害司法审判的开始。1971年9月，法庭
经过审讯后判决被告昭和电工败诉。1982年6月，新潟水俣病
受害者向法院提起第二次诉讼，旨在追究政府在水俣病事件中
的责任，最终以签订和解协议的形式终结。

20世纪50年代中期，日本政府将石油化工产业作为未来发
展的重点，由此使得国内兴建了大量石油化工企业。在此背景
下，为和生产以石油为原料的乙醛相匹配，位于新潟县的昭和
电工鹿濑工厂增加生产设备，开始大量生产乙醛。在生产过程
中，鹿濑工厂将大量废水排向了阿贺野川，导致水俣病再次发
生。1965年6月12日，新潟大学医学部椿忠雄教授公开向外宣
称，阿贺野川下游发现了水俣病患者。6月13日，《读卖新闻》
以"新潟县也有水俣病，七人发病，一人死亡"为题报道了新
潟县出现水俣病的情况。①继熊本水俣病之后，另一起严重的环
境公害事件再次进入人们视野。不久，日本的通产省、厚生省、
农林水产省等相关省厅便组织召开了联合会议，成立"厚生省
新潟汞中毒事件特别研究班"，就第二次水俣病的病因等问题进
行调研。在民间，1965年8月，新潟县勤劳者医疗协会、新潟
地区工会协议会等多个团体组成新潟县民主团体水俣病对策会
议（简称"民水对"），同年10月，新潟县水俣病受害者组成阿
贺野川有机汞中毒受害者之会（简称"受害者之会"），这些民

---

① ［日］政野淳子.四大公害病：水俣病、新潟水俣病、イタイイタイ病、四日市公害.中
央公論新社刊，2013：73.

间组织联合在一起同水俣病进行抗争。抗争内容主要涉及三大议题，确定昭和电工鹿濑工厂在第二次水俣病事件中的责任；对受害者进行彻底补偿；根除公害。随着反公害运动在日本全国不断高涨，1970年1月，日本社会党、新潟县劳动组合评议会等组织也纷纷加入到运动之中，同民水对、受害者之会组成了新潟县水俣病共斗会议，不断将反公害运动推向前进。

作为污染源，昭和电工鹿濑工厂在很长一段时间内对政府和民间的反公害运动持消极态度，千方百计隐瞒有机汞中毒方面的证据。1965年年底，昭和电工鹿濑工厂将其乙醛制造设施撤出，并焚毁工厂流程作业图，从而给外界一种鹿濑工厂并非第二次水俣病之源的印象。不仅如此，1967年4月，昭和电工就第二次水俣病的起因问题给出了"农药说"的解释，认为1964年新潟地震时受灾的新潟西港的仓库中流失的汞农药不慎流入日本海，最终殃及阿贺野川，从而出现水俣病患者。该解释得到了横滨国立大学北川彻三的积极响应。

但是，在政府和民间组织的不懈努力下，第二次水俣病的病因问题终于水落石出。1966年11月，厚生省新潟汞中毒事件特别研究班成员北野博一让副参事枝并副二检测采自鹿濑工厂排水口的水苔，发现内含甲基汞。尽管鹿濑工厂此前撤掉了乙醛制造设备，但该检测结果足以证明鹿濑工厂就是第二次水俣病的罪魁祸首。1967年4月，厚生省新潟汞中毒事件特别研究班就此发布声明，认定污染源就是阿贺野川上游的昭和电工鹿濑工厂，同时就污染机理进行了说明。该论断经厚生省食品卫生调查会、通产省、科学技术厅等相关部门的多方论证后，于1968年9月最终成为官方见解。这一见解也为新潟水俣病的受害者最终赢得诉讼胜利提供了巨大帮助。

政府在调查第二次水俣病致病原因的同时，也在致力于让受害者和企业等方面实现和解。为此，1966年8月，新潟县设立了"有机汞受害对策协议会"，为争取1亿日元的赔偿总额而开始斡旋。鉴于当时尚未查明新潟水俣病的致病原因，民水对等民间组织建议受害者不要接受政府斡旋，否则就会导致原因和责任暧昧不清，将该问题演变成一笔糊涂账。在厚生省于1967年4月公布第二次水俣病病因之前，1967年2月，昭和电工公司任命专务理事安藤信夫出席NHK电视节目时，后者公然表示，即便政府得出有关水俣病的结论，公司也不会服从。态度之狂妄可见一斑。这种局面迫使受害者及其家属走上诉讼之路。

## （一） 第一次诉讼

1967年6月12日，忍无可忍的桑野忠吾、桑野忠英等13名水俣病受害者和家属共77人向新潟地方法院提起诉讼，状告昭和电工，请求总额为52267万日元的损害赔偿。日本历史上第一次真正的公害诉讼由此开始。

为了尽最大可能维护受害者的权益，日本的律师界在诉讼期间发挥了极其重要的作用。首先，在坂东克彦等律师的精心安排下，组成了以律师、研究人员和医生等为核心的辩护团，其中较为著名的人员有都市工学专家宇井纯、区域经济学专家宫本宪一、环境卫生学专家庄司光、德高望重的医生斋藤恒和久保全雄等，这为将来的辩护工作提供了充分的知识和人员力量。其次，在传统的诉讼请求模式中，一般会在原告的健康状况问题上设定不同等级，从而破坏原告成员间的团结，不利于维护被害者的整体权益，鉴于这种以应得利益为核心的诉讼请求模式存在重大弊端，承担新潟水俣病的辩护团采用了全新的"精神损害抚慰金同额赔偿请求"方式。在这种方式下，辩护团为了争取舆论支持，在与受害者之会充分协商后将死者和重症患者的请求额确定为1500万日元，其他患者的请求额确定为1000万日元，从而成功地避免了使本次诉讼具有向昭和电工索取财物的倾向。最后，在侵权行为责任的确定方面，辩护团进行了大量准备工作，最终决定将昭和电工的责任侧重强调主张"未必的故意"。

　　从1967年6月12日提起诉讼到1971年9月29日新潟地方法院宫崎启一法官做出判决，历时四年有余。其间经过了46次口头辩论、15次出差询问、5次法院直接调查取证和3次鉴定询问，总计有69次审理。[①]虽然耗时相对较长，审理次数较多，但由于辩护团做了充分的前期准备工作，因此这次诉讼的结果是令人欣慰的。

　　首先，在新潟水俣病责任者的认定问题上，即因果关系和企业法律责任认定方面，原告明确主张昭和电工鹿濑工厂所排废水是新潟水俣病的致病原因，即工厂废水说。之所以如此主张，是因为原告掌握了两方面信息，一方面，鹿濑工厂于1939年至1965年期间使用低成本的汞作为催化剂制造乙炔，在这一过程中每天约有500克汞在未经处理的情况下被排入阿贺野川；另一方面，厚生省特别研究班的工作人员曾从鹿濑工厂的制造设施和排水口附近的废水与污泥中化验出汞。被告则否认原告

①　日本律师协会.日本环境诉讼典型案例与评析[M].中国政法大学出版社，2011：87.

所提出的工厂废水说，理由有两个。第一，鹿濑工厂所用汞的
数量达到了平衡状态，同时汞不具有流动性，它不可能和废水
一起流出工厂之外；第二，厚生省特别研究班采用的取样分析
方法存在诸多疑问，不足以作为法庭证据。在驳斥原告观点的
基础上，被告提出了农药说的观点，认为新潟水俣病是新潟地
震时引发了海啸，从而使位于信浓川河口的仓库里的农药外流，
进而污染了阿贺野川河口附近的鱼，人们在食用这些鱼后引起
了中毒。因为患者大量发生在新潟地震①之后，即1964年8月至
1965年7月间，同时集中出现在信浓川河口附近七公里地区之
内，病患毛发中的汞含量在地震后呈现剧增趋势。根据这样的
事实，被告主张农药说。法院在审理中认为，一般而言，基于
不法行为的请求赔偿案件，原告即被害人需要承担因果关系的
举证责任。但在公害案件中，由于举证需要具有高度的自然科
学等方面的专业知识，在这种情况下要求原告就因果关系进行
缜密说明，无异于痴人说梦。这样做的后果只会堵死被害人的
救济途径。具体到新潟水俣病而言，许多化学物质是普通人无
法辨认的，想准确掌握工厂排放的化学物质的种类、数量、性
质等是非常困难的，这不仅和这些化学物质在自然界中经过了
各种物理化学反应有关，也和企业以秘密为由不愿明确说明有
关。所以，对新潟水俣病案件而言，新潟地方法院在审理过程
中大胆运用间接反证法，认为被告如果无法举证否认对自身污
染源的指控，即可推定该企业排放了污染物质，据此就可以做
出工厂所排放的废水和新潟水俣病二者之间存在因果关系的论

---

① 1964年6月16日13时1分，新潟县发生里氏7.5级地震，震中位于新潟市。参见村
上雅也.1964年新潟地震で初めての地震被害調査[J].建築防災，2010（11）.

断。因此，宫崎启一法官最终在判决书中明确指出，对污染源的追溯涉及企业时，如果企业不能就工厂不能成为污染源做出合理解释，则可以进行事实上的推认，其结果就应该理解为法律上的因果关系可以成立，据此判定昭和电工在新潟水俣病中的加害者责任。

其次，故意与过失的判定。既然法院已经判定新潟水俣病的出现和鹿濑工厂的生产经营行为存在因果关系，那么，在将来判决被告向原告支付赔偿金问题上，其中关键的一步是确定鹿濑工厂在水俣病发生问题上是否存在故意与过失。如果是故意，或者仅仅是过失，鹿濑工厂的责任显然不同。所以，关于故意与过失的判决便成为该案件中承前启后的关键一环。就此问题，原告主张被告是未必的故意，即被告即使不是故意，也有过失。因为早在1958年，被告就已经知道工厂排水会造成水俣病。后来日本化学会为了调查水俣病的病因而专门成立了田宫委员会，时任昭和电工经理的安西担任该委员会的排水对策委员长。他认同水俣病问题上的工厂排水说的观点，但不设置汞处理设备，反而增加生产，相当于未必的故意杀人与伤害。被告则主张当时产业界都不认可工厂排水是水俣病的致病原因；同时，工厂排水符合当时法定标准，而且工厂也安装了最好的净化设备，即便水俣病的确是鹿濑工厂排水所致，但对工厂而言，根本不存在故意问题，也无过失责任。法院经过审理认为，没有足够证据证明被告存在故意，因而认定被告有过失。判决书同时指出，企业在将废水向河流排放前对其处理时，即使使用了最有效的设备仍不足以避免对生命健康造成危害的情况下，企业应该缩短工作时间甚至停止工作。

再次，损害赔偿问题。由于责任认定问题已经解决，所以对原告的赔偿问题相对容易裁决。虽然根据日本《民法》第709条的规定，"因故意或过失侵害他人权利者，对由此发生的损害负赔偿责任"，但应该赔付的数额是双方争议较大的问题。新潟地方法院综合考虑水俣病患者的症状、入院治疗及恢复时间的长短、患者年龄等各种情况，在判决时采用了辩护团所确定的精神损害抚慰金同额赔偿请求方式，将去世患者的赔偿费定为1000万日元，对生存患者的赔偿费，根据其病情轻重分为五个级别，并给予不同的赔偿金。具体而言，给予生活完全不能自理者的赔偿金为1000万日元；给予生活能够自理但存在明显困难者的赔偿金为700万日元；给予生活能够自理但只能从事轻微体力劳动者的赔偿金为400万日元；给予能够从事一定强度的患者的赔偿金为250万日元；给予具有轻微水俣病症状但感到不舒服者的赔偿金为100万日元。[1]据此，新潟地方法院责令被告支付27024万日元损害赔偿金。[2]对上述判决，被告昭和电工表示服从判决，不会上诉。

根据新潟地方法院的判决，1973年6月，受害者之会、新潟县水俣病共斗会议和昭和电工就赔偿问题达成协议。该协议确认了昭和电工在新潟水俣病中的责任，同意向受害者支付持续性补偿金（年金）和允许受害者进入工厂现场行使调查权，受害人的要求得到全面认可。

---

[1] 日本科学者会議編.環境問題資料集成・第8巻.旬報社，2003：62.

[2] 丛选功.新潟水俣病案件的判决[J].环境科学动态，1994（4）.

## （二） 第二次诉讼

1973年年末发生的第一次石油危机使日本经济步入低谷，在此形势下，日本政府、财界等部门收紧了水俣病患者的认定标准，使得许多患者无法被认定从而无法向企业索赔，由此酿成1982年6月新潟县水俣病患者提起的第二次诉讼。232名受害人在这次诉讼中除了要求确定原告属于水俣病患者，还要求追究国家在引发第二次水俣病中的责任，从而请求国家赔偿。1992年3月，新潟地方法院就第二次诉讼做出判决，认可部分原告为水俣病患者，但否定了国家责任。1994年6月，村山富市内阁组建，开始了水俣病问题的政治解决之路。1996年2月，新潟的所有案件在原告撤诉后得到解决，受害者之会和水俣病共斗会议与昭和电工签订协议书，原告和水俣病共斗会议每人分别领取260万日元一次性支付金和团体追加金，国家应该承担责任的问题并未认可。

尽管第二次诉讼的判决结果并不理想，但总体而言，新潟水俣病作为四大公害诉讼中的首例，取得的效果还是较为满意的。诉讼期间提出的"企业对安全负有高度注意义务"等主张和原则也被后续的熊本水俣病公害诉讼等案件所认可和使用。

## 三、 三重县四日市哮喘病事件的尘埃落定

四日市位于日本本州岛太平洋沿岸中部的伊势湾西侧，是连接东京都和京都府的主要城镇。该地四季分明，自然资源丰富，人们的生活也曾安静祥和。然而，20世纪50年代后期，随着石化、电力等多家大型企业纷纷落户该市，人们安静祥和的

生活状态被打破，自然环境被破坏，空气变得污浊不堪。尤其是坐落在该市东南部、伊势湾沿岸的矶津，因其与河对岸的第一联合企业相距700米到2300米不等，环境污染情况更是严重。当地联合企业排放了大量含有二氧化硫的气体，使得空气中二氧化硫浓度一度达到年均值0.14ppm[①]，相当于环境标准0.05ppm的3倍，属于高浓度污染。在这样的环境中，水稻产量日益降低，牵牛花等各种花卉不断枯萎、死亡，从附近海域捕捞的鱼虾因为奇臭难闻而逐渐无人问津。不仅如此，1961年夏天，四日市更是出现了群体性的哮喘病。部分严重的患者因不堪忍受病痛折磨而自杀身亡。

然而，作为污染的源头，四日市的联合企业却众口一词，断然否定公害病和所排气体之间的因果联系，进而拒绝对污染源采取任何措施，由此导致当地的大气污染问题愈发严重，哮喘病患者人数不断攀升。

## （一）哮喘病公害诉讼

面对联合企业蛮横无理的态度，受害者最终决定通过诉讼的方式来争取救济，解决大气污染问题。为此，从1966年8月起，受害者群体开始为诉讼做准备工作。但是，能否提起诉讼并取得诉讼的胜利，在许多人的心中仍存有较大疑问。正如民法教授戒能通孝所言，"能不能提起诉讼，我当时还没把握。多家企业，把管道连接起来，组成联合企业。如果每个工厂都遵

---

① 日本律师协会.日本环境诉讼典型案例与评析[ M ].中国政法大学出版社，
2011：31.

守排烟标准，对大企业的追究只能到此结束"①。尽管面临许多
法庭诉讼方面的难题，哮喘病受害者以及律师仍然选择了直面
问题，决心将诉讼进行到底，并力争取得最终胜利。

在野吕汛等律师的积极工作下，一个来自三重县和爱知县
等相关地区的律师组成的辩护团很快成立。为了确保能够在尽
可能短的时间内取得诉讼胜利，从而确保第一时间落实受害人
的救济工作，辩护团采取了缩小作为原告的患者和作为被告的
企业的范围来提起诉讼的策略，最终根据性别、年龄以及职业
等确定盐野辉美、中村荣吉、柴崎利明、藤田一雄、石田、野
田之、石田喜知松、今村善助、濑尾宫子9名原告（今村善助、
濑尾宫子两名原告在诉讼期间去世），将距离公害病认定患者集
中的矶津、对该区域侵害的发生负主要责任的第一联合企业的
昭和四日市石油有限公司、中部电力有限公司、石原产业有限
公司和三菱的三家公司等共计六家公司确定为被告，对第二联
合企业以及内陆联合企业等多个企业群并未提起诉讼。在诉状
的撰写过程中，辩护团对侵害内容进行详细了解，对被告的生
产内容、规模、污染源设施、被告之间相关性以及哮喘病和大
气污染之间因果关系的证据搜集和整理等各项工作都做了精心
准备。1967年9月1日，辩护团就四日市哮喘病环境公害问题向
津地方法院四日市支部正式提起诉讼。在诉状中，辩护团主要
向矶法院提出了三方面的请求，一是请求法院对被告所有企业
认定其排放行为和哮喘病之间存在因果关系；二是请求法院认
定被告在选址和生产方面存在故意和过失；三是请求法院判决
被告向原告支付包括精神损害抚慰金在内的总计1800万日元

---

① 俞飞.四大公害诉讼 改写日本司法[J].法庭内外，2013（10）.

（人均200万日元）的损害赔偿等。①

　　津地方法院四日市支部在庭审过程中，先后开庭54次，实地查证1次，最终在1972年2月1日审理结束，除了驳回原告诉被告在选址和生产方面存在故意，对原告在诉讼中所提的其余主张几乎全面认可。

　　首先，法院认定6家企业的排放行为和哮喘病之间具有因果关系，并判定其承担共同侵权责任。这是原告在哮喘病公害诉讼中能够取胜的最关键一步。法院之所以如此判决，是因为其做了大量调研工作。法院认为，1958年至1967年，被告所排放的二氧化硫数量达230715吨。同时，被告所在地接近于矶津以西从西北到东北方，1961年至1967年，矶津地区二氧化硫浓度的每年变化与被告等工厂所排出的二氧化硫每年变化情况完全对应。这足以说明工厂排放的二氧化硫达到矶津地区。另外，在二氧化硫浓度异常高的地区，哮喘病发病率高达5%~10%，而空气质量好的地区发病率一般只有2%。②基于上述三方面的事实，法院从病因学性观点出发，判定当地的大气污染与原告所患疾病之间存在因果关系。同时，结合日本民法第719条"数人在因共同的侵权行为而给他人造成损害时，各自对所产生的全部损害承担连带赔偿责任。在不能确认共同行为人中谁是施加损害行为的加害人时，也各自负连带责任。教唆者、帮助者视为共同行为者"的规定，法院认为，即便被告采取了最妥善防治措施，但也应该综合其他因素，认定损害是否超过了忍受限度来加以决定被告是否有无责任。根据此忍受限度观点，法

---

① 日本科学者会議编.環境問題資料集成・第8卷.旬報社，2003：112.

② ［日］宫本宪一.日本公害的历史教训[J].财经问题研究，2015（8）.

院裁定被告的行为是属于超过忍受限度的不法行为，理应负有损害赔偿责任。据此法院判定构成第一联合企业的6家公司承担共同侵权责任。

其次，判决书还认定被告企业在选址和生产方面存在过失，并认为"国家和地方自治体出于经济优先的一己之私，未经对防止公害的调查与探讨，低价处理旧海军燃料厂、制定优惠条例对企业招商等不无欠妥之处"，判定国家和地方自治体在企业选址问题上同样存在过失。

最后，法院判决被告向9名原告支付包括精神损害抚慰金在内的共计6619万2564日元的损害赔偿。其中，盐野辉美获赔827万2265日元、中村荣吉获赔709万3260日元、柴崎利明获赔1141万615日元、藤田一雄获赔761万3865日元、石田获赔137万9093日元、野田之获赔1887万5596日元、石田喜知松获赔302万2213日元、今村善助获赔137万5305日元、濑尾宫子获赔715万352日元。[①]之所以做如此判决，正如法官在庭审时所讲，"我们要探讨的是法律上有没有因果关系，而不是自然界的因果关系。法律上的因果关系，达到必要的程度就可以了"。"在排放明知对人体生命有危险的污染物质时，企业应该不考虑经济效益，把世界最高的技术和知识用到预防措施里。惰于采取措施企业存在过失。"作为被告，第一联合企业的六家公司服从判决，并未上诉至二审。同年7月24日，判决生效，此后的强制执行也得以成功实施。包括被告六家企业在内的主要污染源组建了四日市公害对策协力财团，创立了以支付一次性补偿金、死亡抚慰金和年金式生活保障补助为内容的补偿制度，推

---

① 日本科学者会議编.環境問題資料集成·第8卷.旬報社，2003：121.

动了1973年《公害健康被害补偿法》的问世。另外,原告、辩护团等力量不仅取得了实际进入工厂现场的权利,而且也获取了对企业采取的治理公害措施、违约事实等进行实地调查并要求其做出说明的权利。被告企业在判决之后,相继安装了脱硫、脱硝设备,使用了含硫量低的石油,通过这些措施来控制大气中二氧化硫浓度,降低空气污染。

## (二) 强化环境管理的政府行为

以法庭判决为契机,三重县政府在重新修订防止公害条例的基础上,强化了环境标准,采用了总量限制和新增项目许可等新措施。中央政府则重新审视四日市的公害防止规划,并对全国的石油联合企业进行大排查。据此看来,四日市哮喘病公害诉讼以原告全面胜诉而告终。受害群众的胜诉,应该意味着日本完成了由片面追求经济的高速发展到高度重视公害防止的转型。

## 四、 富山县痛痛病事件的尘埃落定

富山县痛痛病缘何出现?原因就在于位于神通川上游的三井金属矿业神冈矿业所排放了大量含镉废水,污染了处于神通川下游的富山县的许多农田,最终酿成在污染土地上种植的水稻镉中毒,导致附近居民健康受损,生产生活受到严重影响。早在1890年前后,三井金属矿业神冈矿山便开始开采生产,痛痛病于1910年在更年期后的经产妇中便有发现。但在较长时期内,对该病的病因无法确定,一直以来被当作"富山风土病"

"怪病"和"疑难病"，对受害者的补偿也无从谈起。后来日本
进入战时体制，有关痛痛病的病因、救治等问题被长期搁置，
几乎无人问津。

最早就痛痛病的病因明确发表观点的是乡村医生荻野升。
1957年，他根据在神通川特定区域内痛痛病患者多发的事实提
出了"矿毒说"的见解，认为痛痛病和附近三井金属矿业神冈
矿业所的运营有直接关系。从此时起的近10年时间里，"矿毒
说"受到了多方指责，荻野升医生本人也承受着来自各方的非
难和指责，有人认为他提出这种主张是为了出名或者从三井那
里搞钱等。但该学说最终得到了越来越多人的支持，日本厚生
劳动省也逐渐认可了该观点，明确指出痛痛病的元凶是镉中毒
引起肾脏功能不全和骨质软化症，且该病仅发生在富山县。虽
然如此，三井金属矿业依旧态度傲慢，"想从我们三井骗钱，门
都没有"，还多次反驳"矿毒说"，认为痛痛病和三井没有任何
关系，该病出现在营养状态很差的农村地区，是维生素D不足
引起的，镉中毒说是学界少数派的观点，等等。

在这样的环境中，1966年11月，痛痛病对策协议会成立，
标志着反抗痛痛病的斗争进入新阶段。鉴于三井金属矿业在地
方上的庞大势力，为了赢得斗争胜利，协议会成员之一小松义
久提出了"以户籍为代价的抗争"口号。也就是说，如果抗争
失败，协议会成员将不得不背井离乡，开始过上颠沛流离的生
活。由此可见当时抗争压力之大。

最初，对策协议会的成员希望通过和三井金属矿业谈判的
方式解决痛痛病问题。虽然双方进行了接触，但与新潟水俣病
中昭和电工鹿濑工厂曾经的态度一样，三井金属矿业的态度同

样极其傲慢，"我们是顶天立地的三井，既不躲也不藏，只要官府认可，愿随时支付""对于拥有直接当选议员四十多名，赞助、支援当选议员百名的三井金属，政府不可能作出不利的结论"。[①]面对三井金属矿业咄咄逼人的态度，加上同时期进行的向地方自治体的请愿活动收效甚微的结果，痛痛病受害者决定放弃和三井金属矿业的直接接触，而是选择将其诉诸法院，希望用法律的手段讨回公道。

## (一) 痛痛病公害诉讼

作为四大公害病诉讼的第三例，富山县痛痛病的茗原照子、青山源吾、高木良信、赤池源藏、箕田昭夫等9名患者和20名遗属共29人于1968年3月向法院提起诉讼，请求三井金属矿业支付6100万日元的赔偿。[②]历经1971年6月30日的一审判决和1972年8月9日的二审判决，最终判决三井金属矿业败诉。

对痛痛病受害者而言，通过法律途径解决与三井金属矿业的矛盾已经达成共识。然而，诉讼之路异常曲折和坎坷。他们首先面临的难题是当时富山县当地律师无一人愿意接手痛痛病公害诉讼，因为在这些律师看来，公害诉讼必败无疑。幸运的是，出生于痛痛病受害地妇中町的岛林树律师在回乡探亲的过程中，无意中得知自己儿时的朋友患了痛痛病，痛苦难耐。因为无法坐视受害人承受的巨大疼痛，岛林树律师最终接手了这起前景异常黯淡的公害诉讼。岛林律师积极争取"青年法律家协会"的援助，最终在1968年1月6日组成痛痛病公害诉讼辩护

---

① 日本律师协会.日本环境诉讼典型案例与评析[M].中国政法大学出版社，2011：97.

② 日本科学者会议编.環境問題資料集成·第8卷.旬報社，2003：81.

团，团长由有富山县"司法界长老"之称的正力喜之助律师担任。

1968年3月9日，辩护团向富山县地方法院提起诉讼，痛痛病公害诉讼由此正式拉开序幕。诉讼之路上的第二个难题体现在如何书写诉状。由于受害者疼痛难忍，所以在律师向患者询问"怎样疼"之类的问题时，得到的答复通常是一个字——"疼"。换言之，痛痛病受害者之疼是无法用言语表达的。在此情形下，辩护团决定将这种无法用语言表达的患者的痛苦感同身受地传递给法官，以此争取诉讼的胜利。诉讼之路上的第三个难题是辩护团在富山市没有事务所，导致诉讼期间辩护团无法及时和当地痛痛病受害者以及支援团体等各种力量进行沟通交流，辩护工作无法正常开展。为此，辩护团副团长、京都律师协会律师近藤忠孝等人克服困难，最终于1968年10月在富山市开设了律师事务所，使得辩护团可以及时与受害人、支援团体、新闻媒体、法院、县知事等各方力量沟通。诉讼之路上的第四个难题是如何消除阻碍因果关系论尚未确立的障碍。各种环境公害诉讼中原告之所以失败，绝大部分原因都在于被告要求原告提供大量且需要花费很长时间才能提供的证据证明企业和疾病的因果关系，展开无限期的科学争论。在痛痛病诉讼中，被告三井金属矿业就认为，只要痛痛病的病理无法判明，因果关系便无法成立，镉与痛痛病之间便不存在因果关系。不仅如此，被告还要求申请鉴定"当人体经口腔摄食镉时，人体内镉的吸收率是多少"等诸多项目，以便将诉讼拖入漫无边际的科学争论中，从而赢得诉讼的胜利。因为在漫长的诉讼过程中，原告群体中经常会出现成员去世的情况，而且诉讼时间越长，花费也越多，这对原告同样不利。在这种问题面前，辩护团没有退缩，1969年夏天，他们在富山市召开了青年法律家协会第一次公害研究会，达成了"流行病学也是科学""不允许采用鉴定"等意见。在诉讼期间，这些意见逐渐被法官所接受，从而成功阻止了被告以"无限的科学争论"和"不可知论"拖延诉讼的企图。

　　1970年12月，富山县地方法院对三井金属矿业所提出的鉴定申请予以驳回。据此，痛痛病受害者迎来了诉讼的转折，从不断败北走向胜利。1971年6月30日，富山县地方法院经过3年多时间的审理，认为痛痛病是慢性镉中毒的结果。作为一种重金属，除了自然界本身存在微量镉，更多的镉来自神冈矿山。特别是从大正时代到昭和二十年期间，神冈矿山在选矿和冶炼过程中将大量含镉废水持续排入神通川，使其遭受严重污染，进而殃及以此河川为生的附近居民。因此，法院采纳了原告所主张的病因学性的因果关系观点，判决被告三井金属矿业败诉，向原告支付赔偿金5700万日元。得悉诉讼取得胜利，原告代表小松美代非常开心，认为他们的苦恼和痛恨得到了法庭的认可。但也留下了一些遗憾，除了三井不会赔罪，小松美代的身体再也回不到从前的健康状态了。难以想象，小松美代从患上痛痛病到判决公布的这段时间，身高因为疾病而缩短了30厘米，成了驼背。但是，被告三井金属矿业却不服从法院判决，选择上诉，希望申请停止执行的决定拖延赔偿金的支付，从而达到让受害者在失望中放弃斗争的目的。这是四大公害诉讼中出现的唯一一次被告不服从一审判决而选择上诉的案例。但经过辩护团的不懈抗争，二审法院——日本爱知县名古屋高等法院金泽支部很快便审结了本案。

在审理期间，二审法院对一审法院所使用的病因性学的判决依据表示高度认可，认为仅从临床医学和病理学方面不能充分说明因果关系时，就应该有效地应用病因学的因果关系来证明原因物质，进而解释为法律上存在的因果关系是合适的。所以，二审法院维持一审判决，认可痛痛病的致病原因主要是镉，其来源于神冈矿山排放的废物、废水等审判结论。原告痛痛病对策协议会获胜，被告神冈矿山再次败诉，被责令向原告支付1.5亿日元的赔偿金。判决公布后，被告表示服从法院二审判决。1972年8月9日，即在高等法院做出原告全面胜诉的二审判决的次日，三井金属矿业做出如下承诺：一是对全体受害者进行补偿；二是责令公司复原镉污染农田；三是根据《防止公害协定》取得的进入现场调查权（认可专家同行的意见，费用由企业方面负担）。至此，富山县痛痛病公害诉讼尘埃落定，受害居民终于通过法律途径维护了自身权益，讨回了公道。作为被告，三井金属矿业将不得不为此前造成的严重环境污染付出更为沉重的经济和社会代价。所谓经济代价，主要是指三井支付给患者的补偿金以及不得不承担的高昂的恢复镉污染农田的全部费用。所谓社会代价，主要是三井金属矿业作为败诉一方，社会声誉受到损伤，在国内的形象不佳。1973年，三井金属矿业和痛痛病患者签订了关于治疗的协议书，着手开始补偿工作。继四日市哮喘病公害患者之后，痛痛病患者也成为1973年颁布的《公害健康被害补偿法》的补偿对象。截至1991年3月，共有129人被认定为痛痛病患者（其中死亡116人）。①

---

① 地球環境経済研究会編著.日本の公害経験：環境に配慮しない経済の不経済.合同出版，1991：45.

（二）修复污染土壤

痛痛病患者和三井金属矿业在法庭上辩论的同时，作为地方自治体，富山县政府根据1970年12月的公害国会上制定的《关于农业用地土壤污染防止法》，从1971年开始对神通川流域的被污染土壤实施恢复工作，将生产出来的糙米中镉浓度超过1ppm的约1500公顷的土地作为重点区域。1972年8月，随着富山县痛痛病公害诉讼的尘埃落定，神通川流域被污染土壤的治理工作加快进行。在中央政府、富山县政府和三井金属矿业有限公司共同努力下，1979年，上述土地进行了第一次换土作业，1983年进行了第二次换土作业。到1992年，将对占计划面积36%的547公顷土地完成换土工作。在换土作业完成后，土壤中的镉浓度平均值为0.14ppm，糙米中的镉浓度值为0.11ppm。换土工作一直持续到21世纪初。截至2001年，大约791公顷的土地被复原，复原费用合计约265亿日元，其中三井负担约103亿日元，占总费用的39%。[①]

（三）完善施工环境

除了换土工作，三井金属矿业的施工环境也在不断完善中。1973年，根据《金属矿业等矿业损害特别措施法》的规定，三井矿业采取土沙覆盖、植被工程等方式，使企业排水、排烟等完全符合中央政府和富山县政府制定的标准。在这样的情况下，神通川流域的水质达到0.005ppm及以下，与镉的水质环境标准0.01ppm相比有了明显下降。

---

① 日本科学者会議編.環境問題資料集成·第8巻.旬報社，2003：99.

## 五、 熊本县水俣病事件的尘埃落定

1969年6月14日，继新潟水俣病公害诉讼、四日市哮喘病公害诉讼、富山县痛痛病公害诉讼之后，以渡边荣藏为首的水俣病患者及其家属100余人组成的原告拿起法律武器，向熊本地方法院提起诉讼，状告氮肥公司，请求损害赔偿。

熊本水俣病公害诉讼曾发生多次，迁延数年，涉及人员众多。根据大陆法系传统，该公害诉讼可以分为民事诉讼、行政诉讼和刑事诉讼三类。因水俣病引起的旨在争取损害赔偿的诉讼为民事诉讼，这是三类诉讼案件中最早提起也是最主要的诉讼。通常意义上，人们所指的熊本水俣病公害诉讼即民事诉讼。伴随着民事诉讼的结束，熊本水俣病事件尘埃落定。但事实上，有关熊本水俣病的行政诉讼和刑事诉讼同样具有较大影响力。行政诉讼是旨在追究国家或者熊本县政府在与水俣病相关的行政行为上存在违法行为的诉讼，刑事诉讼是旨在追究加害企业即氮肥公司负责人刑事责任而提起的诉讼。这三种诉讼共同构成了熊本水俣病公害诉讼的全貌。

### （一） 公害民事诉讼

1908年，氮肥公司在水俣市开工设厂。1932年，氮肥公司水俣氮肥厂在生产乙醛的过程中使用汞作为催化剂，并将含汞废水未经处理直接排入水俣湾，1958年后工厂将排水口向北改道注入八代海。据测算，水俣氮肥厂排放的废水污染了南北约80公里、东西约20公里的八代海全部海域，涉及人口达48万。因其污染范围之广、患者病情之重而使得熊本水俣病成为日本乃至世界上典型的产业公害，也是世界上最大的水污染公害。

1956年4月，水俣湾附近许多居民集中出现双目呆滞、言语不清、手软无力等症状，病人被紧急送往氮肥公司水俣氮肥厂附属医院进行医治。细川院长于5月1日将该情况向熊本县水俣保健所进行汇报，水俣怪病由此进入大众视野。在熊本县水俣保健所、水俣附属医院、水俣医师协会等调查下，人们发现水俣湾周围在1950年就出现过鱼浮出水面、鸟从天而降、猫发狂死亡等异常现象。后来，熊本大学医学部也介入水俣怪病的调查研究工作，并于1959年7月公布了有机汞是水俣病的致病原因的结论。这和后来细川院长的研究结论相吻合。

深受水俣病之害的水俣市病人、渔民以及熊本县渔业合作联盟多次向水俣氮肥厂进行索赔，其间一度发生"渔民暴动"。1959年12月30日，水俣病患者和水俣氮肥厂签订了所谓的"慰问金协议"。这是因为当时政府并未就水俣病的病因问题给出明确解释，企业方面也百般抵赖自己和水俣病的内在联系。该协议的签署使得水俣病患者长时期无法通过诉讼方式获得赔偿，此为熊本水俣病问题中的慰问金魔咒。

继公布有机汞是水俣病的致病原因的结论之后，1962年，熊大研究班就有机汞的来源问题发表研究结论，认为甲基汞来自氮肥公司水俣氮肥厂。但该结论并未得到政府和水俣氮肥厂的认可。

1965年，新潟县阿贺野川流域出现水俣病患者，史称"第二次水俣病"或"新潟水俣病"。1967年6月，13名新潟水俣病患者将昭和电工公司诉至新潟地方法院，请求损害赔偿。不久，四日市哮喘病患者、富山县痛痛病患者也先后于1967年9月、1968年3月分别将第一联合企业、三井金属矿业诉至法庭，请求赔偿。然而，熊本水俣病的受害者却长时间未能走上诉讼之路。这不仅与慰问金魔咒有关，与政府未能及时公开表态甲基汞和水俣氮肥厂存在内在关联有关，与当时日本社会氛围有关，更与水俣氮肥厂在当地具有强势地位密切相关。

从社会氛围看，自明治时代起到昭和时代初期，乃至二战后一段时期，除了工业，历届日本政府普遍重视农业，对渔业则重视不够，如以高于市场价的价格购买农民种植的水稻等，从而在社会上形成了一种重农轻渔的氛围。这对水俣病人的抗争很不利。另外，在水俣病暴发之初，社会对其普遍持恐慌态度。如果有人因为罹患水俣病而得到赔偿，周围的人不仅会指责此人重视金钱而且会抱怨妨碍自己从事捕捞作业。人们会不与病人及其家属接近。所以，许多水俣病人宁可选择死亡也不愿去就诊，不愿被确诊，更不愿走法庭诉讼之路，免得自己成为"过街老鼠"，处于"人人喊打"的困境。

从水俣氮肥厂在当地的地位看，其影响力之大超出一般人的想象。在水俣氮肥厂全盛期，人口5万多人的城市，直接在工厂的从业人员有4000人之多，如果加上和水俣氮肥厂有各种经济往来的当地公司、商店、饮食店等，则全市人口的50%几乎都和氮肥公司水俣氮肥厂有关联。1954年，工厂税收支出占水俣市总财政收入的45.5%，该比例在1960年高达48%。1960年，工厂吸纳了水俣市19.2%的就业人员。[1]在水俣病受到社会关注期间，水俣氮肥厂的当值厂长桥本彦七于1950—1958年、1962—1970年期间先后两次兼任水俣市市长。从这样的事实可以看出，水俣氮肥厂对水俣

---

[1]　Timothy S. George. *Minamata Pollution and the Struggle for Democracy in Postwar Japan.* Harvard University Asia Center，2001:35.

市具有非常强的支配地位。正因为如此，人们视水俣市为氮肥公司的企业城下街，即氮肥公司水俣氮肥厂占有水俣市产业的大部分，并具有较强的影响力。同时，"没有氮肥公司就没有水俣"的论调也在当地市民中广为流传。因此，熊本水俣病患者面临的形势严峻且复杂。在这样的环境中，水俣病患者要状告城主氮肥公司，将会是一场个人挑战巨大经济体和政府的悬殊斗争，其结果不难预料。因此，对水俣病患者而言，提起诉讼的困难程度便远超人们想象，遑论取得诉讼的胜利。这和新潟水俣病患者、四日市哮喘病患者、富山县痛痛病患者提起诉讼时面临的形势截然不同。就新潟水俣病诉讼而言，被告昭和电工鹿濑工厂位于阿贺野川上游，而水俣病出现在河流下游，排污企业鞭长莫及，很难对下游地区患者施加影响；四日市哮喘病诉讼中的被告是第一联合企业的六家公司，它们也无法对受害者施加影响；富山县痛痛病诉讼中的被告三井金属矿业神冈矿业所位于富山县之外，显然对原告不会产生太大影响力。

幸运的是，熊本水俣病患者面临的困难在1968年年初出现转机，并最终促使病患于次年向熊本地方法院提起诉讼。这种局面的出现主要得益于1968年1月到1969年1月期间发生的四件事情。

第一，新潟水俣病代表团造访水俣市，极大地鼓舞了熊本水俣病患者提起诉讼的决心和信心。

1968年1月，在东京大学化学家宇井纯①的积极协调下，由病人、律师及其支持者组成的新潟水俣病代表团将会在合适的时机考察水俣市。为了与该代表团对接，1968年1月12日，水俣病对策市民委员会成立，核心成员是石牟礼道子②、松本勉、赤岬悟以及日吉富美子。松本勉担任秘书，日吉富美子担任主席。委员会的工作目标主要是督促政府确认水俣病的病因并采取措施防止水俣病的再次发生以及为水俣病人及其家属争取救济，并在物质和精神层面提供力所能及的帮助。委员会下辖研究、维权、公关和募捐四个分委员会。石牟礼道子和赤岬悟与水俣病人保持着长期而密切的联系，对新潟水俣病人及其支持

① 宇井纯，1956年毕业于东京大学应用化学与设计专业。在获悉水俣病的消息后，他辞掉工作回到东京大学开始研究水俣病。1960年他首次赴水俣市进行实地调研，与水俣氮肥工厂附属医院的细川院长以及石牟礼道子等人有了正面接触。从1963年开始，宇井纯将有关水俣病的各种研究成果先后发表在《技术史研究》。1968年7月，这些成果结集为《公害的政治学：关于水俣病的审判》的著作并问世。该书强烈谴责水俣氮肥工厂、中央和地方政府乃至资本主义制度，认为他们为了权力、利益、经济增长而牺牲了众多渔民的利益，呼吁采取行动来维护渔民的利益。该书和1969年1月出版的《苦海乐土：我的水俣病》一书，共同激起了人们对水俣病的关注热情。这些原始文献在1969年的法庭审判过程中被秘密印刷，成为不可多得的法庭证据。1986年，宇井纯离开东京大学来到冲绳大学。1991年他被联合国环境规划署授予"全球500奖"（global 500 award）。在宇井纯的努力下，水俣、东京、新潟等地的水俣病相关人员建立了有机联系，科研人员和病人之间也建立了有机联系。1968年1月的新潟水俣病代表团考察水俣市之所以能够成行，就是依赖于宇井纯的积极协调。这些行动在很大程度上推动了熊本水俣病问题的最终解决。

② 石牟礼道子，1927年生于天草，后在水俣市生活。在战争结束前，石牟礼道子是一名代课老师。后来卖过化妆品，也在黑市用鱼换过稻米。在石牟礼道子的儿子因为结核病而住进水俣医院时，她有了直接接触水俣病人的机会。1959年5月，她拜访了部分水俣病病人，结果被他们的情况深深触动，从此便和水俣病有了"不解之缘"。她的父母及丈夫对此无法理解，批评她顾家不周，但她认为"我只是不得不在需要我的地方出现而已"。后来，她的丈夫被她说服而与其为水俣病人并肩战斗。作为一名文学爱好者，石牟礼道子非常关注平凡人的生活经历。她出版了十几部书，获得了许多奖项。其中，1969年1月出版的《苦海净土：我的水俣病》（三联书店，2019）颇为著名。该书重点描写了1968年在水俣市发生的与疾病相关的事情。此书一经出版便引起了很大轰动。后来该书多次出版，一度成为中学课堂的教学素材。

者的维权方式有较好的了解。松本勉与新潟水俣病人及律师保持着书信往来，曾就水俣病人的诉讼问题交换意见。松本勉还曾成功地让工厂实验室的工作人员山下善宽秘密为新潟县的研究人员提供一些水俣病的信息。

1968年1月21日，在宇井纯的陪伴下，新潟代表团抵达水俣市。这次造访具有历史意义。1月24日，双方发表联合声明，主要内容如下：我们认为熊本县和新潟县发生的事情是一样的，我们要求政府明确确认科学家的研究结论，并且要承担解决问题的责任，还要为病人提供生活方面的支持。我们明白，对受污染地区的人们而言，根除工业污染的唯一途径，在于团结斗争。声明最后呼吁全国人民为了保护生命的健康而并肩斗争。

第二，水俣氮肥厂的转型和随后出现的工会分裂，客观上有利于水俣病人的维权斗争。

在整个社会转向石油化工、汽车和电子产业的大背景下，水俣氮肥厂也在积极转型，决定在适当时机停止生产乙醛、醋酸、碳化钙、正辛醇、邻苯二甲酸二辛酯和氨等。为此，水俣氮肥厂从50年代初开始缩减规模，工人人数从1950年的5000余人缩减到1960年的不足4000人。在工厂转型的背景下，1962年4月，工厂向第一工会提出"稳定工资"方案，即在工资方面约定按和同行企业相同的幅度提高底薪，交换条件是工会放弃劳动争议权。第一工会对此表示拒绝，并领导工人进行稳定工资的罢工斗争。在激烈的劳资纠纷面前，公司方面暂时停产，并成立了第二工会（氮肥工会）。受到歧视性待遇的第一工会从此转向支持水俣病患者，加大了对工厂的批判。1968年8月29日，在第一工会的压力下，氮肥公司中止了将保存的约100吨含汞废液出口到韩国的计划；30日，第一工会通过"耻辱宣言"，指出："我们切身体会到斗争是什么，迄今为止，我们没能与水俣病做斗争，作为一个人，作为劳动者是可耻的，必须要认真反省。公司对待工人的伎俩就是对待水俣病患者的伎俩，同水俣病的斗争就是我们自己的斗争。"①该宣言同时认为，水俣病已经致死、致残许多人。该病的病因就是工厂排放的含汞废水，这在整个日本都已经知晓……但即便在今天，工厂方面依然不承认这一点，而且它隐藏了所有的资料。他们决定尽其所能地让公司承担责任，去支持水俣病患者，同水俣病进行斗争。后来，在水俣病患者起诉水俣氮肥厂的审判中，第一工会通过向法庭提供工厂的真实信息来支持水俣病患者，如公开披露当年吉冈喜一喝的"处理水"事实上是自来水等。

第三，政府在水俣病问题上的表态和工厂的表现，推动了水俣病患者的诉讼意愿。

1968年9月26日，厚生省大臣园田直代表日本政府做出了"水俣病是一种中枢神经系统疾病，患者大量食用来自水俣湾的鱼、贝导致的食物中毒，其原因物质是氮肥公司水俣氮肥厂排放的甲基汞化合物"的官方认定，公开表示水俣病和氮肥公司水俣氮肥厂存在关联，并对熊本水俣病给予公害认定。随后，氮肥公司总经理表示歉意，并责成分厂经理逐一登门向患者致歉，但没有赔偿。于是，熊本水俣病受害者举行了要求企业赔偿的大规模请愿运动，希望可以解除此前和氮肥公司签订的补偿金协议。但后者根据协议内容，拒绝了患者方面所提要求，双方僵持不下。这种现实迫使熊本水俣病患者不得不利用法律

① ［日］南川秀树.日本环境问题：改善与经验[M].社会科学文献出版社，2017：36.

武器来保障自身权益。

第四，最高法院院长人选的更替，有利于水俣病患者的诉讼。

1969年1月，即熊本水俣病患者提起诉讼前的5个月，石田就任日本最高法院院长。他对公害受害人的悲惨境况深有感触，多次强调要尽快救济受害者，并决心利用法律手段伸张正义，维护公害受害人的权益。这种情形自然有利于包括熊本水俣病患者在内的多起公害受害人提起并争取诉讼的胜利。

在上述事件的影响下，尤其是受新潟水俣病代表团的鼓舞和影响，1968年3月16日，水俣病对策市民委员会和水俣病患者家庭互助会联手行动。10天后，他们又和新潟病人协会联手。这是熊本水俣病人首次和其他组织及来自日本其他地区的病人团体进行联合。不过，1968年5月，水俣病患者家庭互助会并不主张通过法律途径解决赔偿问题。当时，新潟水俣病、四日市哮喘病、富山县痛痛病中的病人都已经通过诉讼方式寻求从根本上解决问题。作为对水俣病患者家庭互助会不主张起诉的回报，水俣氮肥厂给他们提供一笔3000日元的特别救济金以及若干糖果。水俣氮肥厂的这种行为在水俣病患者家庭互助会内部产生了一定效果。1968年下半年，在水俣病患者家庭互助会和工厂艰难交涉的过程中，水俣病患者家庭互助会发生公开分裂，一派为主张调解的仲裁组，一派为主张和工厂正面接触的直接谈判组（后发展为主张诉诸法律的审判组）。仲裁组在厚生省的调解下，于1970年5月27日和水俣氮肥厂达成赔偿协议。根据逝者年龄支付170万到400万日元不等，一次性支付给生者

80万到400万日元不等，另有17万到38万不等的年金。[1]与此同时，直接谈判组则积极推动和工厂重启谈判，在工厂坚决要求调停的情况下，决定起诉工厂。渡边荣藏和石牟礼道子等人积极准备诉讼的各项工作。不仅成立了水俣病诉讼协会，而且在1969年5月12日举行的第二届全国应对污染联盟会议上，渡边荣藏积极发言，呼吁社会各界关注熊本水俣病病人的现状和诉求。

1969年5月18日，熊本水俣病审判辩护团正式组建。作为诉讼的关键力量，辩护团的重要性毋庸置疑。鉴于水俣氮肥厂在水俣市的特殊地位，熊本水俣病诉讼中律师团的组建显得异常艰难。最初许多患者不敢与律师见面，因为他们担心，如果和律师见面后，会被怀疑提起诉讼，这样会导致氮肥公司非常不开心。在多次沟通之后，患者终于同意组建辩护团。1969年3月，来自熊本县的千场茂胜律师积极行动，多次和青年法律家协会、自由法曹团、水俣病患者家庭互助会、水俣病对策市民委员会、熊本县劳动组合总评议会等各种力量沟通交流，最终获得熊本县内23名、全国200名以上的律师加盟，组成"水俣病诉讼辩护团"。当然，全国加盟的律师仅限于名义上加盟。该辩护团团长一职由熊本县律师界长老级人士山本茂雄律师担任，千场茂胜任事务局长。在组建辩护团的同时，千场茂胜等律师还积极策划了多支支援团体的组建，如以熊本县劳动组合总评议会为中心的"水俣病诉讼支援和根除公害熊本县民会议""水俣病告发会"等。

---

[1]　Timothy S. George. *Minamata Pollution and the Struggle for Democracy in Postwar Japan.* Harvard University Asia Center，2001:202.

1. 第一次民事诉讼

在进行了一系列准备后，1969年6月14日，渡边荣藏、渡边政秋、石田良子、石田菊子等水俣病患者及其家属共112人组成的原告在辩护团、支援团体等的帮助下，以明知山有虎、偏向虎山行的勇气拿起了法律武器，向熊本地方法院提起诉讼，状告水俣氮肥厂，向对方索赔642390444日元[①]，希望法庭能够伸张正义，还自己一个公道。原告包括41名水俣病病人（17人已死亡，14人因为病情严重而无法正常工作）和71名病人家属。他们和代理律师讨论后决定仅起诉工厂而不起诉政府。诉讼费用高达3213300日元，由于法庭于7月11日发现只有四名原告有资格享受援助，于是法庭便放弃了对其余原告索要总计3150000日元诉讼费的主张。[②]该诉讼后被称为"水俣病第一次诉讼"。1972年，原告人数增至138人，索赔总额也增加到15亿8500日元。[③]随着熊本水俣病患者提起诉讼，当时受到国内民众广泛关注的公害病患者全部走上了法律途径。

从1969年6月14日提起诉讼到1973年3月20日法院做出原告胜诉的判决，水俣病第一次诉讼历时近四年时间。虽然在原告提起诉讼不久，就出现了许多有利于原告的证据。如1969年10月15日的法庭上，家属携带着死于水俣病的亲人遗像进入法庭，法庭外则经常出现声援水俣病人的游行示威。但由于控辩双方争论焦点是工厂是否存在过失以及赔偿协议是否限制了病

---

① 日本科学者会議編.環境問題資料集成·第8卷.旬報社，2003：23.

② Timothy S. George. *Minamata Pollution and the Struggle for Democracy in Postwar Japan*. Harvard University Asia Center，2001:197.

③ ［日］政野淳子.四大公害病：水俣病、新潟水俣病、イタイイタイ病、四日市公害.中央公論新社刊，2013：45.

人进一步索赔等问题，所以，家属们出庭作证的大部分时间仅仅在旁听而已，对法庭审判尚未起到关键性作用。此外，1969年12月，政府将水俣市列为《救济因公害造成的健康损害的特别措施法》指定地区，对当地确认的公害病患者支付医疗费等相关费用。这一行为在很大程度上保障了水俣病受害者的权益，也推动了法庭的审判进程，在法庭最终做出有利于原告的判决中起了助推器的作用。但是，从法律上论证企业存在过失和责任的难度非常大，工厂排放汞物质的行为并未触犯既有法律条款。在日本，从1968年5月起才开始禁止在生产乙醛时用汞作催化剂（水俣氮肥厂是最后被禁止的企业），此后提高了行业标准，这绝非巧合。既然在水俣病之前，还没有一起通过食物链传播的有机汞中毒事件，工厂方面有理由认为无法预料危险而摆脱干系。另外，诉讼是一种民事行为，相比刑事案件而言，强制水俣氮肥厂公开秘密文献的难度很大。再加上水俣氮肥厂在当地的巨大影响力，诉讼期间原告和辩护团方面经历了难以想象的困难，所幸都被一一克服。

这次诉讼的第一个焦点问题是水俣氮肥厂是否存在过失。虽然控辩双方就此存在重大分歧，但也同样存在证明氮肥公司水俣氮肥厂所排含甲基汞废水和水俣病之间存在因果关系的诉讼问题，只是由于该诉讼的提起时间晚于新潟水俣病公害诉讼的提起时间，所以因果关系的论证问题并未成为此次诉讼的难点。也就是说，双方对工厂排放的含有有机汞的废水引发了水俣病的论断并未争议。分歧点在于工厂的行为属于有意或是无意？第二，即使工厂属于过失引起水俣病，那么1959年12月30日的赔偿协议在禁止病患进一步索赔问题上是否有法律效力？

第三，前两个问题都得到明确解决的前提下，第三个争议点便是工厂应为病患支付哪种赔偿以及多少赔偿。毫无疑问，第一个争议焦点是核心问题，也是原告方面临的最大困难。只有让法官确信氮肥公司在水俣病事件中负有责任，后面的问题才容易得到解决，也才能够让公害受害者满意。原告律师最初主张，被告水俣氮肥厂破坏了《有毒有害物质控制法》，但未提及责任等问题。如果以这样的方式赢得了诉讼，将来的赔偿问题便缺乏明确的名义，便会产生"名分"问题，病人们也不会感到他们诉讼的合理性，尽管他们得到了赔偿。因此，追究责任显得尤为重要。所以，在前期诉讼的基础上，原告律师在法庭上主张工厂担责。氮肥公司水俣氮肥厂作为一家化学工厂，其经营行为本身就较易对周边环境带来潜在危害，且其位于水俣湾附近，工厂所排废水更容易在河川中沉淀，对鱼虾等水产动物带来伤害，进而影响渔民的生活生产。早在第二次世界大战之前，水俣湾附近就曾经发生过猫、鸟等动物的"自杀"行为，战争结束之后曾出现水俣病患者，但这一切都没有引起被告——水俣氮肥厂方面的重视。因此，原告认为被告不仅在水俣病案件中理应承担责任，而且还有犯罪行为。面对原告声泪俱下的控诉，被告则显得异常平静。作为当时影响力颇大的化学工厂，氮肥公司在法庭上明确主张，原告的陈述违反了日本民法第709条规定。被告认为，在水俣病发生时，不仅氮肥公司，包括专家对该病的发生原因是某种有机汞化合物的事实也不清楚，因此公司不存在预见可能性。至于甲基汞化合物以食物链的形式累积到人体中引起中毒性神经症状，更是不得而知。因此，氮肥公司在水俣病事件中因为没有预见性，所以没有过失。另外，被告认为，工厂方面已经尽最大努力对所产生的废水进行了最好处理，其水质标准符合日本水质保护法中所制定的标准。所以，被告坚称不承担任何赔偿责任。

面对水俣氮肥厂坚称自己没有过失、不承担任何赔偿责任的强硬态度，以富坚贞夫律师为核心的水俣病研究小组开始了紧锣密鼓的应对工作。

在1969年9月7日成立的诉讼研究小组（同年12月更名为水俣病研究小组）中，富坚贞夫律师是重要成员之一。熊本大学的许多教授也是该小组的核心成员，如研究水俣病的杰出医学家原田正纯、社会学家丸山定巳等。石牟礼道子也是该小组的重要成员，她用别人无法比拟的文学才能论证了工业化之前日本乡村的自然之美，深刻揭露了水俣病带给人们的灾难，剖析了水俣氮肥厂无法逃避的责任。他们认真研究了宇井纯搜集到的1968年以前有关水俣病的文献（这些文献在1970年由诉讼协会正式结集出版）和熊本大学医学报告。小组成员每月会面三次，然后分头工作。经过前期努力，最终形成了小组报告。这份报告为后来取得诉讼胜利奠定了基础。

1970年8月，诉讼协会出版题为《水俣病的公司责任：氮肥厂的非法行为》的论著。该书第一部分以"可怕的水俣病事实"为题，主要是由原田正纯对水俣病进行的医学描述以及石牟礼道子对水俣病人生活的描述。第二部分以熊本大学的医学调研为基础，科学解释了水俣病的病因。第三部分主要介绍了富坚贞夫律师主张的过失罪。在富坚贞夫律师看来，水俣病最重要的原因，在于水俣氮肥厂是一个忽视安全生产的企业，当这样的企业经营具有危险性的化工厂时，可以预料的结果在水俣厂出现的工业事件以及以前发生的环境污染事件中得到印证。因此，水俣病的发生不可避免。但在水俣病被官方确认并成为严重的社会问题之后，工厂却坚持声称这是无法预料的。工厂继续排放未经处理的废水，只是在迫不得已时才安装污水处理设施，但没有清理水俣湾中的有毒物质，这种情况一直持续到停止生产乙醛的 1968 年。虽然工厂方面宣称他们使用了比当时标准更严的污水控制技术，但姑且不论真假，这不能成为工厂在水俣病问题上免责的理由。后面部分主要分析了工厂不仅不重视对水俣病的调查，反而有意阻碍、混淆外部人员的调查工作，特别是针对来自熊本大学的研究。该书的问世在很大程度上使得企业过失罪的观点更加有说服力。

如果能在日本既有的司法解释中找到富坚贞夫所主张的"范式转移"的案例，过失罪的罪名便可以确立。但富坚贞夫最初不能为自己的理论找到司法先例。后来，他在浏览一些关于禁止原子武器在大气层实验的争论的文献时，突然意识到一个案例。一些科学家和美国政府曾认为，低水平的大气放射性污染不会对人体健康产生明显危害。鉴于 1945 年广岛和长崎原子弹爆炸的事件以及 1954 年的"福龙号事件"①，日本的科学家和普通民众对此观点非常在意。当时该问题的解决方式和 1959 年水俣病的解决方式类似。美国政府给该事件中去世的一名船员的亲属支付同情费 100 万日元，给日本政府支付 200 万日元用于弥补这次及相关事件中的损失，但没有承担责任。

日本著名的理论物理学家武谷三男曾认为，一个人长期暴

---

① 日本福龙号渔船被检测出含有放射性物质，这些物质是由美国在比基尼岛环礁进行氢弹实验时所排放。

露在低水平的大气辐射下，其影响是不可知的，不能否认其危险性。只要没有证据证明其是危险的，类似的实验便可以进行。后来，武谷三男则坚持认为，如果没有证据证明其是安全的，则类似的实验就不可以开展。接触到这样的一些争论，富坚贞夫意识到，一个相似的逻辑完全可以用在水俣病案例中。在《公司责任》一书中，他力图给予该逻辑以法律基础。他认为，只有这样一种过失罪，不仅可以追究公司的责任，并让其赔偿，而且可以为将来保护日本公民及其环境创造先例。

在水俣病研究小组的共同努力下，辩护团改变了斗争策略，将不可预见性的对象由此前拘泥于具体的原因物质改为工厂排水。之所以如此更改，是因为诉讼发生之前，工厂就因为其排水问题而造成附近渔民受损，根据渔民和工厂达成的相关协议，工厂对渔民进行过相关补偿。因此，即便工厂方面不清楚所排废水中含有何种有毒有害物质，但排放废水的行为本身对渔业和人体健康带来的可能损害是可以预见的。但是，氮肥工厂对此未采取任何相应的预防手段，由此导致周边渔民受到经济和身体两方面的伤害。因此，从理论上推断，氮肥工厂在水俣病事件中负有责任。

最初，律师们对法官能否接受过失罪心存疑虑。1970年3月12日至13日，最高法院就一系列污染事件在东京召开会议。3月20日，从最高法院传来消息，法庭将会采纳有关企业过失方面的证据。这为律师们援引富坚贞夫所提出的企业过失罪开启了方便之门。但作为一起诉讼，仅靠理论推断是无法说服法官和被告的，还需要足够的证据。为此，辩护团做了两件主要工作。

首先，辩护团邀请法庭法官亲自来到水俣，使其可以亲眼看见患者及其家庭的惨状。1971年1月，三名法官在辩护团的陪同下来到水俣，亲眼看见了一名17岁的水俣病女患者的情况。该患者双目失明，没有意识，从发病到现在全身几乎没有发育，就像个六七岁的孩子。她的手弯曲到肩头，两条如柴的细腿交错在一起。这样的一种形象横卧在床上，很难想象她是一名17岁的姑娘。亲眼看见此惨状的三名法官脸色骤变，身体僵直，一直站到离开。毫无疑问，法官都被水俣病的惨状所深深震撼。这在很大程度上推动着诉讼朝向有利于原告的方向发展。

其次，寻找熟知氮肥厂实际情况的证人，使其可以证明工厂将企业利益置于人的生命之上。起初，辩护团将寻找证人的方向放在了工厂内部职工和周边居民身上，但无果而终。如果企业职工出庭作证，则会被工厂解雇。所以，工厂职工不能作证。如果居民出庭作证，水俣病对策市民委员会给予的答复是这些居民在水俣也无法长期生活下去。所以，周围居民也不能作证。在这样的情况下，辩护团选择了"敌性证人的主询问"方式。这是一种将被告中的某些人作为己方证人的举证方式，在通常情况下，这种举证方式不仅得不到对自己有利的证言，反而会招致对自己十分不利的言论，是一种迫不得已的举证方式。但后来的事实证明，该举证方式收到了奇效。在该举证方式中，辩护团除了尽全力搜集有关水俣氮肥厂的文字证据，还最终将氮肥公司水俣氮肥厂厂长西田荣一以及原总经理吉冈喜一等三人作为己方证人。为了让三名敌性证人做出有利于原告的证言，辩护团经过了多次事前协商，就每一个询问都设想了四种回答内容，然后就每一种回答内容再设定四种询问，接下来就每个询问再设计四种回答的问询方式。在进行了充分的前期准备后，1971年3月初，辩护团以水俣受害渔民向工厂提出的补偿要求以及后者的答复书、熊本县公布的水产试验场的调查报告等为根据，向西田荣一等敌性证人开始进行正式问询。面对辩护团的步步追问，西田荣一等证人终于承认生产乙醛时产生的含甲基汞的废水导致了水俣病的事实，后来又承认，早在1954年左右，他们便知道工厂废水和渔业受到伤害之间存在因果关系，但没有进行针对性的调查。这表明工厂方面其实早已知道其排水行为给附近海域造成了污染。诉讼工作向前推进了一大步。在此基础上，辩护团就汞的使用方法、使用量、废水排放口的变更、工厂生产过程的生成物和衍生物等问题，继续和西田荣一等证人求证。聆讯持续到1972年1月，前后大约一年时间。在这段时间里，双方进行了20次聆讯，最终结果是有关水俣病的许多重大事实浮出水面。如1971年5月，西田荣一承认氮肥公司水俣氮肥厂在生产过程中能够预测生成何种物质以及该生成物质的危险性，但选择了将公司利益置于人民健康之上的应对策略，西田荣一承认这样的工作状态是危险的，他们应及早关注汞的问题；氮肥公司明明知道水俣病发生的原因但有意掩盖事实真相，在明知爆炸论站不住脚的情况下，他们仍极力鼓吹炸药是水俣病致病因的观点；在水俣病受到广泛关注的情况下，工厂最关心的不是病人的健康和渔民的损失，而是像工厂经理吉冈喜一关心的如何在千叶县快速地推进向石油化学工业转换等的事业；1968年5月氮肥公司在关闭乙醛工厂前，将含有甲基汞化合物的废水直接排放的事实也得以大白于天下。伴随着氮肥公司水俣氮肥厂对上述事实的逐一认可，诉讼胜利的天平越来越倾向于水俣病原告。不可否认，鉴于日本法律会对那些承认错误、表露悔意的犯罪主体从轻量刑，所以工厂的这种坦白有斗争策略层面的考虑，在确定无法翻盘的前提下，希望可以借此减轻赔偿负担。

对工厂而言，最重要也是最危险、最戏剧性的证据来自工厂内部。1970年7月4日，熊本地方法院审判长、原告和被告代表来到东京财团法人癌症研究会附属医院，向病床上的细川医生进行了询问。细川医生给予了积极配合，讲述了自己用猫做实验的一系列情况，包括1959年的猫400#——猫体内的汞含量达到或者超过400ppm便会得水俣病。他由此认为工厂排放的含汞废水导致了水俣病。更重要的信息是，工厂管理层知道这种情况。细川出庭作证3个月后，因为肺癌去世，享年69岁。1970年8月，工厂被迫提交1957—1962年期间用大约1000只猫做实验的文献。虽然工厂在法庭上对细川医生的证词表示不服，竭力驳斥该观点。但是，1972年6月，细川医生的同事也站出来表态，并向法庭透露了公司管理层曾在1959年秋天命令细川停止实验的事实，以此来公开支持细川医生。

更有力的证据出现在1972年4月。当时一位曾在公司研究部门工作的员工爆料说，1962年3月在报纸报道熊本大学的调研结论之前，公司研究人员已经证实在生产过程中发现了甲基汞。1972年6月26日，前经理寺本广坂被法庭传唤。他在法庭上就1959年慰问金协议谈了自己的看法，认为工厂在不清楚事实的情况下让双方达成了和解，并当庭表示这件事处理得很不到位。

虽然总体上氮肥公司水俣氮肥厂在法庭上不想隐瞒什么，

但他们仍不愿泄露究竟排放了多少剂量的汞。后在熊本县政府的压力下，工厂陆续公布了这方面的数据。1972年8月3日，工厂方面承认在1945—1968年期间，使用了856.8立方吨的汞；1941—1970年期间，工厂在生产乙烯基氯化物时使用了132.2吨的汞。对于这些数据，法庭表示将会着手调查。迫于法庭的压力，9月22日，公司方面又向法庭提交了不同的数据。1932—1968年期间，在生产456352吨乙醛时，使用了1185吨的汞，排放到海水中的汞达81.3吨。1941—1971年期间，在制造509725吨乙烯基氯化物时，又使用了132吨汞，排放了212.2公斤。1973年7月，通产省估计公司消耗的汞的总量约为224.4吨，而其他部门的估计则高达600吨。①

在辩护团为水俣病受害者不停奔波、搜集各种证据的同时，日本多地还开展了各种支援水俣病病人的活动。比如，熊本水俣病研究小组给原告提供了重要的财力支持。1969年10月，福冈和北九州等城市出现了"水俣病讨论小组"。1970年6月28日在东京大学成立东京水俣病诉讼协会。1970年7月3日，该协会一行10人，身穿朝圣的长袍，从水俣氮肥厂的东京总部出发，开始游行募捐。他们乘火车在数座城市间穿梭，将募捐到的653144日元捐赠给水俣病病人。7月11日，他们向水俣市政府请愿，请求对当地的所有居民进行医学诊断。成立于1971年1月的县民会议医师团也同样在积极工作。他们在水俣当地进行了大范围的巡回体检，至少发现有200多人都患了水俣病，但这被怀疑是冰山之一角。体检之后的事实在水俣市民中产生了巨

---

① Timothy S. George. *Minamata Pollution and the Struggle for Democracy in Postwar Japan.* Harvard University Asia Center，2001:246.

大反响。因为许多人最初认为水俣病是发生在零散渔民等底层
人们之间的疾病，但体检之后发现事实并非如此，水俣氮肥厂
的从业人员之间也有水俣病患者。甚至在那些曾口口声声强调
"没有氮肥公司就没有水俣"的人群中也出现了水俣病患者。这
使得氮肥公司在水俣当地的支配地位出现动摇，自然在很大程
度上有利于原告取得诉讼胜利。

　　法庭内外的压力，公众对水俣病人的支持，尤其是1971年
9月29日新潟水俣病人在法庭上的胜诉，这一切都预示着熊本
水俣病人也会取得最终的胜诉。在新潟水俣病案例中，逝者和
先天性患者获赔1000万日元，生者根据病情轻重获赔100万至
1000万日元不等，身体内含有一定剂量汞的患者获赔40万日
元，那些被建议流产的妇女获赔30万日元。由于水俣病首先在
熊本县水俣市发现，所以在新潟水俣病的审判中法庭采纳了过
失罪的罪名，而这在很大程度上推动了熊本水俣病的审判进程。

　　1973年3月20日，熊本地方法院就水俣病第一次诉讼做出
终审判决。首先，判决认定，"一般而言，化学工厂主要是利用
化学反应的过程从事各种生产，由于在其过程中，原料和触媒
大量、多种使用危险物质，在工厂排放的废水中，极有可能混
入了未反应原料、触媒、中间生成物、最终生成物等及其他预
想不到的危险的副反应生成物，假如废水中混入这些危险物质，
并将其不加任何处理地排放到河川和海洋中，就会很容易预想
到它会对动植物和人体造成危害"。因此，工厂在排放废水时，
"经常使用最有效的技术"来确保废水不对周边环境带来伤害，
当这种安全性无法保证时，工厂"有义务采取包括停止生产等
必要的、最大限度的预防措施，特别是对区域居民的生命健康

的危害负有防止于未然的高度注意义务"。①但事实上，氮肥公司并未履行其应承担的义务，反而将废水持续排向水俣湾和八代海。因此，法院判决氮肥公司水俣氮肥厂在水俣病问题上负有过失罪，理应担责。其次，就氮肥公司水俣氮肥厂此前和当地受害者签署的慰问金协议，判决认为，水俣氮肥厂借受害人生活困难和无知之际，以支付极端低额的慰问金为条件，迫使受害者放弃所有赔偿要求的行为违反了公序良俗，因此裁定其非法无效。在此基础上，法院支持原告辩护团所提赔偿请求，不仅全额认定了死者和失去意识患者的1800万日元的赔偿额、有意识但卧床不起患者的1700万日元的赔偿额、患者家属的1600万日元的赔偿额，而且也全额认定了近亲者的赔偿额，折合总计93730万日元。这是当时法庭开出的最大一笔赔偿费。②氮肥公司表示服从法院的上述判决，因此判决生效。至此，熊本水俣病问题以水俣病人的法庭胜诉告一段落。对病人而言，胜诉意味着精神上的胜利；对工厂而言，败诉意味着要为水俣病承担法律责任。

鉴于富山县的痛痛病患者在法庭胜诉后与三井冶金公司就赔偿事宜直接谈判，新潟病人和昭和电工厂也在庭审结束后直接谈判。所以，1973年3月22日早上，工厂和水俣病人就赔偿问题进行的直接谈判便在公司总部开始。由于病人已经胜诉，所以双方谈判的氛围较之以前有了很大不同。工厂方面做了如下表态：鉴于工厂不会就1973年3月20日熊本地方法院的裁决

---

① 日本律师协会.日本环境诉讼典型案例与评析[M].中国政法大学出版社，2011：79.

② Timothy S. George. *Minamata Pollution and the Struggle for Democracy in Postwar Japan.* Harvard University Asia Center，2001:249.

提出上诉，所以，以法庭判决为基础，我们承担所有的责任。因此，我们将会真心实意地为和水俣病相关的所有事情尽我们最大能力的赔偿。工厂负责人岛田也向病人诚恳道歉。1973年7月9日，水俣氮肥厂和水俣病受害者群体达成赔偿协定，向受害者支付赔偿金。按照病情，工厂为病人分别一次性赔付1600万日元、1700万日元和1800万日元；为水俣病人支付每月的生活费用分别是2万、3万、6万日元。此外，工厂方面还同意支付医疗费，建立3亿日元的康复基金，用于为病人购买尿布以及支付针灸等方面的花费。①同时，政府以四日市公害诉讼判决为契机，将水俣病列为1973年颁布的《公害健康被害补偿法》的补偿对象。

至此，熊本水俣病公害第一次民事诉讼落下帷幕。伴随着这次水俣病诉讼判决的生效，"只要企业造成公害就有责任"的原则在日本得以确立，这对此后公害的防止和治理大有裨益。对企业而言，如何在生产过程中有效地防止公害发生成为一项重要课题。

2. 第二次民事诉讼

在熊本水俣病第一次民事诉讼中，氮肥公司作为最早的被告出现在庭审现场。公司在法律上最终承担了水俣病事件的责任，但地方政府和中央政府并未担责。这是因为受害者最初认为排放污染物的工厂是直接责任人，当然要追究其赔偿的责任。但随着工厂方面赔偿能力的逐渐减弱，受害者在追究责任、索取赔偿的问题上也逐渐改变了看法。人们认为国家对工厂的经营活动有管理权，放任工厂的排污行为是国家的失职，因此国

---

① 日本科学者会議編.環境問題資料集成・第8巻.旬報社，2003：30–31.

家理应对污染造成的损害承担相应的赔偿责任。据此，水俣病受害者在前期要求工厂承担赔偿责任的同时，也开始要求国家承担相应的赔偿责任。这便是1980年5月发生的熊本水俣病第二次民事诉讼。依据日本《国家赔偿法》第一条之规定，"负责行使国家或地方政府公权力的公务员，在执行职务中，因故意或过失违法，并由此对他人造成损害时，国家或地方政府负赔偿责任"。据此，原告认为，国家及熊本县地方政府在已经确认水俣病的致病原因系水俣氮肥厂排放含有有机汞的污水所致的情况下，仍未采取得力措施制止污染的再次发生，存在过失违法，在水俣病问题上负有间接责任，理应给予受害人相应的赔偿。

法院经审理认为，作为被告的国家和熊本县政府在水俣病问题上负有责任，按照《国家赔偿法》第一条之规定，判决由国家和熊本县地方政府向原告支付总额达6700万日元的损害赔偿金。[①]显然，该民事诉讼原告胜诉。

水俣病受害者同水俣病的斗争并没有随着民事诉讼的胜利而停止，此后又先后发生了第二种水俣病诉讼即行政诉讼和第三种水俣病诉讼即刑事诉讼。

（二）公害行政诉讼

第二种熊本水俣病公害诉讼即行政诉讼，旨在追究国家或者地方自治体在与水俣病相关的行政行为上存在违法行为，特别是政府部门在审查认定水俣病时效率偏低等消极行为，这些

---

① 赵新华.日本水俣病诉讼概观[J].当代法学，1993（1）.

都属于行政诉讼。环境权理论认为，作为普通公民，有权利享受优美、健康的自然环境。行政机关的不作为或者乱作为导致环境污染，被害者可以以其环境权受到侵害为由请求法院更正政府机关的行政行为。这样的诉讼行为就被称为公害行政诉讼。该种诉讼主要分为两类。第一类是状告政府不作为违法，即对于政府行政机关应该及时但事实上未能及时审查确认水俣病病人所提申请而提起的诉讼。第二类是请求法院驳回处分的撤销，即在行政机关经审查后驳回申请人的申请，水俣病患者请求法院确认该行政机关所做出的驳回处分违法而提起的诉讼。

水俣病行政诉讼主要以熊本县政府为被告，前后持续时间较长，总计发生了三起。第一起主要是状告政府消极作为。按照1969年日本制定的《关于救济公害健康被害特别措施法》的规定，水俣病患者必须经过当地政府专门机构认定后，才可以从加害方即水俣氮肥厂取得赔偿。因此，能否将患者迅速认定为水俣病就成为非常关键的一个环节。据不完全统计，截至1974年12月，向政府提出水俣病认定申请的患者人数已达403人，但政府方面在认定过程中效率不高，存在消极作为的现象。水俣病患者如果不能够及时得到政府认证，可能出现病逝等问题。因此，许多患者及其家属无法容忍政府的懒政，将熊本县告上了法庭，请求法院确认地方政府的不作为属违法行为。法院经过审理后于1976年12月做出判决，认定原告胜诉。在这一基础上，患者将国家和熊本县地方政府再次告上法庭，请求给予因为未能及时得到认证而产生的损害赔偿。这成为第二起状告政府的诉讼。法院经过审理后同样判决原告胜诉，但将原告所提的赔偿费从2万日元降至5000日元。第三起状告政府的诉讼发生在1978年11月。当时，向政府提出水俣病认定申请的患者因其申请被驳回而选择向法院起诉，要求熊本县政府撤销其所做的驳回处分。熊本地方法院受理此案，并在1986年3月做出原告胜诉的判决，认定政府在水俣病的认定标准、做出驳回处分的程序等方面存在违法行为，应该撤销所做出的驳回处分。被告熊本县政府对此不服，提出上诉，直到2004年最高法院做出终审判决，维持一审判决，认定熊本县政府的行为违法。

政府在败诉的情况下，不得不加快了处理水俣病患者申请的进度。截至1991年，除水俣市没有被政府确认为水俣病患者但自己认为可能是水俣病患者进而要求补偿的大约有2000人以外，政府已经累计确认水俣病患者2248人（其中亡故1004人），水俣氮肥厂累计支付补偿金约908亿日元。[①]此外，政府也加快了环境行政和环境立法工作的进展。在环境行政方面，继1971年7月组建重点负责公害以及相关环境问题的环境厅后，1972年设立"公害等调整委员会"，1973年成立"水俣湾等堆积污泥处理技术检讨委员会"及"水俣港计划委员会"，由政府牵头考虑水俣湾污染的治理问题。在环境立法方面，继1969年制定《关于救济公害健康被害特别措施法》之后，1970年制定《公害纠纷处理法》《关于与人身健康有关的公害犯罪处罚的法律》、1973年制定《公害健康被害补偿法》等多部环境公害法律。

（三）公害刑事诉讼

第三种水俣病诉讼旨在追究氮肥公司领导层的责任，属于

---

① 地球環境経済研究会編著.日本の公害経験：環境に配慮しない経済の不経済.合同出版，1991：38.

刑事诉讼。1975年1月，水俣病患者及其遗属三人以杀人罪、伤害罪的罪名向熊本县警察署检举日本氮肥公司领导人，揭开了水俣病刑事诉讼的序幕。同年3月，水俣病患者及其遗属100多人再次以杀人罪、伤害罪的罪名向警察署检举日本氮肥公司全体负责人。熊本地方检察厅立案调查后，对在1958—1960年间担任日本氮肥公司经理及水俣氮肥厂厂长的负责人吉冈喜一和西田荣一，以业务上过失致人死伤罪（致死六人、致伤一人），于次年5月向法院提起诉讼。熊本地方法院经过审理后，于1979年3月23日对原氮肥公司经理吉冈喜一（时年77岁）和原水俣氮肥厂厂长西田荣一（时年69岁）进行公开审判，认定水俣病属于因企业活动引起的公害犯罪，应该追究公司领导层的法律责任。因此，法院判决两名被告在水俣病问题上犯有过失致死罪。鉴于两名被告人年事已高等实际情况，决定判处有期徒刑二年，缓期三年执行。一审判决做出后，两名被告表示不服，提起上诉。1982年7月，福冈高级法院进行了二审，决定维持一审原判，裁定被告有罪。被告对二审的结果依然不服，遂再次提出上诉。1988年3月，最高法院经过审理后做出判决，维持一审和二审判决，认定被告人有罪，执行判决。

## 六、 米糠油事件的尘埃落定

1968年，日本九州岛福冈县一家粮食加工公司在生产食用油的过程中，为了脱臭的需要而使用了多氯联苯，结果不慎将其混入食用油中。该公司在得知食用油被污染后依旧选择将其精炼后售卖，结果给福冈县等地的家禽和居民带来严重伤害。2

月，西日本各地的40余万只家禽出现产蛋量异常下降和异常死亡的情况。3月，许多浑身长着粉刺状痘痘的皮肤病患者也出现在西日本各地。由于被污染的米糠油被销往日本多地，最终导致日本20多个都道府县都出现了家禽和居民中毒的现象，米糠油事件由此发生。它给当时的日本社会带来重大冲击，引起了人们的高度关注。

事件发生后不久，地方政府和中央政府相关部门便展开了调查处理工作。米糠油事件的真相很快得以查明，造成的危害也因及时叫停售卖米糠油而得到消除。米糠油事件的受害者，受水俣病、痛痛病等公害诉讼的影响，也选择了将企业和政府诉至法院的方式来表达自己的合理诉求，维护自己的正当权益。

## （一） 政府处置

### 1. 禁用、禁售米糠油

1968年，日本多地先后发生家禽和人中毒事件。面对这样的公共安全事件，福冈县农政部以及农林水产省等地方和中央政府的职责部门对此事件进行了全面调查，并采取了相应的解决措施。

1968年6月14日，农林水产省家畜卫生试验场向福冈肥料饲料检查站提交了西日本各地出现的家禽异常问题的鉴定书，认为该事件实为油脂本身变质引起的中毒。这是米糠油事件中最早的调查结论，但当时尚未就造成米糠油污染的物质做出明确结论。10月11日，福冈县卫生部向九州大学医院派遣工作人员，北九州市卫生局的工作人员也在当天进入米糠油的生产车间，采集样本进行分析。11月4日，九州大学油症研究小组最终确定福冈县粮食加工公司生产销售的米糠油含有有机氯化合物。至此，米糠油事件的原因彻底查明，系PCB（多氯联苯）污染米糠油所致。从米糠油事件发生到政府彻底查明原因，大约耗时8个月。虽然该事件对日本社会的影响很大，但由于该事件本身的因果关系相对较为清晰，居民对中毒原因有基本的判断，所以相比此前水俣病等公害病的病因调查，米糠油事件的调查速度非常快，调查结论也没有引起企业和居民等方面的非议。

在调查起因的过程中，面对市场上售卖的米糠油，政府以各种形式通知福冈县居民，明确禁止使用该仓库出售的米糠油，后随着事件的发酵而将米糠油的禁用范围扩大到九州和本州岛的山口县等地。在提醒居民不再使用米糠油的同时，1968年8月，日本厚生省食品卫生科向相关部门发出回收精制油的通知，希望通过这样的方式遏制米糠油事件的蔓延。在前期工作的基础上，为了从根本上解决米糠油事件，同年10月15日，厚生省指示大阪府以西各府县停止销售米糠油，并向其报告患者情况。1969年6月，北九州市向厚生省报告了回收油提炼后的销售对象和数量方面的情况。1969年11月，粮食加工公司在向北九州市的汇报中，声称销售了500余桶废油。

从最初的禁用发展到后来的回收和禁售，政府在应对米糠油事件中的措施越来越严厉，在民众和涉事企业的配合下，取得了较为满意的效果。

2. 回收多氯联苯

1968年，政府在米糠油事件中围绕米糠油采取了许多针对性的措施，收到了较好的效果。然而，对于造成米糠油污染的多氯联苯物质，政府显然还没采取有力措施，造成食物等污染的可能性依然存在。多氯联苯造成的污染也逐渐引起了环境科学家的关注。1971年，《产科和妇科》杂志刊登了米糠油中毒患者症状的文章，认为PCB中毒和女性性功能障碍存在密切关系。因此，考虑到多氯联苯潜在的危害，1972年，通产省下达行政命令，开始回收PCB，希望从源头上制止污染，防止公害的发生。

（二）公害诉讼

伴随着被污染的米糠油不断销往各地，日本福冈县、长崎县、广岛县、高知县、大阪府、兵库县、爱知县等地均出现了受害者。他们组建油症受害者协会，以各种方式敦促企业和政府尽快查明病因，争取赔偿。例如，1968年10月，米糠油事件的受害者就曾向福冈县大牟田保健所进行投诉，诉说当地接连发生怪病，并向其提供了正在使用的米糠油以便进行监测。

1968年年底，米糠油事件水落石出，系家禽和居民食用了被多氯联苯污染的米糠油所致。因此，在该事件中，承担市场监管责任的政府、负责生产售卖米糠油的粮食加工公司和制造多氯联苯的钟渊化工厂均需负担一定的责任。1970年，米糠油事件中的受害者将制造米糠油的粮食加工公司、制造多氯联苯的钟渊化工厂以及国家告上法庭，请求民事赔偿。在诉讼期间，纸野柳藏、纸野小江等受害者为了争取尽快获得赔偿，于1972年9月开始无限期静坐示威。

在民众的压力下，福冈县地方法院经过审理，于1977年10月5日公布一审判决，被告胜诉。不服判决的受害者选择上诉，在二审中，800多名受害者获得了27亿日元的赔偿金。除了民事诉讼，米糠油事件中的受害者还向法庭提起刑事诉讼。1970年3月24日，加藤三之辅社长和工厂长涉嫌业务过失罪被福冈地方检察院小仓支部进行了刑事审判，社长被判无罪，但工厂长被判一年零六个月的有期徒刑。

至此，伴随着民事诉讼和刑事诉讼的结束，20世纪70年代后期，米糠油事件落下帷幕。虽然该事件从发生到最终结束仅仅持续了近10年时间，远不及持续半个世纪左右的水俣病、痛痛病、哮喘病等环境公害问题和持续近百年的足尾矿毒事件，但米糠油事件作为一起突发的、严重的食物中毒事件，在日本社会引起的震惊并不逊色于其他环境公害问题。

从20世纪60年代末70年代初开始，在受害居民多次掀起的反公害请愿运动的压力下，在国际环境保护氛围日趋浓厚的国际背景下，日本的地方政府、中央政府、企业以及社会各界对环境公害问题的重视程度开始加强，并且采取诸多措施来解决困扰日本社会多年的水污染、大气污染、固体废弃物污染问题。在这一过程中，足尾矿毒事件、熊本县水俣病事件和新潟县水俣病事件、四日市哮喘病事件、富山县痛痛病事件、爱知县米糠油事件等五大环境公害事件作为曾经的日本百年工业文明时代的典型反面素材，也先后得到解决。不仅生态环境得到改善，而且受害居民获得赔偿。足尾矿毒事件中的受害者以和足尾矿业直接谈判的方式最终和其达成妥协，矿山也于1973年实现关停。其余四起环境公害事件，除了米糠油事件因为线索清楚、对生态环境并未带来明显影响而相对容易解决，另外的水俣病、哮喘病和痛痛病公害事件对生态环境的破坏较大，对周边居民的伤害很深，但由于企业的百般抵赖和政府的消极作为使解决难度加大、解决时间漫长，公害受害者不得不选择法律诉讼的解决方式。所幸，在律师、医生、社会活动家的积极努力下，公害诉讼以原告的全面胜利而结束，法律维护了正义，保护了弱势者的权益。诉讼概况见表4-23"典型环境公害诉讼概况"。在诉讼中，原告一方克服重重困难，费尽千辛万苦，终于使法庭确认了企业和受害者二者之间的因果关系，这在环境公害诉讼领域是一种重大突破。因为传统的因果关系判定非常强调事实性条件关系，注重客观性。但环境公害诉讼案件中，因果关系极难判定。"如果要求这样一种程度的加害行为与损害发生之间的因果关系的严密的科学证明，不仅受害者会被课以近乎于不可能的证明义务，而且也是在要求法院作没有穷尽的科学审判，其结果就很难发挥救济受害的作用"。①同时，这些公害诉讼的判决也使无过失责任的原则得到确立和承认，即只要企业造成环境公害，就要承担相应的责任，即便企业此前已经安装了防止公害设施。这对众多的企业而言，真正做好公害防止工作成为一项重大课题。对公害受害者而言，公害诉讼的最终胜诉，对自身声誉是一种莫大的安慰。通过诉讼而争取到数额不等的赔偿金，对公害受害群体中的幸存者而言同样是一种安慰。环境公害诉讼的胜利还可以激励更多的受害者通过法律途径获取赔偿，并激发更多的民众关心公害、关注环境问题。除了上述各方面的国内影响，公害诉讼的全面胜利在国际上也引起了

① ［日］原田尚彦．环境法［M］．于敏，译．法律出版社，1999：27．

一定的反响。经济合作与发展组织就曾在《日本的经验——环境政策成功了吗?》的报告中认为,"开发选址问题对所有国家都很重要,但是对日本却显得特别重要。日本缺乏平地,工业化速度高,经济增长的情况与众不同,再加上随着反公害认识的提高而增长的反企业态度,这些问题交织在一起,就使开发选址问题特别突出。经济合作与发展组织的一些成员国,或迟或早必定要遇到一些难题,在日本已经不能不加以处理了。日本在这个领域里的经验之所以对于其他国家特别有意义,原因就在于此"。[①]

总之,经过30余年的努力,日本完成了从"公害大国"到"公害治理先进国"的转变,整个日本的公害问题得到明显纠正,环境面貌焕然一新,公害受害者得到不同程度赔偿。

表4-23　典型环境公害诉讼概况

| 名称 | 时间(前为提起诉讼时间,后为判决时间) | 案情要点 | 结果 |
|---|---|---|---|
| 新潟水俣病 | 1967.6.12—1971.9.29 | 废水污染了鱼类,引起有机汞中毒 | 被告昭和电工败诉 |
| 四日市哮喘病 | 1967.9.1—1972.7.24 | 废气引发呼吸系统疾病 | 被告三菱油化、中部电力等公司败诉 |
| 富山县痛痛病 | 1968.3.9—1971.6.30(一审)1972.8.9(二审) | 废水引起的镉中毒 | 被告三井金属矿业股份公司神冈矿业败诉 |
| 熊本水俣病 | 1969.6.14—1973.3.20 | 废水污染了鱼类,引起有机汞中毒 | 被告氮肥股份公司水俣氮肥厂败诉 |

---

① 康树华.环境保护中的企业责任——从日本的四大公害案件判决谈起[J].社会科学,1982(10).

# 第五章

## 百年之痛的治理经验

　　从明治政府成立到成为资本主义世界第二经济大国的百年时间里，日本国内先后出现的矿毒公害、水俣病等多起环境公害事件，对附近居民的生产生活乃至生命安全带来重大影响。深受其害的民众率先行动，吹响了反击环境公害的号角。在这一过程中，他们多次联合起来向企业和政府请愿，展现出不屈不挠的斗争意志。在效果不明显的情况下，他们在医生、律师等社会各界的帮助下选择了法律诉讼之路。奠定日本环境诉讼基础的"公害诉讼"由此发生。各地裁判所经过严格审理，最终判决原告胜诉。这种局面极大地推动了日本的环境革命，堪称具有划时代的历史意义。这样的形势逼迫政府和企业也开始正视国内的环境问题，并采取了包括立法、资金、技术、政策等在内的各种治理措施。在社会各界的广泛参与下，在《公害对策基本法》《大气污染防止法》《水污染防止法》《环境基本法》等各种法律法规的强力约束下，在不达目的决不罢休的精神鼓舞下，水污染、大气污染、固体废弃物污染等各种严重的环境公害问题逐步得以解决，各种环境公害中受害者的赔偿问题也通过诉讼的方式得到较为圆满的解决。日本之所以能从"公害大国"实现到"公害治理先进国"的转变，离不开社会各界的广泛参与和积极配合，特别是受害居民长期不懈的斗争。在某种意义上，正是受害居民坚持不懈的努力，才有了环境公害的圆满解决。当然，政府颁布实施的各种防止公害的法律法规也为包括固体废弃物在内的各种公害问题的解决提供了法理依据和标准。日本百年之痛的治理经验值得世人借鉴吸收。

## 第一节　全员参与 各尽其责

日本百年环境公害仅用了30年左右的时间便最终解决。通过梳理环境公害的事实和治理举措，我们不难发现，环境公害的成功治理是多方面因素的结果。既有受害民众的率先抗争，也有地方政府和中央政府的积极作为，更离不开转变经营理念的企业的参与。全员参与、各尽其责是最重要的经验。

作为水污染、大气污染等各种环境公害问题的受害者，他们的率先抗争是日本百年之痛得以解决的关键因素。正是他们的积极推动，才拉开了解决百年之痛的序幕，尤其是足尾矿毒公害中渡良濑川沿岸的居民、富山县痛痛病公害中神通川沿岸的居民、熊本县水俣湾和八代海附近居民、新潟县阿贺野川沿岸居民、三重县四日市联合企业附近居民。这些居民被当地恶劣的生态环境所震惊、所折磨。渔民不能继续像往常一样下海捕捞，农民不能像往常一样下地插秧，糟糕的生态环境打乱了他们正常的生活和生产秩序，甚至威胁到他们的生存。在此情况下，环境公害中的受害者选择了奋起抗争，通过请愿等方式向涉事企业传达自己的合理诉求，主张自己的正当权益。除了向企业请愿，受害者还会向地方政府乃至中央政府请愿。足尾矿毒公害中的受害者便曾向足尾矿山以及枥木县和东京中央政府请愿，熊本水俣病中的受害者也曾向水俣氮肥厂、熊本县政府和东京中央政府请愿。当请愿未能达到自己的目的时，受害者一般会选择再次请愿、多次请愿。也就是说，公害受害者虽然深受生态环境污染之苦，但他们通常能将自己的行为控制在一定的范围之内。当然，多次请愿仍然无果，涉事企业态度傲慢，相应的政府部门消极作为，这些因素叠加在一起，往往会引起受害者的暴力行为。比如熊本水俣病公害事件中出现的"渔民暴动"就是典型例子。1959 年 11 月，代表熊本县渔民利益的熊本渔业合作联盟在和工厂以及政府多次协商之后，在对结果仍然不满意的情况下，选择了暴力抗争。他们冲进工厂，和对方发生了严重肢体冲突。不过，渔民通过暴力方式争取到了一定的成果，但并未让问题得到根本解决。渔民的补偿问题仍然悬而未决，水俣湾和八代海的环境治理工作更是迟迟未能开展。上述问题的根本解决，在更大程度上是通过法律诉讼而非受害居民请愿的方式完成的。

一般而言，居民的多次奋起抗争往往能产生一定的效果。就环境公害的治理而言，在受害居民的多次请愿、静坐等抗争下，地方政府和中央政府通常会做出一定程度的妥协，从政府立场采取一定的环境治理措施，以此满足受害居民的愿望，达到平息社会动荡的目的。在公害问题不断发酵、日益严重的情况下，地方政府和中央政府最终选择积极作为，通过立法等方式解决环境公害。在足尾矿毒公害事件中，面对渡良濑川居民多次掀起的要求关停矿山、给予赔偿的请愿，政府在很长一段时间里并未给予正面回应，而是要求足尾矿山修建蓄水池用于存放工厂废水，这样的措施显然治标不治本，但它终究是政府的行政命令。大约从20世纪60年代末期70年代初开始，伴随着经济增长而兴起的重化学工业、汽车的普及和城市化，不仅造成日本土地价格暴涨引发住房、上学、就医等方面的困难，而且造成环境污染。1970年，反对发展的"见鬼去吧！GNP"成为当时最流行的语言。在关于是否赞成经济高速发展的舆论调查中，1969年赞成和反对的比例依次为43%、19%。1970年，上述数据分别变为33%、45%。与这种民意相呼应，人们对内阁的支持率下降到20%左右。[①]在这样的气氛中，1973年2月，政府下令关停足尾矿山。至此，政府在足尾矿毒公害事件中终于尽职尽责了。这种情形在二战后出现的公害病问题上表现更明显。无论是痛痛病、水俣病，还是哮喘病，地方政府和中央政府最初的态度都是回避受害居民的合理诉求，不愿公开承认医生和科研工作人员在公害病问题上的研究成果。从20世纪60年代末期开始，政府终于正视各种环境公害问题，进而积极采取各项治理措施。中央政府不仅增加了环境公害治理方面的资金投入，开展多种形式的环境教育和科学研究工作，于1971年组建专门处理环境公害问题的环境厅，更重要的是颁布了一系列环境法规，如1967年的《公害对策基本法》、1968年的《大

---

① ［日］南川秀树.日本环境问题：改善与经验[M].社会科学文献出版社，2017：42.

气污染防止法》、1970年的《水污染防止法》和1986年的《空气污染控制法》等。与此同时，中央政府还积极参与国际上有关环境议题的各种活动，以日本环境厅为首的代表团参加了1972年6月5日至16日在瑞典斯德哥尔摩召开的联合国第一次人类环境会议，后提议成立"世界环境与发展委员会"，即以挪威原首相布伦特兰夫人为委员长的布伦特兰委员会。地方政府则通过和企业签署公害防止协议、颁布各种环境条例、加强环境监测等方式来防止公害、治理环境。在政府的宏观统筹下，日本环境公害问题逐渐得到解决。虽然在20世纪60年代末70年代初之前，日本政府在环境公害的治理方面总体表现得不尽如人意，但此后的一系列行为，却是日本百年之痛之所以解决的重要一环。因此，政府站在全局的角度，协调各方，统揽全局，在日本环境公害的解决中扮演了领导者的角色。

作为污染源和环境公害的制造者，企业的所作所为直接关系到生态环境的优良与否。从日本步入工业文明时代以来的很长一段时期，日本企业始终强调利润至上，发展至上，以牺牲生态环境甚至居民健康为代价换取经济增长。在这样的经营理念下，日本国内的生态环境不断被破坏，公害病不断发生。第二次世界大战结束之后，日本企业在各方压力下开始采取一些防止公害、治理环境的措施，如工厂运行前进行环境影响评价、和地方政府签署公害防止方面的协议，在运行过程中尽量使用低硫燃料和低硫原料、注重环境监测、实现水资源的循环再利用、发挥排烟脱硫、排烟脱硝以及除尘器等设备的作用，同时增加公害治理资金、研发防止公害和节能环保技术、和相关企业联合建立污水处理厂、实施环境教育等。这种情况在20世纪

60年代以后的钢铁、发电、石油化工、制碱等行业都有明显体现。其中,在企业开展的环境教育方面,作为日本著名的电器制造公司,松下电器有限公司曾专门设立环境总部,开展环境知识学习和环境教育活动。自1982年开始在员工及家属中开展"市民爱地球活动",鼓励员工及家属积极参与地区环境活动,为降低环境负荷而改变原来的生活方式。在企业注重利润和环境保全的新经营理念下,日本国内的水环境、大气环境得到明显改善,各种公害病问题也得到一定程度的解决。在这种意义上,企业在百年之痛的解决中起到了直接作用。

除了受害者、政府和企业三支重要力量,日本百年环境公害的最终解决,还离不开医生、科研工作者、律师、环保非政府组织等各支力量。

正是有了许多有良知的医生和科研工作者的不懈努力,人们才能够认清各种环境公害病的真相。如熊本水俣病事件中的细川医生、富山县痛痛病事件中的荻野升医生、新潟县水俣病事件中的斋藤恒和久保全雄医生以及其他公害事件中的众多医生。尤其是细川医生,作为水俣氮肥厂附属医院的院长,本可以选择和工厂站在一起,本可以选择按时退休,但细川医生选择了良知和敬业,在工厂压力面前,细川医生依然坚持从事自己的猫400#实验,最终得出了让工厂很头疼的"工厂排放的含有机汞废水引发了水俣病"的观点。不仅如此,在生命的晚期,他坚持为熊本水俣病公害诉讼中的原告出庭作证,为原告争取诉讼胜利提供了强有力的证据支撑。这样的职业操守值得人们敬佩。除了医生,科研工作人员同样做出了重要贡献。如对矿毒问题颇有研究的东京帝国大学农科大学(今东京大学农学部)

古在由直和长冈宗好教授、对哮喘病问题颇有研究的三重大学吉田克己教授、对痛痛病问题颇有研究的冈山大学小林纯教授和名古屋私立同朋大学吉冈金市教授、对新潟水俣病颇有研究的新潟大学医学部的椿忠雄和植木幸明教授、对熊本水俣病问题颇有研究的熊本大学医学教授原田正纯、都市工学专家宇井纯、区域经济学专家宫本宪一、环境卫生学专家庄司光以及对米糠油事件做出突出贡献的九州大学医学部的科研人员等。他们扎实的科学研究推动了公害问题的调查工作，也为公害问题的解决贡献了自己的力量。

在医生和科研工作者之外，日本律师在解决公害问题上同样发挥了重要作用。如提出环境权概念的大阪律师仁藤一、池尾隆良，负责为痛痛病病人及家属辩护的近藤忠孝、松波纯一、岛林树和正力喜之助律师，为新潟水俣病病人及家属辩护的坂东克彦律师，为熊本水俣病病人及家属辩护的千场茂胜、山本茂雄和马奈木律师，为四日市哮喘病病人及家属辩护的野吕汎和戒能通孝律师等。为了推动环境诉讼的启动以及最终胜利，各地律师不仅多次亲赴公害发生地，寻找公害受害者，从知识和心理等各个层面鼓励受害者鼓起斗争的勇气，而且组成了"全国公害律师联络会议"。正是有了众多有正义感、学识渊博的律师的奉献和斗争，各种公害问题中的受害者及其家属才能够鼓足勇气和信心，以诉讼方式来维护自己的权益，并能够得偿夙愿，取得诉讼最终胜利。

虽然大部分日本环保非政府组织成立于20世纪70年代之后，人员较少，但在解决日本环境公害以及保全环境的问题上也做出了一定的努力。例如，1974年，日本国内部分企业打算将工厂排放的含铬矿渣作为资源向韩国出口，闻听此事后，一家名为"阻止公害出口之会"的环保非政府组织积极行动，最终成功阻止了这些有害废弃物的出口。2002年，在环保非政府组织"日本自然保护协会"努力下，成立于1992年的敦贺市天然气站因为对居民安全与生活环境造成的影响而于2002年全面停产，原开采地成为该市公用土地。此外，环保非政府组织还开展多种形式的环境教育，如和企业管理层签订污染协议，支持员工和环境专家的培训，促进企业进入环境管理体系，倡导能源节约和资源再利用，以及支持城市政府发布环境宣言和实施更严格的环境保护标准等。

## 第二节　有法可依　执法必严

日本步入工业文明时代以后出现的环境公害问题，除了米糠油事件，大多具有持续时间长、影响范围广、破坏程度大的典型特征。因此，在解决这些环境公害的过程中，自然需要社会各方力量的齐心协力。回顾日本解决环境公害问题的基本措施，受害民众进行了积极抗争，企业加大了环保技术的研发，安装除尘、脱硫、脱硝设施等，签署公害防止协议，政府组建应对环境问题的行政部门、加大环保预算投入、颁布各种法律条例等。在这些具体措施中，法律扮演了最重要的角色，为环境公害的解决起到了决定性作用。无论日本颁布的综合性法律还是专门性法律，首先对人们正确认识公害问题提供了法律依据，比如1967年制定的《公害对策基本法》中就明确了公害的内涵，这就使人们治理的对象明晰化，治理工作方能做到有的放矢。另外，《大气污染防止法》和《水污染防止法》等专门性法律，则明确制定了各种污染物的排放标准和相应的环境标准，从而使得人们对治理的方向和目标明确化。所以，从这种意义上讲，正是得益于不同层面的环境法律对环境公害问题的界定和约束，日本的百年之痛才能够在较短时间内得以解决。

明治时代以来，日本政府通过了多部和环境公害相关的法律法规。如一战前的《污物清扫法》《下水道法》，两次世界大战之间的《矿山安全法》，20世纪50年代的《森林法》《水质保全法》《工厂排水控制标准法》，60年代的《公害对策基本法》《大气污染防止法》，70年代的《水污染防止法》《自然环境保护法》，80年代的《空气污染控制法》，90年代的《环境基本法》，21世纪初的《建设循环型社会基本法》……

这些环境法规大致可以20世纪90年代为界分成两类。20世纪90年代以前，日本政府以《公害对策基本法》为核心，建立起治理环境公害的法律体系。主要包括《大气污染防止法》等污染控制的法律、《特别税措施法》等污染控制法实施方面的法律和《污染健康损害补偿法》等公害救济方面的法律。20世纪90年代以后，随着《公害对策基本法》等法律的多管齐下，日本国内环境公害问题出现明显好转，但城市固体废弃物污染等生活型环境污染日益突出。所以，日本环境法律的立法重点出现转移，从此前的重点解决环境公害问题转向整体性环境保护及全球环境问题，法律的监管对象也从以企业为主转向以日本国民为主。

在20世纪日本政府制定的诸多法律法规中，《公害对策基本法》《大气污染防止法》《水污染防止法》和《空气污染控制法》对治理环境公害起了关键作用；《环境基本法》则对日本实现环境保全、建设循环性社会起了关键作用。

1967年制定的《公害对策基本法》确立了日本国家环境管理的基本原则，被称为日本环境公害治理的母法。该法在1993年《环境基本法》颁布之前一直是日本各级政府解决公害问题的指导性法规。

1968年制定的《大气污染防止法》对煤烟、尘土、有毒物质等制定了相应的排放标准，同时提出了有关硫氧化物排放的K值测量法。后在1974年和1981年对《大气污染防止法》修订的过程中将硫氧化物和氮氧化物的总量控制分别纳入该法。1970年制定的《水污染防止法》就河流、湖泊、沼泽等水域中镉、磷、铅、砷、汞、六价铬、氰化物以及PCB的含量制定了全国统一的最低标准。1986年颁布的《空气污染控制法》则对焚烧生活垃圾的设施做出具体规定，是处理固体废弃物污染的一部重要法律。

90年代初，日本国内的环境公害问题基本得以解决，在这样的形势下，日本政府的立法原则从强调工业发展（努力实现公害对策和经济增长协调等）逐渐转向保护环境优先，提出了降低环境负荷、可持续发展、社会责任、重视预防和加强国际合作等一系列重要理念。《环境基本法》的制定，标志着日本形成了以宪法关于环境保护规定为基础，包括环境污染防治、自然保护、环境纠纷处理及损害救济、环境管理组织等内容的完备的法律法规体系。

总之，日本政府先后通过一系列环境公害治理和环境保护方面的法律法规，立法原则也不断与时俱进，从公害防止型变为环境保全型，从末端治理变为事前预防，形成了一套完整的公害防止和环境保护法律体系。

日本政府不仅制定了细致全面的环境公害和环境保全方面的法律法规，更通过严格执行这些法律法规来达到立法目的。例如，在固体废弃物处理方面，虽然日本各个地区的固体废弃物分类情况不尽相同，但是对于随便丢弃等行为，将会面临非常严厉的处罚。根据《废弃物处理法》的相关规定，如果不按规定对生活垃圾进行分类并做好投放工作，视情节严重，处以5年以下监禁外加1000万日元以下的罚款。在严厉的处罚面前，日本的固体废弃物处置工作进行得非常顺利，在整个世界范围内都处于领先水平。

## 第三节　因势利导　高瞻远瞩

日本步入工业文明时代以来，先后出现了足尾矿毒、富山县痛痛病、熊本水俣病、新潟县水俣病、四日市哮喘病、爱知县米糠油等环境公害事件。除了米糠油事件属于典型的食品污染，其余的环境公害事件或者属于大气污染，或者属于水污染。这些环境公害事件的发生，给人们的生产和生活带来了很大不便，一度影响到附近居民的生命健康。然而，与这些环境公害事件不同，日本的固体废弃物污染虽然也给人们的生活带来了

诸多不便，但在日本国内的影响并不明显，人们并未像在其他
环境公害中那样以请愿、示威等方式来呼吁解决固体废弃物污
染问题，更没有以诉讼方式请求法庭裁决。这主要是因为其他
的环境公害具有明确的污染源和行为主体，但在固体废弃物污
染问题上，每个居民都是污染源，当然，每个居民也是受害者。
这样的特点使在解决固体废弃物污染问题上具有不同于其他环
境公害的解决方式。在矿毒以及其他公害病的解决中，受害民
众发挥了重要的先行作用，迫使政府和企业不得不采取相应的
治理措施，并最终在20世纪90年代收到明显成效。然而，日本
固体废弃物污染的解决，却是更多的依赖政府的因势利导、高
瞻远瞩。

在江户幕府时代，特别是进入18世纪，随着江户城人口超
过100万，大量生活垃圾随之产生。面对这种情况，江户幕府并
没有选择将这些生活垃圾随意处置，而是结合日本国土面积狭
小、资源相对不足的国情，决定将大多数生活垃圾进行回收再
利用，以便节约资源，对于那些不能回收充分利用的垃圾，则
以填埋等方式进行集中处理，在一定程度上可以扩大日本陆地
面积。这种处理生活垃圾的原则在后续政府的政策中得以延续
和传承。19世纪60年代，随着日本步入工业文明时代，明治政
府秉承了江户幕府处理生活垃圾的原则和方法。在回收利用的
前提下，将那些没有利用价值的垃圾送往垃圾填埋场集中填埋，
但也存在生活垃圾被居民随意丢弃从而造成环境污染的情况。
所以，1879年出台《市街扫除规制法》，来规范生活垃圾的处
理。1900年，明治政府又先后制定了《污物扫除法》和《下水
道法》两部法律，以便提高公共卫生水平、确保居民生活环境

的安全与健康。在此情况下，东京和大阪相继建成多所垃圾焚烧厂，自来水道的铺设工作也在多座城市迅速展开。这些措施都很好地解决了固体废弃物对环境的污染问题。第二次世界大战之后，政府先后制定《清扫法》和《关于废弃物处理及清扫的法律》，规定国家和都道府县要从财政、技术两方面提供垃圾收集、处理方面的支持，民众有义务协助市町村进行垃圾的收集和处理。此后，为了推动垃圾高效处理，政府又制定了垃圾处理设施、最终处理场所的结构标准以及维护管理的标准，以及完善处理设施的补助制度等。步入20世纪90年代，日本政府先后通过《促进资源有效利用的法律》《容器包装回收利用法》《家电回收再生利用法》等多部和生活垃圾处理相关的法律法规，在促进生活垃圾的回收利用、实现资源高效利用方面发挥了重要作用。

因此，作为居民生活的一种衍生物，生活垃圾等固体废弃物的处置工作更多是在中央政府和地方政府的统筹协调下完成的。尤其是在政府制定的一系列法律法规的约束下，日本国民对生活垃圾的处理日趋规范，固体废弃物污染问题由此得到了根本性解决。

## 第四节　坚持不懈　方能胜利

日本百年环境公害问题的解决，主要包括对水、大气和固体废弃物的治理，同时还包括公害受害者以各种方式维护自身正当权益。从最终结果看，上述两种问题均得到了较为满意的解决。这种局面的出现，自然离不开受害者、政府和企业的密切配合，也离不开医生、科研工作者、律师、环保非政府组织等各支力量的付出，还离不开各种环境法规对人们尤其是企业行为的约束。然而，相比起人们破坏环境的简单性和随意性，人们治理水污染、大气污染和固体废弃物污染等环境公害的难度则大得多，因此尤其需要更长的时间和更多的精力，需要各方力量更多的耐心和更长的坚守。另外，面对环境公害的既成事实，受害者通常会向涉事企业提出停止排放和进行补偿的主张。在前者难以实现的情况下，受害者的斗争重心会转向向企业索赔。然而，由于较长一段时间内受制于国内经济优先思想的影响，受害者的索赔之路同样艰辛。但在人们坚持不懈的斗争下，终于成功获得赔偿。因此，无论是环境公害治理本身，还是受害民众的索赔，不同层面的百年环境公害的最终解决，和人们坚持不懈的努力密不可分。

首先，从环境公害治理本身看。日本步入工业文明时代以来，便出现了栃木县足尾矿毒为代表的环境公害。第二次世界大战结束之后，日本国内出现了以水俣病为代表的环境公害。各种既有的环境公害问题不仅未得到彻底解决，反而出现了更多更严重的环境公害。虽然环境公害产生后，企业和政府便在不同程度上采取了一定的措施，进行了相应的治理。但在很长一段时间里，这种治理更多的是治标不治本，是对受害民众请愿行动的一种妥协和回应，并未收到应有的效果。因此，环境公害的有效治理应该始于日本企业和政府转变思想观念的20世纪60年代，特别是颁布《公害对策基本法》的1967年。从此时起，一直到《环境基本法》颁布的1993年，日本治理环境公害前后历时30年左右。因为随着《环境基本法》的颁布，日本政府的执政重心从公害治理转变为环境保全，这标志着日本国内的环境公害问题得到了明显解决。事实上，30年左右的时光在世界历史的长河中转瞬即逝，实在是极其短暂，甚至留不下任何痕迹。但具体到每一个活生生的生命个体而言，30年其实是一段足够漫长的时间。这对环境公害的受害者而言，尤其如此。有许多公害受害者因为无法承受病痛的折磨而没有等到环境公害得到解决的日子。幸运的是，对大部分人而言，人们坚持了下来，这才换得了环境公害治理的积极效果。日本也从"公害大国"成功转型为"公害治理先进国"。例如，在震惊世界的熊本水俣病环境公害事件中，日本对水俣湾等地区的污染治理耗时40余年，始自1956年向外公布首例水俣病病人，迄于1997年。当年发表的水俣湾水质公告中称，因有机汞污染而导致水俣病的发源地水俣湾，在41年后的今天，已恢复昔日的洁净。熊本县水俣市知事同年发表了鱼贝类安全公告，认为水俣湾的鱼贝类都是安全的，今后已无危害可能。原来为防止污染鱼扩散而建立的2600米长隔离网，1997年9月底全面拆除，水俣湾内380平方公里渔场，在限制捕鱼后又恢复，水俣病已成为历史。水俣湾的污水治理不仅耗时较长，而且出现多次反复。作为污染源，水俣氮肥厂最初极不情愿在污染治理方面投入过多资金，但在水俣病病人、水俣渔业协作社、熊本渔业联盟以及社会各界共同压力下，水俣氮肥厂装模作样地做了一些努力，比如安装高水平的污水净化设施。1959年10月30日，在国会议员造访水俣市之际，水俣氮肥厂宣称其抽水系统已经完工。该系统可以将沉降池中的表层水抽回工厂循环利用。事实上，沉降池的地面是可渗透的，大量含汞的废水依然可以渗透进河水之中。工厂发现回收的水由于不够洁净而无法真正实现循环再利用，所以，1961年之后该抽水系统就彻底停用。此外，1959年12月19日，水俣氮肥厂又高调对外宣称，工厂安装了"凝聚沉淀"和"漂浮沉淀"两种高质量的净水设备，并决定于1960年1月20日正式投入使用。在12月24日的竣工仪式上，吉冈喜一经理在众人面前从净化设备中饮用了一杯水，在场的嘉宾没有任何人被告知乙醛车间的废水并未通过净化设备，他们那时也不知道细川医生提出的猫400#理论。事实上，该套净化装置的效果绝不像工厂所宣称的那样完美，因为该装置无法将溶于水的有机汞等物质析离出来。该观点在新潟水俣病诉讼时得到确认。1970年，在第一次新潟水俣病的庭审过程中，昭和电厂的执行长官提供了这样的证词，"那时我们联系过水俣氮肥厂，对方说净化装置是用来解决社会问题的，在析离汞的问题上没有作用"[①]。但是，这些情况在当时除了工厂的部分高层领导，很少有人知晓。1960年早些时候，水俣氮肥厂给熊本大学研究班送来已净化和未净化两种水样。经检测，净化过的水样中的汞含量为零，未净化的水样中的汞含量为20ppm。据此，熊本大学向外界宣布，工厂排放的废水中不再含汞。此后的多年时间里，包括医生在内的许多人都认为不会出现新的水俣病病例，始自1953年的水俣病似乎就此终止。从后来的事实看，水俣氮肥厂的这些行为迷惑了太多业内外人士，不仅给水俣病病人带

---

① Timothy S. George. *Minamata Pollution and the Struggle for Democracy in Postwar Japan*. Harvard University Asia Center，2001:115.

来了更多的烦恼，也在很大程度上推迟了污染治理的时机，从而增加了污染治理的难度。所幸的是，各种渔业组织、受害者协会等逐渐认清了水俣氮肥厂的真实面貌，不断将水俣氮肥厂制造的谎言戳穿，最终在1969年迫使乙醛工厂关闭，从而为水俣地区环境治理的根本性胜利夯实了基础，也为水俣病公害诉讼的完全胜利奠定了坚实基础。从1974年到1989年，在中央政府的支持下，熊本县政府和水俣氮肥厂耗资400多亿日元，成功处理了151万平方米总汞含量在25ppm以上的水俣湾底泥。因此，从1956年公布首例水俣病病人，到1969年关闭乙醛工厂，再到1997年政府发布有关水俣湾水质健康的公告，总计持续40余年。虽然结果是令人满意的，但离开人们近半个世纪的坚守和努力，这种局面能否出现尚未可知。同样的情形也出现在富山县痛痛病公害事件。在这起事件中，因为三井金属矿业神冈矿山排放的含镉废水污染了神通川，进而导致沿岸土壤也出现污染情况。为此，根据1970年日本公害国会制定的《关于农业用地土壤污染防止法》的规定，富山县政府从1971年开始对当地被污染土壤实施修复工作，将生产出来的糙米中镉浓度超过1ppm的约1500公顷的土地作为重点修复区域。到1983年，上述土地先后进行了两次换土作业。到1992年，富山县政府将对占计划面积36%的547公顷土地完成换土工作。在换土作业完成后，土壤中的镉浓度平均值为0.14ppm，糙米中的镉浓度值为0.11ppm。整个换土工作持续20余年，虽然耗时少于熊本水俣湾的治理工作，但从绝对意义上而言，20余年几乎占据了一个人生命1/4的时间。这对神通川沿岸的居民和当地政府而言，20余年绝对不是转瞬即逝的短暂时光。只有坚持不懈，才能换来土

壤修复工作的圆满成功。只有坚持不懈，才能争取到更加幸福
的生活。

其次，从受害者的索赔看。无论是足尾矿毒的受害者，还
是第二次世界大战结束后出现的公害病中的受害者，他们为了
弥补自身损失，无一例外地选择了向企业索赔。这个过程的艰
辛和漫长，远远超出一般人的想象。在足尾矿毒事件中，从
1877年古河市兵卫购买足尾矿山，到1973年2月关停该矿山，
前后历时近百年。在这期间，矿毒问题和受害居民的索赔行动
相伴而生。人们不止一次地向企业和政府请愿，希望能够关停
矿山、得到赔偿。为此，1900年2月发生了"川俣事件"，1901
年12月发生了众议院议员田中正造代表灾民面谏明治天皇的行
动，但均没有达到预期效果。在这样的情况下，受害居民并未
放弃，而是选择坚守。在当时的形势下，选择放弃一定不会得
到赔偿，唯有选择坚守才有可能得到赔偿。百年时间，矿毒受
害者换了一批又一批，但争取赔偿的初心和目标并未改变。事
情在矿山关停时出现了转机，1974年，古河矿业同意给予受害
者正式的经济赔偿。在二战之后出现的水俣病、痛痛病等多起
公害病事件中，相比足尾矿毒的受害者而言，他们虽然以相对
较短的时间得到了企业赔偿，但这个结局是通过史无前例的法
庭诉讼的方式实现的，难度之大并不逊色于足尾矿毒问题。从
这个意义上讲，同样是依赖于公害病受害者的坚持不懈，方能
取得最终胜利。例如，在熊本水俣病事件中，从1956年起，在
渡边荣藏等人的带领下，受害渔民以及水俣渔业合作社、熊本
渔业合作联盟等各支力量先后通过请愿、示威、谈判等各种方
式向水俣氮肥厂争取赔偿，其间还发生了1959年的"渔民暴

动"。日复一日、年复一年的争取赔偿行动最终通过法庭诉讼的方式在1973年3月得到圆满解决。从1956年到1973年，前后历时近20年，其间有许多病人因为不堪忍受病痛折磨而离世，未能等到诉讼胜利的日子。但对更多的患者及其家属而言，他们的坚持得到了应有的回报，多年的夙愿终于得偿。

除此之外，百年环境公害问题的解决，同样离不开其他力量的坚守。参与法庭诉讼的律师需要坚守，否则就不可能打赢史无前例的公害诉讼；参与各种公害病病因调查的医生和科研工作者同样需要坚持，如果在各种压力面前选择放弃，公害病的调查研究工作不仅无法取得突破，而且很可能会出现更多更严重的公害病。仰仗于细川医生、荻野升医生、斋藤恒医生、久保全雄医生以及熊本大学研究班、九州大学医学部等坚持不懈的工作，社会大众方能在较短时间内知晓病因，进而采取相关的治疗和预防措施。

余　论

　　日本的环境公害问题，在19世纪的明治时代已经较为突出。当时，新成立的明治政府为了追赶先进的欧美资本主义国家，避免沦为西方列强的殖民地半殖民地，将发展生产、振兴工业等经济工作作为首要任务，由此催生了日本近代经济的兴盛，尤其是采矿业的发展和繁荣。日本也由此大步迈入工业文明时代。然而，经济发展、国家强大的同时，却是生态环境的严重破坏，出现了以栃木县足尾矿毒为代表的环境公害问题。因为该起公害的破坏范围之广，影响之恶劣，被称为日本环境公害的起点。尽管周围居民进行了多次抗争，栃木县议员田中正造也多次在国会等场合大声疾呼，甚至不惜面谏明治天皇，希望可以引起政府和企业对环境公害问题的重视，并进而采取纠正措施，但收效甚微。第一次世界大战后，日本政府依然强调经济发展的重要性，由此推动重化学工业等产业步入快速发展轨道，大气污染和水污染等环境问题不断发生，给当地居民的生产和生活造成极大不便甚至灾难。对此非常不满意的受害居民多次掀起请愿示威运动，收到了一定的成效。企业采取了有限度的防止公害、治理污染的措施，但由于这些措施更多的具有安抚受害群众的政治色彩，企业本身并未真正重视污染问题，由此导致各种显性或者隐性的环境污染问题依然存在。这种情形一直持续到第二次世界大战结束后的五六十年代。从20世纪50年代中后期起，以水俣病为代表的环境公害问题相继发生，而且颇有愈演愈烈之势。1956年，日本国内出现第一例水俣病病人。1959年，在三重县四日市则开始大量出现哮喘病患者。这些病例的出现倒逼更多的日本公众开始关注环境污染。20世纪60年代初，伴随着媒体对环境污染的大量报道以及反污染运动的兴起，工业污染越来越成为人们关注的社会焦点问题。与此同时，不堪忍受公害折磨的日本国民反对公害的声音也越来越高涨，行动越来越坚决果断，由受害公民率先组成的反污染团体状告污染企业的法律诉讼案件也呈现递增态势。受国内外环保运动的影响，政府也逐渐转变立场，在制定发展规划时尽量兼顾公害防止和经济增长。在这样的氛围中，工厂也开始承担起治理环境污染的责任，并采取相应的行动，诸如增加污染控制方面的资金投入，安装排烟脱硫、排烟脱硝等设备，以便达到政府制定的环境质量和污染排放标准，进而平息受害民众的愤怒之火。截至1975年，日本企业用在治理污染方面的投资一直呈上升趋势。如果排污企业在这样的氛围中依旧我行我素，对政府和附近居民的反应置若罔闻，这样的企业能否存活尚存疑问。经过近30年的努力，日本成功解决了大气污染、水污染和固体废弃物污染等环境问题，成为令世人惊羡的"公害治理先进国"。

从1868年日本步入工业文明时代以来，在强调经济优先的政策指导下，日本以环境为代价换得了经济的飞速增长。20世纪60年代以来，日本开始集举国之力解决环境污染问题，效果令人满意。但是，从这样的发展历史来看，日本走了一条先污染后治理的道路。所采取的环境方面的措施基本属于污染发生后的补救性措施，而不属于事前的预防性措施。这一点随着1993年《环境基本法》的颁布方有改观。因此，作为后发国家，我们完全可以从这一事实中汲取一定的教训，从而寻找一种更低廉有效的污染控制方式。换言之，污染控制行业的技术革新将有助于更有效地控制污染。但是，控制污染最好的方式，一定是事前预防，而非事后补救。因为，日本的教训已经告诉世人，赔偿是比预防更不经济的一种措施，而且还抹黑了企业的社会形象，也降低了政府在国民心中的公信力。所以，在经济发展的同时做好环境保护工作，对企业自身乃至整个社会而言，都是非常有必要的。

在某种意义上，日本的工业污染史就是工业试错的历史。对环境污染感兴趣的各方，尤其是发展中国家，在其发展过程中或早或晚会遇到工业污染的问题。因此，通过研究日本工业文明发展史或工业污染史，人们或多或少可以从中汲取一定的经验教训，从而尽可能避免重蹈日本之覆辙，让本国的经济社会发展更加平稳和顺利，让本国的普通百姓可以更多地享受发展的红利，不断增强生活幸福感和生命价值感。

# 参考文献

### 一、外文译著

［1］［日］都留重人.日本经济奇迹的终结［M］.商务印书馆，1979.

［2］［日］南川秀树.日本环境问题：改善与经验［M］.社会科学文献出版社，2017.

［3］［日］原田尚彦.环境法［M］.于敏，译.法律出版社，1999.

［4］［日］庄司光，宫本宪一.可怕的公害［M］.中国环境科学出版社，1987.

［5］日本律师协会.日本环境诉讼典型案例与评析［M］.中国政法大学出版社，2011.

［6］［美］布雷特·L.沃克.日本史［M］.贺平，魏灵学，译.东方出版中心，2017.

［7］［美］J.R.麦克尼尔著.阳光下的新事物：20世纪世界环境史［M］.韩莉，韩晓雯，译.商务印书馆，2013.

［8］［美］詹姆斯·L.麦克莱恩.日本史1600—2000［M］.海南出版社，2014.

### 二、中文专著

［1］冯玮.日本通史［M］.上海社会科学院出版社，2012.

［2］林满红.银线：19世纪的世界与中国［M］.江苏人民出版社，2011.

［3］刘昌黎.现代日本经济概论［M］.东北财经大学出版社，2002.

［4］许东海.日本近现代环境保护发展史［M］.中国农业出版社，2013.

［5］徐家骝.日本环境污染的对策和治理［M］.中国环境科学出版社，1990.

[6] 中国科学技术情报研究所.出国参观考察报告：日本环境保护情况[M].科学技术文献出版社，1976.

[7] 周珂.环境法[M].中国人民大学出版社，2013.


三、日文专著

[1] 安藤精一.近世公害史の研究.吉川弘文館，1992.

[2] 坂東克彦.水俣病五十年に寄せて.海鸟社，2006.

[3] 倉阪秀史.环境政策论环境政策の历史及び原则と手法』.信山社,2004.

[4] 村上安正.足尾銅山史.随想舍,2006.

[5] 地球環境経済研究会編著.日本の公害経験：環境に配慮しない経済の不経済.合同出版，1991.

[6] 東海林吉郎.通史足尾鉱毒事件：1877—1984（1984）.新曜社，1984.

[7] 飯島伸子.環境問題の社会史.有斐閣，2000.

[8] 宮本憲一.戦後日本公害史論.岩波書店，2014.

[9] 宮本憲一.日本の環境政策.大月書店，1987.

[10] 宮本憲一."公害"の同时代史.平凡社，1981.

[11] 環境庁.環境白书.大蔵省印刷局，1993.

[12] 加藤邦興.日本公害论.青木書店，1977.

[13] 井上堅太郎.日本環境史概説.大学教育出版社，2006.

[14] 鳥飼行博.社会開発と環境保全：開発途上国の地域コミュニティを対象とした人間環境論.東海大学出版社，2002.

[15] 日本科学者会議編.環境問題資料集成.旬報社，2003.

[16] 神岡浪子.日本の公害史.世界書院，1987.

[17] 神岡浪子.近代日本の公害.新人物往来社，1971.

[18] 石井邦宜.20世紀の日本環境史.産業環境管理協会,丸善出版事業部,2002.

[19] 田中正造全集編纂会.田中正造全集（20卷）.岩波書店，1977—1980.

［20］土志田征一.経済白書で読む戦後日本経済の歩み.有斐閣，2001.

［21］下川耿史.环境史年表（1868—1926：明治・大正编）.河出书房新社，2003.

［22］下川耿史.环境史年表（1926—2000：明治・平成编）.河出书房新社，2004.

［23］小田康德.近代日本の公害问题——史的形成过程の研究.世界思想社，1983.

［24］小林陽太郎.都市公害と市民生活.岩波書店，1973.

［25］星野芳郎.瀬户内海污染.岩波書店，1972.

［26］宇井純.公害原論：合本.亜紀書房，2006.

［27］斎藤修.人口と開発と生態環境.岩波書店，1998.

［28］政野淳子.四大公害病：水俣病、新潟水俣病、イタイイタイ病、四日市公害.中央公論新社刊，2013.

［29］荘司光，宮本憲一.日本の公害.岩波新書，1975.

## 四、英文专著

［1］Ashton, John and Laura, Ron. *Perils of Progress: The Health and Environment Hazards of Modern Technology and What You Can Do About Them*. Zed books,1999.

［2］Avenell, Simon Andrew. *Transnational Japan in the Global Environmental Movement*. University of Hawaii Press,2017.

［3］Barrett, Brendan F. D. *Environmental Policy and Impact Assessment in Japan*. Routledge,1991.

［4］Brecher, W·Puck. *An Investigation of Japan's Relationship to Nature and Environment*. The Edwin Mellen Press,2000.

［5］Burton, Ian. Kates, Robert William and White, Gilbert F. *The Environment As Hazard*. Guilford Press,1993.

［6］Coppock, Bob. *Regulating Chemical Hazards in Japan, West Germany, France, the United Kingdom and the European Community :A Compara-*

*tive Examination*. National Academy Press,1986.

［7］ Dalton, Allan J. P. *Safety Health & Environmental Hazards at the Workplace*. London : New York : Cassell, 1998.

［8］ George, Timothy S. *Minamata Pollution and the Struggle for Democracy in Postwar Japan*. Harvard University Asia Center, 2001

［9］ Harrison, Roy M. *Pollution: Causes, Effects and Control*. Royal Society of Chemistry,2001.

［10］ Hernan, Robert Emmet. *This Borrowed Earth: Lessons from the Fifteen Worst Environmental Disasters Around the World*. Palgrave Macmillan, 2010.

［11］ Huddle, Norie. Reich, Michael and Stiskin, Nahum. *Island of Dreams: Environmental Crisis in Japan*. Autumn Press,1975.

［12］ Iijima, Nobuko. *Pollution Japan: Historical Chronology*. Asahi Evening News,1979.

［13］ Industrial Pollution Control Association of Japan. *Industrial Pollution Control: General Review and Practice in Japan Volume 1 Air and Water*. Tokyo:Industrial Pollution Control Association of Japan, 1981.

［14］ Jannetta, Ann Bowman and Caiger, John. *Epidemics and Mortality in Early Modern Japan*. Princeton University Press,1987.

［15］ Jenks, Andrew L. *Perils of Progress: Environmental Disasters in the 20thCentury*. Prentice Hall, 2011.

［16］ Karan, Pradyumna Prasad. *Japan in the Twenty-First Century: Environment, Economy, and Society*. University Press of Kentucky,2005.

［17］ Kazuo, Nimura. *The Ashio Riot of 1907: A Social History of Mining in Japan*. Duke University Press, 1997.

［18］ Krech, Shepard. McNeill, J.R. and Merchant, Carolyn. *Encyclopedia of World Environmental History:O-Z Index*.Routledge,2004.

［19］ Layfield, David. *Marxism and Environmental Crises*. Arena Books, 2008.

［20］ Mckean, Margaret A. *Environmental Protest and Citizen Politics in*

*Japan.* University of California Press,1981.

[21] Miller, Ian Jared. Thomas, Julia Adeney and Walker, Brett L. *Japan at Nature's Edge: The Environmental Context of a Global Power.* University of Hawaii Press,2013.

[22] Ministry of the Environment Government of Japan. *Annual Report on the Environment in Japan,* 2003–2014.

[23] O'Neill, Kate, *Waste Trading Among Rich Nations: Building a New Theory of Environmental Regulation.* MIT Press, 2000.

[24] Paul, Bimal Kanti. *Environmental Hazards and Disasters: Contexts, Perspectives and Management.* John Wiley & Sons, 2011.

[25] Shono, Mitsuo. *Tokyo Fights Pollution.* Tokyo Metropolitan Government, 1977.

[26] Stolz, Robert. *Bad Water: Nature, Pollution, and Policies in Japan, 1870–1950.* Duke University Press,2014.

[27] Tomohide, Akiyama. *A Forest Again: Lessons From the Ashio Copper Mine and Reforestation Operations.* Food and Agriculture Policy Center, 1992.

[28] Tsuru, Shigeto. *Environmental Disruption: A Challenge to Social Scientist.* International Social Science Council,1979.

[29] Totman, Conrad D. *Pre–Industrial Korea and Japan in Environmental Perspective.* Brill,2004.

[30] Totman, Conrad D. *The Green Archipelago: Forestry in Preindustrial Japan.* University of California Press,1989.

[31] Tsuru, Shigeto and Weidner, Helmut. *Environmental Policy in Japan.* Edition Sigma,1989.

[32] Ui, Jun. *Industrial Pollution in Japan.* United Nations university Press,1992.

[33] Walker, Brett L. *Toxic Archipelago: A History of Industrial Disease in Japan.* University of Washington Press,2010.

# 译名对照表

## 日文地名译名对照表

Aganogawa 阿贺野川

Amakusa 天草

Arakawa 五十川

Ashikita 芦北

Ashio 足尾

Besshi 别子

Chikuho 筑丰

Edo 江户

Ikuno 生野

Innal 院内

Ise 伊势

Ishikari 石狩

Izumi 出水

Jinzū 神通川

Kamioka 神冈

Kamitsuga 上都贺郡

Kanto 关东

Kawamata 川俣

Matsuura 松浦

Miike 三池

Mishima 三岛

Nagamatsu 长松

Nikkō 日光

Nishinihon 西日本

Numazu 沼津

Ogura 小仓

Ōmuta 大牟田

Ono 小野

Osaka 小坂

Osarizawa 尾去泽

Sado 佐渡

Shimabara 岛原

Takashima 高岛

Tōhō 东邦

Tone 利根

Watarase 渡良濑

Yanaka 谷中

Yokkaichi 四日市

## 日文人名译名对照表

Akasaki Satoru 赤岬悟

Bandō Katsuhiko 坂东克彦

Enomoto Takeaki 榎本武扬

Furukawa Ichibei 古河市兵卫

Furukawa Toranosuke 古河虎之助
Hara Takashi 原敬
Harada Masazumi 原田正纯
Hashimoto Hikoshichi 桥本彦七
Hiyoshi Fumiko 日吉富美子
Hosokawa 细川
Ikeda Hayato 池田勇人
Ishida 石田
Ishimure Michiko 石牟礼道子
Jun Ui 宇井纯
Kimura Chōshichi 木村长齐
Kishi 岸信介
Kiyoura Raisaku 清浦雷作
Maruyama Sadami 丸山定巳
Matsumoto Tsutomu 松本勉
Miki Takeo 三木武夫
Miyamoto Ken'ichi 宫本宪一
Mutsu Munemitsu 陆奥宗光
Mutsu Junkichi 陆奥润吉
Nakamura 中村
Nishida Eiichi 西田荣一
Noguchi Shitagau 野口遵
Oda Nobunaga 织田信长
Sainoji Kinmochi 西园寺公望
Saitō Hisashi 斋藤恒
Sakai Tadayo 酒井忠世
Sakamoto Shinobu 坂本恩
Satō Eisaku 佐藤荣作
Senba Shigekatsu 千场茂胜
Shibusawa Eiichi 涩泽荣一
Shimada 岛田
Taketani Mitsuo 武谷三男

Takeuchi Tadao 武内忠男
Tanaka Shōzō 田中正造
Teramoto Hirosaku 寺本广坂
Togashi Sadao 富坚贞夫
Tokugawa Hidetada 德川秀忠
Toyotomi Hideyoshi 丰臣秀吉
Tsuru Shigeto 都留重人
Yamamoto Shigeo 山本茂雄
Yamashita Yoshihiro 山下善宽
Yoshioka Kiichi 吉冈喜一

## 其他日文译名对照表

Andō 安藤
Asahi Shinbun 朝日新闻
Fujitsu 富士通
Hitachi 日立
Katō 加藤
Knodo 近藤
Kumamoto Nichinichi Shinbun 熊本
每日新闻
Mitsui 三井
Niigata Minamata Disease 新潟水俣病
Shōwa Denkō 昭和电厂
Sumitomo 住友
Taisho Era 大正时代
Tokugawa Shogunate 德川幕府
Toshiba 东芝
Toyota 丰田
Watanabe 渡边

## 英文人名译名对照表

Douglas Mcalpine 道格拉斯·麦卡尔平

Fritz Haber 弗里茨·哈伯

Gifford Pinchot 吉福德·平肖

Gro Harlem Brundtland 格罗·哈莱姆·布伦特兰

John Muir 约翰·缪尔

Justus Von Liebig 尤斯图斯·冯·李比希

Paul J. Crutzen 保罗·克鲁芩

W. Eugene Smith 尤金·史密斯

# 后　记

　　该书系国家社会科学基金一般项目（16BSS023）的最终成果。

　　2016年，笔者主持申报的"日本环境公害问题的历史学考察"课题被列为国家社会科学基金一般项目。2022年，该项目顺利结项。2024年，陕西人民出版社同意出版该项目的最终成果。在课题立项到书稿出版的八年时间里，笔者为了提升专业水平，于2021年9月从陇东学院来到清华大学历史系攻读博士学位。因此，在书稿即将付梓之际，笔者不仅要感谢陇东学院及各位同事，而且要感谢清华大学历史系及各位老师，感谢他们在课题立项、结项以及书稿出版等方面提供的诸多帮助。此外，笔者还要感谢杨江、闫彩妮、徐志民、王宇兵四位项目组成员，感谢他们在资料查找及编译方面的忘我付出。笔者更要感谢清华大学历史系的梅雪芹老师，感谢她在繁忙的工作之余，克服身体不适等各种困难，拨冗为该书作序。

　　陕西人民出版社的李娜老师为本书的编辑出版做了大量细致而繁琐的工作，在此表示由衷的谢意。

　　由于笔者水平有限，书中定有许多谬误和不妥之处，欢迎读者批评指正。

李超

2024年8月于清华园